天文航法のABC

—天測の基本から観測・計算・測位の実際まで—

廣野 康平 著

成山堂書店

はじめに

位置を求めること、すなわち「測位」は、移動を伴う様々な活動に不可欠である。

1990年代に実運用が開始されたGPS（Global Positioning System）は、測位にとって正に画期的な存在といえる。GPSが出現してからは、測位は常に自動で行われるものとの認識が一般的になった。さらに、2018年には準天頂衛星「みちびき」の運用が開始され、日本を含むアジアとオセアニアに限定されるものの、数cm単位の測位が簡単にできるようになった。

GPSが運用される前の大洋航海中の船舶における測位は、天体観測による船位の決定、いわゆる「天測（Celestial Navigation）」によるしかなかった。しかも、天測は天体の高度を測定するため、天体だけではなく水平線も同時に目視により認められなければならない、という条件が伴う。そのため、天測は常に、もしくは、任意の時機に位置を求めることはできない。さらに、六分儀の操作が必須であり、人間の技術と労力が求められる測位方法である。そして得られる測位の精度は理論上0.1海里（1ケーブル・約185m）である。現在のGNSS（Global Navigation Satellite System）の測位精度の数mから数cmと比較すると足元にも及ばない。

しかしながら、精度が1ケーブルとは、船橋から見渡せる範囲内のどこかに真の位置があるという意味であり、大洋を航行している際の、実運用上の誤差は“無い”に等しい、といえる。天測は、六分儀とグリニッジの時刻を知る術（時辰儀・クロノメータ）、および、そのときの天体の位置を記す暦と大気等に由来する高度の補正値さえあれば、自船長のオーダで位置を求めることができる方法である。著者は、天測は十分に精度のある、かつ、他者に依存しない自立した測位システムであることを改めて認識するべきだと考えている。

過去、IMOのSTW（現在はHTW）小委員会で、GPSの進展に伴い、船員の資格要件から「天文航法」を削除してはどうか、との発議があった。しかしながら、米国からは衛星の経年劣化を根拠にサービスの継続性に保証ができない旨の発言があり、この提案が撤回された経緯がある。

そして現在、GNSSとして、米国のGPSを筆頭に、ロシアのGLONASS、欧州連合のGALILEO、中国の北斗（BeiDou）、日本のみちびきが運用されているが、いずれもが各主権国（連合）によるサービスである。つまり、GPSはそもそも米国の軍事的な利用を目的として開発されたことを鑑みるとき、複数のGNSSが存在しているという事実は、主権国（連合）のそれぞれが他のサービスに依存せざるを得ない状況になることを忌避、すなわち、測位の独立性を確保する、という意図が根底にあると捉えるべきであろう。

2017年には黒海付近においてGPSに対する妨害の事実が報告されていることから、各主権国（連合）がそれぞれの国益を優先するために、他サービスへ明示的な干渉をして、その結果として、船舶が致命的な影響を被る危険性が潜在しているといわざるを得ない。

現在、その利便性からGNSSの利用が常態となっている。これは、測位という船舶にとって重要な機能を他者に依存している状況下にあるといえる。万が一にそれらが利用できなくなったとしても、大洋航海を継続させるため、自立した測位システムとしての天測の技術は、船上では維持されていなければならない。

天測は電子計算機が出現する遥か以前に確立されたグローバルな「測位システム」である。天体と地球の運動を、自分の位置を特定するという目的に向けて系統的に利用しようとする、人類の知恵の結晶の一つである。本書は、航海士を目指す諸姉・諸兄に天測を理解していただき、この技能の維持・継承に寄与することを目的としている。

第1章では、天測についての基本概念を整理する。これを踏まえて第2章では、暦の利用方法を紹介する。第3章で計算高度の根拠を整理して、第4章で真高度を得るための一連の方法を解説する。第5章では、4章までを踏まえて「測位の実際」として天測により船位を確定するために必要な種々のトピックを確認し、この章で天測に関する理解の統合を図る。第6章は、測位とは別の側面として天体を用いたコンパスエラーの検知方法を紹介する。第7章では、具体的な計算例を提示しながら読者の理解が深まることへの寄与を試みる。最後に、巻末ではいくつかの理論式についての導出を解説する。

2020年3月

廣野　康平

目　　次

※本書では、例題や計算問題について「天測暦」（平成31（2019）年版、海上保安庁）および「The Nautical Almanac」（for the year 2019, United States Naval Observatory / The United Kingdom Hydrographic Office）を参照しています。

第1章 天測の基本

1.1 位置の決定

1.1.1 Navigation の原則と位置の線

航法（Navigation）には二つの視点がある。

一つは、現在の位置から目的地への『方位（針路）と距離』を知ることである。この視点は、目的地がはっきりしていて、そこへ向かうためには、現在の位置から、どの針路でどれだけの距離を進めばよいかを求めるものである。

もう一つは、現在の位置からある方位（針路）にある距離を進んだときの『到着地』を知ることである。この視点は、針路と距離が先に分かっていて、その結果としてどこに着くのかを求めるものである。

後者の典型例として推測位置（Dead Reckoning Position）をあげることができる。推測位置は、直近で確定している位置（前測位置）と、そこから航走した距離と針路をもとに、平面航法、平均中分緯度航法、漸長緯度航法のいずれかの計算で求められた「緯度（Latitude)」と「経度（Longitude)」となっている。

さまざまな航法の計算に取り組む際、どちらの視点で臨むのかを意識すると混乱しにくい。

現在の位置と目的地　→　この間の方位（針路）と距離を求める、なのか、
現在の位置と針路と距離　→　到着地を求める、であるのか。

いずれの視点であっても現在の位置が不明であると、航法は成り立たない。現在の位置を知る、ということは航法の根幹である。位置を求める行為を「測位」と呼ぶ。測位をする者を「測者」と呼ぶ。なお、他者を対象として測位する場合もあり得るが、本書では、測者は自分自身を対象として測位するものとする。

測位における重要な概念に「位置の線（Line Of Position：LOP)」がある。「位置の線」とは、ある条件を満たす点の軌跡である。

図 1.1 に示すように、ある灯台の方位が同じであるという条件を満たす点の軌跡は、この灯台を一端におく半直線となる。つまり、この線上のどの点であっても灯台を望む方位は同じである。これは方位による「位置の線」である。また、ある島の岬からの距離が一定となる点の軌跡は、この岬を中心とする円となる。

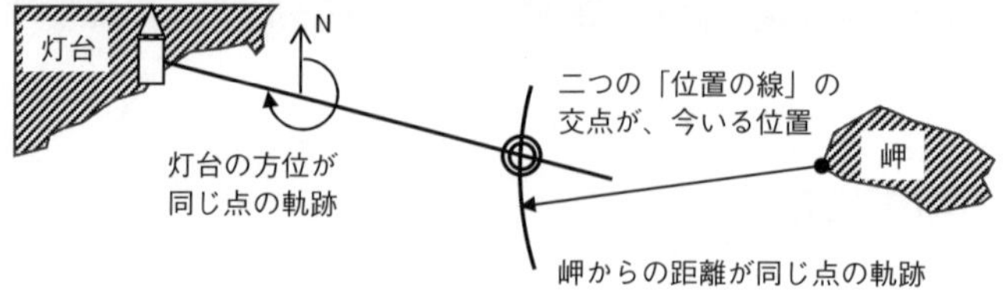

図 1.1 「位置の線」の例

この円上のどの点であっても岬からの距離は同じである。これは距離による「位置の線」である。

ここで、異なる二つ以上の「位置の線」を同時に得ることができたとする。海図上にそれぞれの位置の線を描くと交点ができる。この交点は異なる条件を同時に満足する点ということになる。測者がこの交点にいるからこそ、それぞれの「位置の線」の条件を同時に満足できており、したがって、測者はここにいるはずである、となる。これが測位の原則である。

「位置の線」は、物標の方位、物標からの距離に限らない。この他にも、二つの物標の水平夾角、島頭頂などの高さ、電波の到着時間差や位相差（電波航法）などがある。測定できる物理量が一定となる位置を点として連ねることができれば、「位置の線」として利用できると理解しておいてもらいたい。

GNSS の測位では、複数の衛星それぞれからの距離を同時に満たす位置を解として求めている。この場合、一つ一つの衛星からの距離が「位置の線」となっている（ただし、3 次元空間にある衛星からの距離が一定となる条件、これを満たす点の軌跡は「球」になるので、厳密には、「位置の面」というべきであろう）。

1.1.2 天文航法における位置の線

天測においても複数の「位置の線」から交点を求める原則は変わらない。天測における「位置の線」は、天体の「高度（Altitude）」が一定となる点の軌跡である。

天体の高度とは、図 1.2 に示すように、測者にとっての水平（厳密には、「真水平」となる）から天体まで垂直に見上げた角度である。

(1) 天頂と真水平

天測では二つの球を適宜使い分けて利用することになるので、この点を理解しておくことが重要となる。一つ目の球は、我々がいる地球であり、当然のこととして実在している。二つ目の球は、「天球（Celestial Sphere）」であり、天体がこ

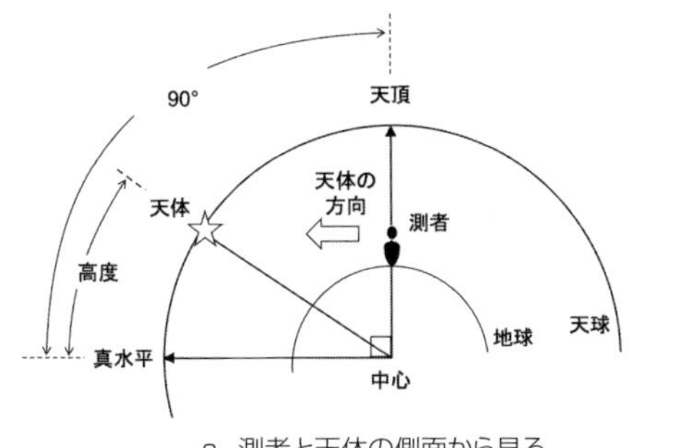

a. 測者と天体の側面から見る

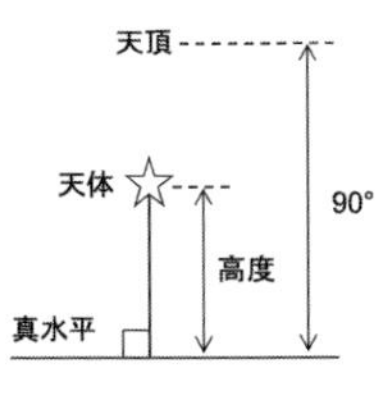

b. 測者の背面から見る

図 1.2　天測における高度

の内側に張り付いていると想定する仮想の球体である。仮想の存在なので、地球から天球までの距離を論じることは意味がなく、着目するべきは天体の配置（各天体間の開き具合）である。ちなみに、天体の配置に意味を与えたものが星座である。

地球に立つ測者の足元の深く先に地球の中心がある。この中心が天球の中心でもある。二つの球の中心は共通していることに留意する。地球・天球の中心から測者を通って頭上彼方に伸びる直線が天球と交わる。この交点を測者の「天頂 (Zenith)」という。天球上の天頂と地球上の測者とは一対一の関係にある。したがって、天頂は地球上にいる測者の位置を、天球上において測者の代わりに示している。

地球・天球の中心からみて、測者を貫いて天頂に向かう方向から 90° 開いた方向を「真水平」という。図 1.3 に示すように、真水平は測者（の足下の中心）の

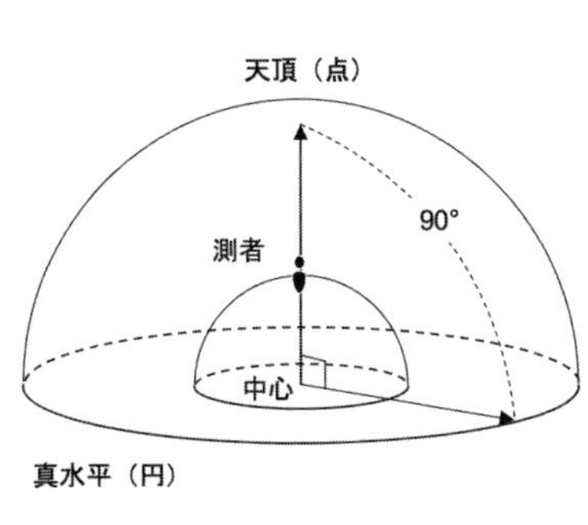

a. 天頂と真水平の関係

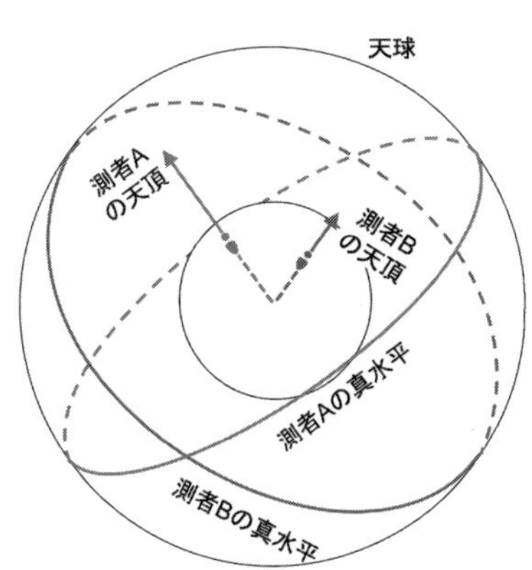

b. 測者に付随する天頂と真水平

図 1.3　測者と天頂と真水平

周囲360°をぐるりと取り囲む円として存在している。真水平と天頂は一対一の関係なので、測者と真水平の関係も一意に定まることになる。つまり、地球上の異なる位置に別々の測者がいて、それぞれの天頂と真水平が存在する。また、測者が移動すれば天頂と真水平も移動する。

(2) 天体の地位と頂距

次に、天体から地球・天球の中心に向かう直線に着目する（図 1.4）。直線は地球の表面を貫いている。この地点を天体の「地位」という。地位は天球上にある天体と一対一の関係にある。天頂が天球上にあって測者の代わりを果たしているのに対して、地位は地球上にあって天体の代わりを果たしている。

天頂から真水平に向かう90°の円弧は天頂を中心に無数に存在している。この中で、ある天体を通る円弧はただ一つである。この天体を通る円弧を一部とする大圏[1]を「高度の圏」という。「高度の圏」において、真水平から天体まで垂直に上げた角度が高度であり、天体から天頂までの残りの角度は「頂距（Zenith Distance）」と呼ばれている。次の関係は極めて重要である。

高度 ＋ 頂距 ＝ 90°　　（頂距 ＝ 90° − 高度）

(3) 修正差

では、どのようにして、天体の高度を「位置の線」として使うのか。

ここでは「修正差（Intercept）」による方法を解説する。修正差は、

修正差 ＝ 真高度 − 計算高度

として与えられる。

この方法は、天測をする時機を定め、そのタイミングにおける本船（測者）の推測位置を求めるところから始まる。

求めた推測位置と対象とする天体の天球上の位置より、推測位置からその天体が見えるはずの高度と方向（方位）を計算で求める。この計算では、推測位置（測者の天頂）と天体の位置（地球上の地位）に、極（天の極）を加えた球面三角形の関係を用いる。この関係から求める高度を「計算高度（Calculated Altitude）」という。

実際に天測をする時機において、計算で求めた方位に対象とする天体がみえる

---

1 大圏（大円）：球の中心を通る平面と球の表面との交点のつらなり（交線）。

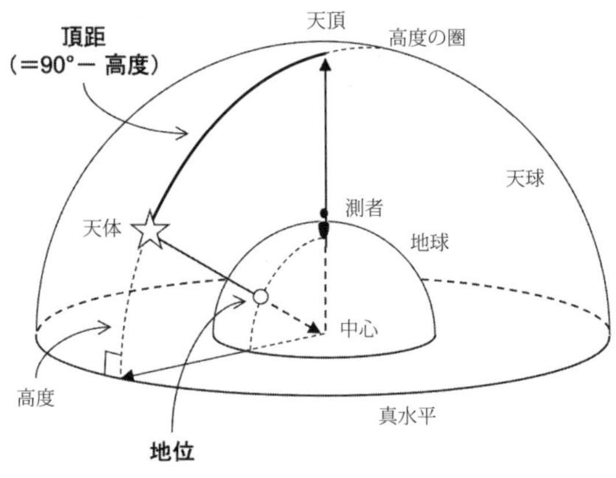

図 1.4 天体の地位と頂距

Column 1-1 角度と距離

図 C1.1 に示すように、大圏に沿って測る球面上の距離（円弧の長さ）は球の中心における角度を意味している。

実はこれこそが、航海において 1 海里が緯度 1′（分）と定義されているゆえんである。船舶は地球の表面に沿って移動するしかない。近視眼的には平面上を直進して、距離を移動しているように思えても、地球規模でみた場合、円弧をなぞっている、すなわち、角度を「旅している」のである。

同一経度を南北に航海する場合、経線（子午線）は大圏であるので、60 海里の航行は、緯度 1° の移動となっている。緯度・経度の座標系において海里を用いることにより、航行距離と角度を統一的に利用できるようになっている。

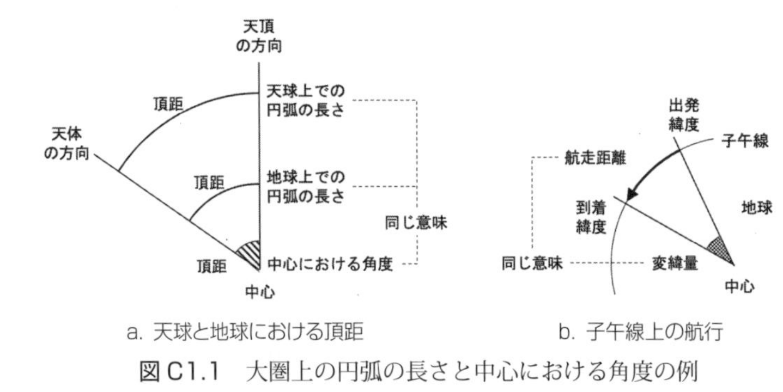

a. 天球と地球における頂距　　b. 子午線上の航行

図 C1.1 大圏上の円弧の長さと中心における角度の例

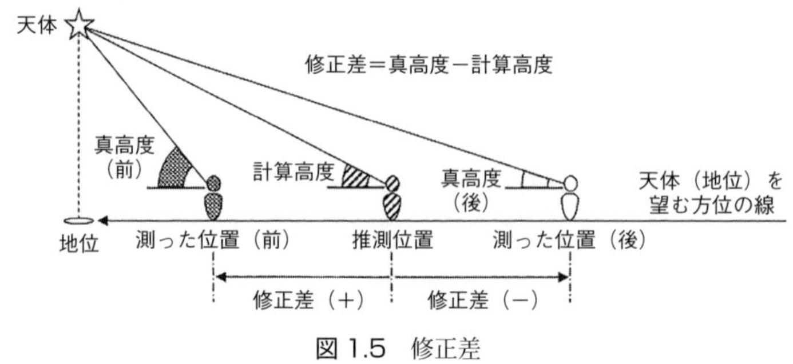

図 1.5　修正差

ので、その天体の高度を六分儀で測定する。このとき、六分儀自体の誤差や、大気に由来する偏向などを修正して、地球・天球の中心からみた高度に換算する。これが実際に測った、そのときの高度なので「真高度（True Altitude)」という。

天体の高度を測定したときの位置は、必ずしも推測位置であるとは限らない。むしろ、ずれていると考える。この位置のずれが、真高度と計算高度との差、すなわち修正差である。修正差の単位は「角度」の（′）であるが、角度と距離（海里）は同等であるので、そのまま地球上の距離（海里）と捉えてかまわない（Column 1-1 参照）。また、修正差は天体を望んでいる方向に沿って生じていることに留意する。つまり、修正差は、天球にあっては「高度の圏」の上に、地球にあっては、天体の地位を望む方位の線の上に生じる。

修正差は、真高度から計算高度を減じた値とするので、真高度が計算高度よりも大きい場合は正（＋）、小さい場合は負（－）となる。図 1.5 に示すように、修正差が正となるのは、推測位置からみて、観測位置が天体（地位）側に近づいて（前に）いるからであり、負となるのは、観測位置が推測位置から天体（地位）と反対側に離れて（後ろに）いるからである。仮の基準とした推測位置でみえるはずの高度が計算高度である。実際に測って得た真高度と計算高度との角度の差が、そのまま仮の基準からの距離のずれであるので、真高度を与える位置は、推測位置から天体側（＋）あるいは、反対側（－）に、修正差に相当する距離だけ離れたところになる。

(4) 修正差と位置の線

図 1.6 に、修正差が正（＋）の場合を例とした、地球上での推測位置と真高度を測った位置の関係を示す。この例では、測者は、推測位置から天体を望む方向（方位）に、修正差の角度（距離）だけ近づいた位置で天体の真高度を得たことになっている。このときの天体の地位までの距離（角度）は頂距となっている。

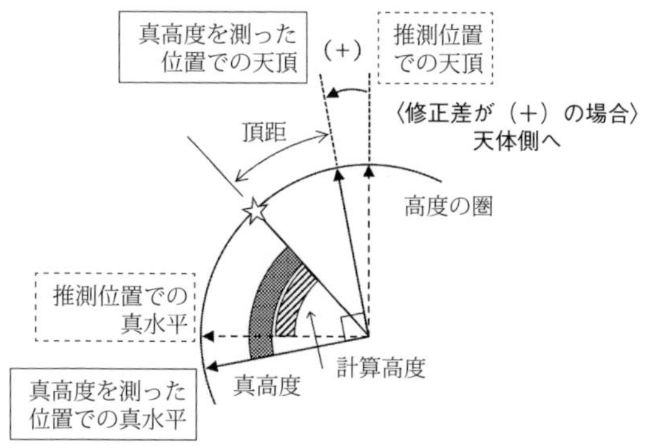

a. 天球を横からみたときの計算高度と真高度との関係

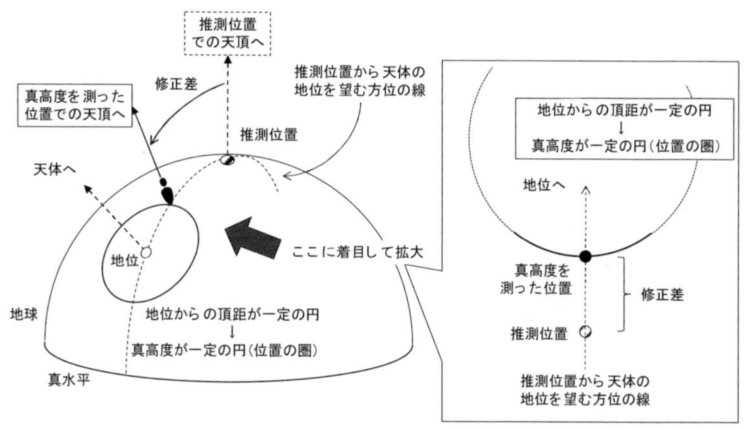

b. 地球上での推測位置と真高度を測った位置との関係

図 1.6　修正差と「位置の線」

頂距は（90°－ 真高度）なので、地位からの頂距が一定となる点の軌跡は、天体の真高度が一定となる点の軌跡であるともいえる。この点の軌跡は地位を中心とした半径が頂距の円となっている。これを「位置の圏」という。

ある天体の地位を望む方位の線上に修正差をとり、真高度が一定となる円（位置の圏）を特定することができた。しかしながら、天体の高度を測った位置はこの方位の線上だけにいるとは限らず、この方位の線の左右に外れた位置にいる可能性がある。そこで、厳密にいえば円であるはずの、天体を一定の真高度でみる点の軌跡（位置の圏）を、狭い範囲内に限って、曲率が無視できるものとして直線で近似する。この直線は、「位置の圏」と推測位置から地位へ向かう方位線の交点における接線でもある。これが天測における「位置の線」となる。

(5) 位置の決定

修正差の意味を再整理する。修正差は、

「実際に測って得た真高度 − 推測位置での計算高度」

で求める。修正差が、

① 正(+)の場合は、推測位置からみて、天体(地位)側にいる。

② 負(−)の場合は、推測位置からみて、天体(地位)と反対の方向(反方位)にいる。

ある推測位置に基づいて複数の天体の「位置の線」を求めることができたとする。図 1.8 に示すように、中心を推測位置とする座標系を想定するとき、各天体

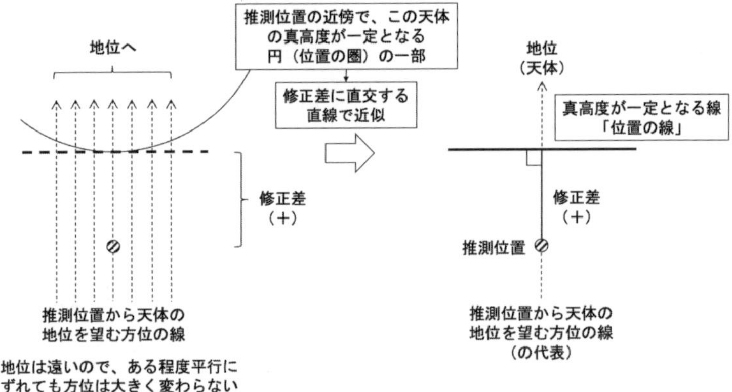

図 1.7 真高度が一定となる点の軌跡を直線で近似(天測における「位置の線」)

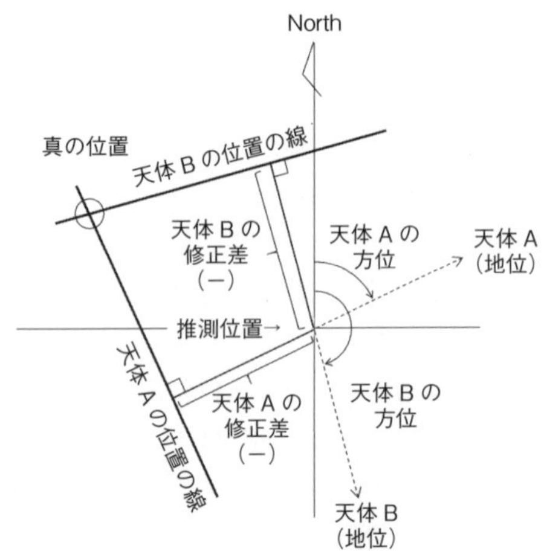

図 1.8 天測における位置の決定の例

の「位置の線」は、それぞれ、中心から延びる方位の線上に修正差の距離を与える点をとり、その点において直交する直線を求めることで現わす。これら複数の「位置の線」の交点が推測位置を求めた時刻における真の位置（観測位置）となる。

最後に、求めた交点（観測位置）について緯度と経度の値を特定する必要がある。推測位置の緯度と経度の値はわかっているので、推測位置と交点のずれを、緯度方向と経度方向のそれぞれに加減をして、真の位置の緯度・経度とする。緯度方向のずれは、そのまま「緯度差（Difference of Latitude: D.lat.）」として扱かえるが、経度方向のずれは「東西距（Departure: Dep.）」なので、「経度差（Difference of Longitude: D.Long.）」を得るためには、

東西距 ＝ 経度差 × cos（緯度）

の関係を用いる必要があることに留意する。

なお、真の位置の緯度・経度の特定には、作図により交点を求めて、対応する座標の値を読み取る方法のほか、計算モデルを対応させて交点の座標を数値的に求める方法がある。

また、「位置の線」はその天体を望む方位に直交しているので、「位置の線」どうしの交差する角度には各天体を望む方位の差が反映される。そもそも「位置の線」どうしに交点ができるためには方位に差がなければならず、その差が小さければ、誤差により交点の位置が大きくずれてしまう。これは沿岸航海における「位置の線」の関係と同じである。天測においても、複数の天体の間には、ある程度の方位の差が求められる。

1.2 位置の表現

1.2.1 地球上での位置の表現

（1）地球上の座標系（測地系）

地球上での位置を表現するためには世界的に統一された座標系が必要となる。このとき緯度と経度の体系を用いることが一般的であるが、地球の大きさや原点の与え方をまとめた「測地系（Geodetic System）」と呼ばれるモデルがいくつか存在する。日本における紙海図の測地系は、かつては「日本測地系（Tokyo Datum）」という日本が独自に構築したものであった。

1990 年代から米国の提供する GPS の測位サービスを恒常的に利用できるようになり、特に 2000 年の SA（Selective Availability：選択利用性）解除により、測位精度が向上してから、全世界において GPS の利用に急速な普及がみられた。

GPSの基準となっている測地系は「世界測地系1984（WGS84）」であり、これも米国が構築したものである。2002年に日本は紙海図の基準を日本測地系からWGS84に切り替えている。

ENC（Electronic Navigational Chart：航海用電子海図）のデータも、WGS84を基準としていることから、現在の地球上の位置に関する座標系は、少なくとも船舶の航海においては、WGS84に統一されているといえる。

（2）緯度

地球は自転をしている。その回転方向の定義はいわゆる「右手系」に従っている。すなわち、回転している方向に右手の人差し指から小指までの指先を添わせたとき、親指の方向が北極となる。回転（自転）する方向は「東」となっている。

緯度の基準は赤道（Equator：南北の極から等しい角度（距離）90°にある点の軌跡[2]）であり、地球の自転を根拠に一意に定まっている。緯度は子午線[3]に沿って与えられ、その値は赤道が0°で数値は極に向かって増える。

緯度には、北半球にある緯度に「北緯」、南半球の緯度に「南緯」を冠することによって赤道からの方向を識別する場合と、北に向かって大きくなり、南に向かって小さくなるとの定義に従って、正（＋）と負（－）の符号を冠する場合がある。

ここで、赤道から北極までの角度が90°なので、測者から北極までの角度は

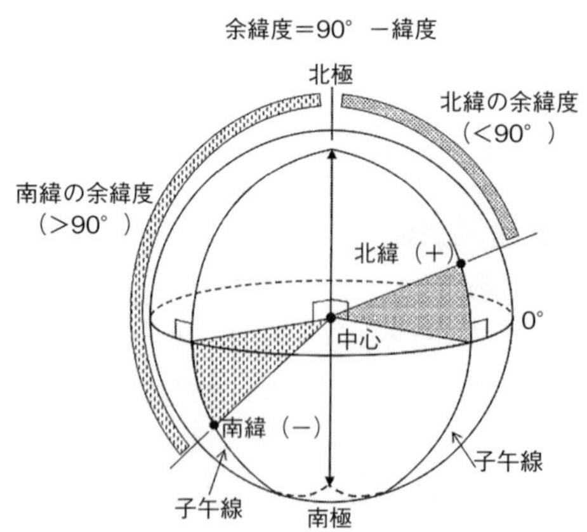

図1.9　地球上における緯度と余緯度

---

2 語源はEqual（等しい）と同じで、その他に同じ語源を持つ春分点・秋分点（Equinox）などがある。
3 北極と南極を両端として、その地を含む大圏上の円弧。

（90°－ 測者の緯度）となっている。この角度（測者の子午線上の距離）は「余緯度（Co - Latitude[4]）」と呼ばれている。この緯度と余緯度の関係も重要である。

余緯度 ＝ 90°－ 緯度

Column 1-2 緯度の種類

実際の地球の形状は真球ではなく、自転により赤道が膨らんだ回転楕円体となっている。地球の中心から赤道までの距離（赤道半径）は 6378.137km、同じく極までの距離（極半径）は 6356.752km であり（理科年表 2019 年版、WGS84 による）、両者には約 21km の差がある。子午線の描く形状を、赤道半径を長径 / 2、極半径を短径 / 2 とする楕円で近似するとき、赤道から極に向かう楕円周（子午線）上の各点において、その接線についての垂線は、必ずしも地球の中心を通らない。この垂線が赤道面となす角を「地理緯度（Geographical Latitude）」もしくは、「測地緯度（Geodetic Latitude）」といい、各点と地球の中心を結ぶ線分が赤道面となす角「地心緯度（Geocentric Latitude）」と区別される。さらには、鉛直を基準として緯度を特定しようとするとき、各地点での重力方向は必ずしも地理緯度の根拠となる垂線の方向と一致していない。これは、地球の密度の不均一によるためで、鉛直線偏差（Deflection of the Vertical）と呼ばれている。地理緯度に鉛直線偏差を加味した緯度を「天文緯度（Astronomical Latitude）」という。鉛直線偏差の大きさは最大で 20″程度である。

このように、緯度には厳密には三つの定義が存在する。地心緯度と地理緯度の差異は、地理緯度 45° のときが最大で、約 11.5′ のずれとなる。このとき、地理緯度 45° の垂線と地球の中心との離隔距離は、赤道半径と極半径との差である約 21km となっている。

最も近い天体である月までの距離は、平均で 384,400km であり、地理緯度 45° のときの地球中心との離隔距離約 21km が与える角度の差は、21 / 384.400 の逆正弦（Arcsine）となる。結果は、0.003 130° すなわち、0.19′ となる。天測の精度として 0.1′ を保証するとき、この誤差は無視できる量ではない。しかしながら、天測では月の他に太陽あるいは惑星、恒星を対象としている。月の次に最も近い天体は金星であり、その距離は約 38,200,000km である。離隔距離約 21km が与える角度の差は 0.002′ となり、無視できる程度である。また、鉛直線偏差についても無視できる大きさであるので、天測においては、地理緯度を利用していても、測者の直下に地球の中心が存在しているとみなして差し支えない。

[4] Co は Complementary Angle（余角）の意味。

(3) 経度と経度時

経度の定義は、緯度のように天文学的な根拠ではなく、人類の歴史的な経緯に由来していて、英国のグリニッジ（Greenwich）を通る子午線となっている。グリニッジの子午線は「本初子午線（Prime Meridian）」と呼ばれている。本初子午線のほか、極から延びる子午線は無数に存在している。図 1.10（右側）は、地球の北極（自転軸）の遥か上方から地球の中心方向を望んだ図であり、円周が赤道に相当している。各地の子午線は、図の中心から円周に向かって延びる直線として表現されている。

本初子午線は無数にある子午線の内、ただ一つ、グリニッジに 0° 0′ 0″として与えられることにより、各地の経度の基準となっている。同図に示すように、経度は北極において形成され、本初子午線と各地の子午線に挟まれる角度として与えられる。経度には、本初子午線から東側の角度に「東経」、西側の角度に「西経」を冠して方向を識別する場合と、東に向かって増え、西に向かって減るとの

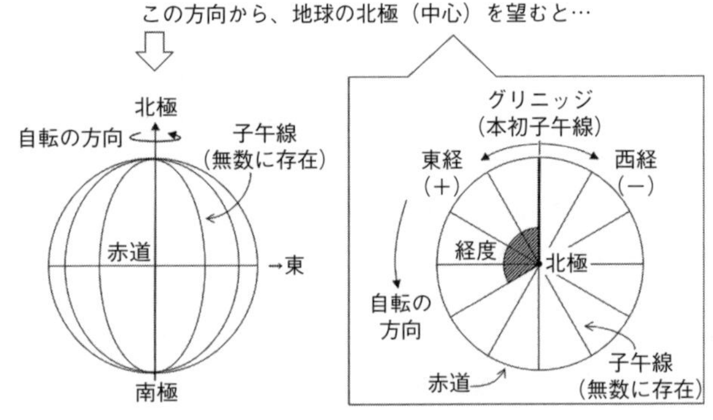

図 1.10　地球上における経度

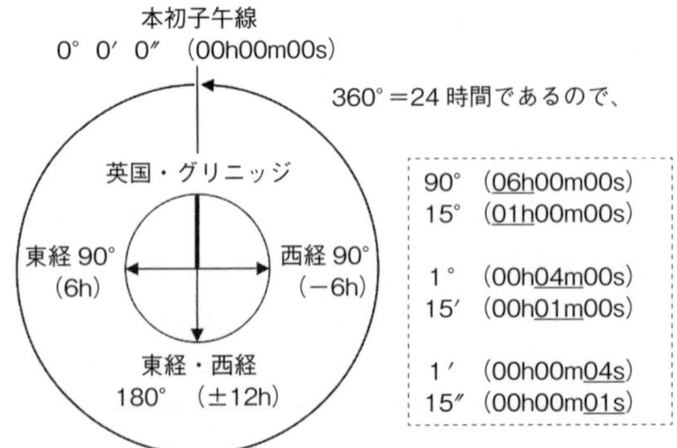

図 1.11　経度の定義と経度時（L. in T.）

定義に従って、正（＋）と負（－）の符号を冠する場合がある。

東経と西経の最大値はそれぞれ 180°であり、自転軸の周り 360°を覆っている。ここで、地球の自転周期を 24 時間として、全周 360°との対応をとる。つまり、360°と 24 時間は一対一の関係である。したがって、経度 15°の変化は時間の 1 時間（hour：h）に、経度 1°の変化は時間の 4 分（minute：m）に、経度 1′の変化は時間の 4 秒（second : s）に相当する。このように、経度の角度は時間で表現することが可能であり、時間単位で表された経度の差を「経度時（Longitude in Time：L. in T.)」と呼んでいる。

本初子午線の 0° 0′ 0″を 0 時 0 分 0 秒（00h00m00s と略号で表記する）としている。

1.2.2 天球上での位置の表現

（1）赤緯

天球の中心は地球の中心と共通であるとした。図 1.12 に示すように、地球の自転軸を南北に延長し、天球を貫く点を想定する。これらを「天の北極（Celestial North Pole)」、「天の南極（Celestial South Pole)」という。また、地球・天球の中心および赤道を通る平面が天球と交わる線（交線）を想定する。これを「天の赤道（Celestial Equator)」という。

天球に張り付いている天体について、これを通る天の子午線を想定する。この天体についての天の子午線は「赤緯の圏」と呼ばれる。「赤緯の圏」上における「天の赤道」から天体までの距離（地球・天球の中心における角度）を「赤緯

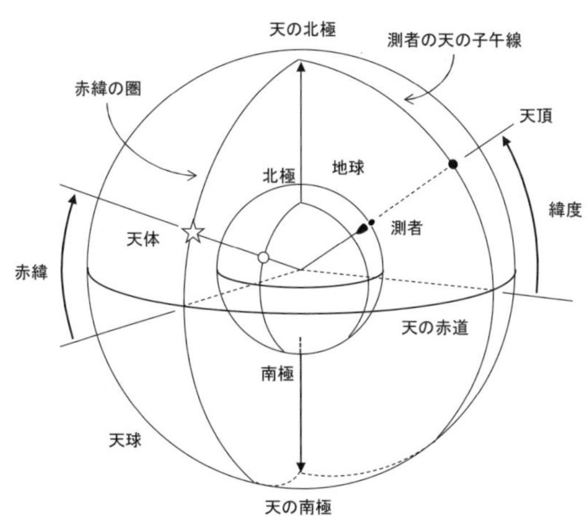

図 1.12　地球上の緯度と天球上における赤緯

(Declination)」という。

緯度と同じように「北」「南」を冠して識別する場合と、北を正（+）、南を負（−）として符号にて識別する場合がある。

地球上の北極・南極と天球上の「天の北極」・「天の南極」はひとつの直線上に存在しており、また、地球の赤道と「天の赤道」は同じ平面上に存在している。

また、地球上の測者を通る子午線を天球上へ投影すると、天頂を通る天の子午線となる。これを「測者の天の子午線」と呼んでいる。

「天の極」と「天の赤道」との関係は、地球の極と赤道との関係をそのまま天球上に拡大・展開したものであり、緯度と赤緯の測り方も同じ（赤道から極に向かって測る）なので、両者は同じ基準と尺度で扱うことができるようになっている。

(2) 地球からみた太陽の動き

図 1.13 に示すように、まずは、太陽の周囲を公転する地球を考える。地球は公転軸に対して自転軸が約 23° 26′（約 23.4°）傾いたまま運行している[5]。公転軌道上のどこにいても自転軸の方向は宇宙空間に対して一定を保っているので、年間を通して、自転軸が傾いている方向と地球から太陽を望む方向との関係が変化していく。地球から太陽を望む方向は、地球上における太陽の地位に置き換えることができる（図 1.13 中の○印）。

次に、視点を地球・天球の中心に置き換えてみる。すると、太陽が地球の周り

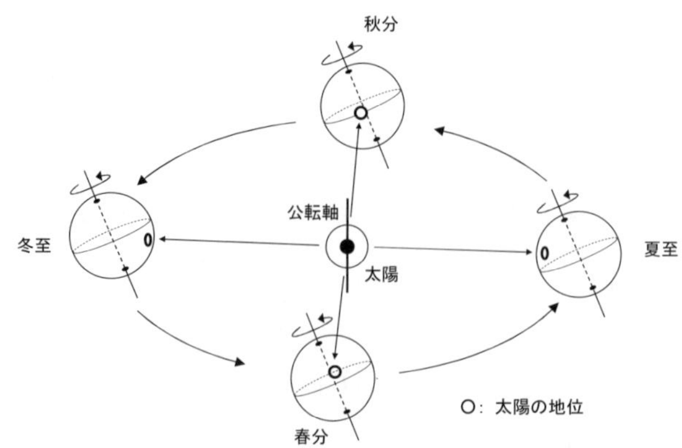

図 1.13　自転しながら公転する地球と太陽の地位

5 公転面に対する赤道面の傾きでもあるので「赤道傾斜角」と呼ばれている。

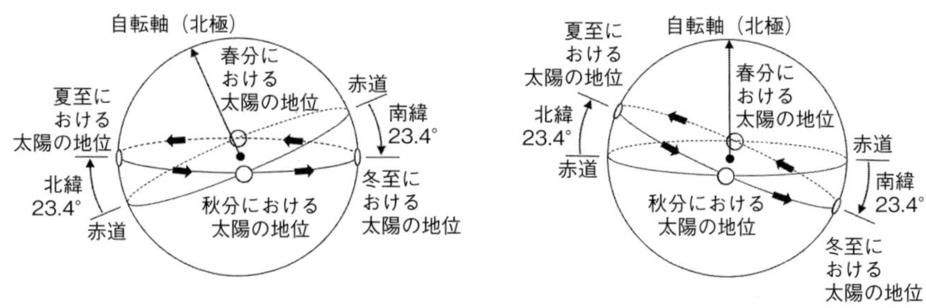

図 1.14　自転軸を基準にした太陽の地位の移り変わり

を移動しているようにみえる。地球・天球の中心から地位の方向の延長上に天体、すなわち太陽があるので、太陽の地位の変化は、そのまま天球における太陽の移動を表していると解釈できる（図 1.14）。

自転軸の北が公転軸側に傾いている場合は、太陽の地位は北緯なので、太陽の赤緯は北半球にある。特に、自転軸が傾いている方向の正面に太陽を望むとき、赤緯が「北」の値として最大となる。このときを「夏至（Summer Solstice）」という。逆に、自転軸の傾いている方向が太陽を望む方向と反対側にある場合は、太陽の赤緯は南半球にある。「南」の値として赤緯が最大になるときを「冬至（Winter Solstice）」という。

夏至から冬至にいたるまでの間、太陽の地位の緯度、すなわち太陽の赤緯が 0° となる瞬間がある。ここで太陽が北半球から南半球へ移行する。この点が「秋分点（Autumnal Equinox）」である。

また、冬至から夏至にいたるまでの間、太陽が南半球から北半球へ移行する瞬間がある。この点が「春分点（Vernal Exuinox）」である。

（3）赤経

「赤経（Right Ascension：R.A.）」とは、図 1.15 に示すように、「天の北極」で形成される「春分点」の方向と、天体の「天の子午線（赤緯の圏）」に挟まれる角度となっている。

なお、日本では赤経の角度は（ ° ）単位ではなく、経度時（L. in T.）と同じ時間（時分秒）単位で表現される。赤経の値は東方向を正（＋）、つまり東に向かうほど数値は大きくなる。180°すなわち 12h00m00s の方向は「秋分点」を示している。秋分点を超えても、数値はそのまま増加させ（経度の測り方と異なるので注意する）、23h59m59s（359° 59′ 45″）の次の角度 1 秒分（15″）で春分点に戻る。

この方向から、天の北極（中心）を望むと…

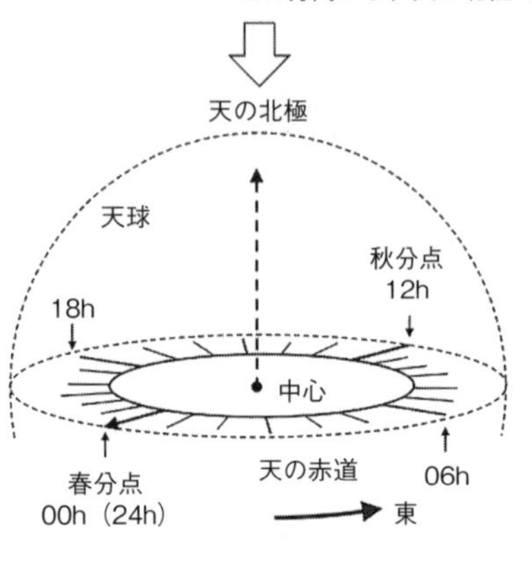

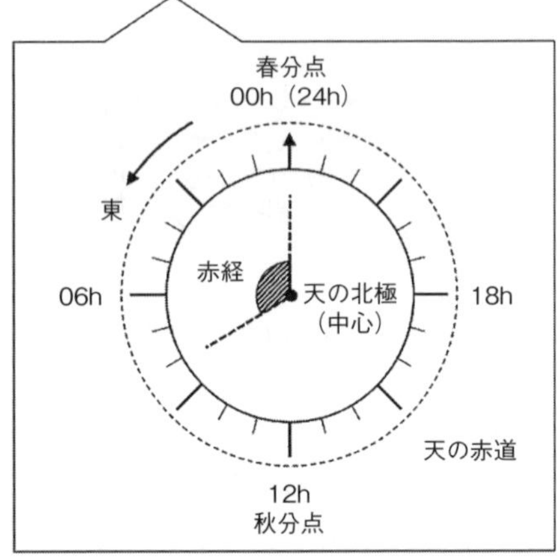

図 1.15　天球上における赤経

Column 1-3　黄道と春分点

天球上での太陽の軌跡が黄道である。図 C1.3.1 に赤緯を縦軸、赤経を横軸とした場合の黄道を示す。これは地球・天球の中心から天球をみている図なので、左方向が東（赤経での正の方向）、右方向が西となっている。

太陽の赤緯の変化は、公転している地球の自転軸が傾いているからこそ現れる現象である。その結果として、夏至・秋分・冬至・春分という特殊な（明確に、かつ、一意に与えられるという意味で）点が存在する。その内で、いろいろな意味合いで始まりを想起させる春分点が赤経の始点・基準とされた（と筆者は解釈している）。

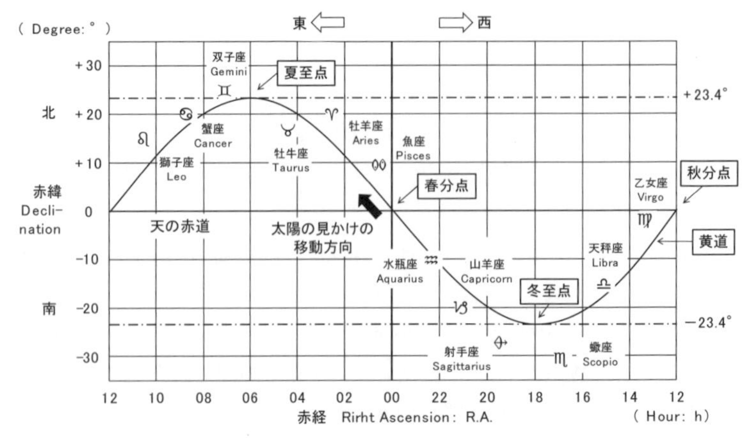

図 C1.3.1　天球の展開図（一部）と黄道

なお、図 C1.3.1 には黄道 12 星座と呼ばれる各星座の概略位置を、いわゆる西洋占星術に用いられる記号で示している。

春分点は天球に固定されているのではなく、「歳差運動（Precession）」のため徐々に西に移動している。歳差運動とは、地球の自転軸のふらつきであり、黄道面の北極を中心におよそ 25,800 年かけて一周すると予測されている。年間の移動量はおよそ 50″とわずかであるが、1000 年の間では約 14° の変化となる。（厳密には、継続した観測から 50.291″ / 年（平陽年）とされている）。

現代の西洋占星術の原型が体系づけられたのは紀元前 2 世紀といわれており、その時代の春分点は、現代よりも約 30° 夏至側にあった。2019 年の春分点は魚座の範囲の中にあるが、かつては牡羊座（Aries）にあったことから、春分点のことを別称「The First Point of Aries」と呼んでいる。現代においてもこの慣例が踏襲されていて、春分点を単に「Aries」と呼ぶ場合がある。また、図に示すような占星術の記号で表記されたり、ギリシャ文字のウプシロン（大文字）Υ を充てたりする場合がある。いずれにしても、牡羊の両角がモチーフである。

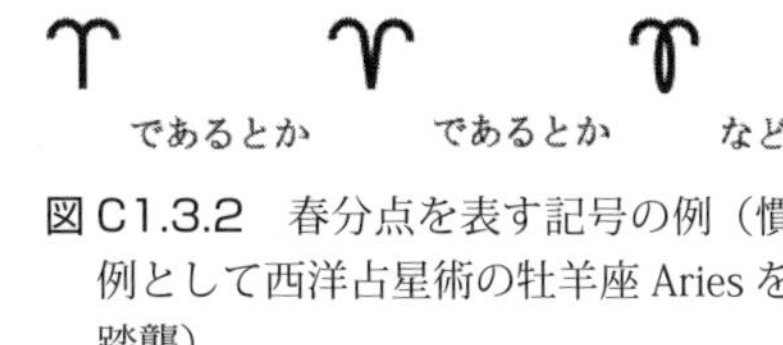

図 C1.3.2　春分点を表す記号の例（慣例として西洋占星術の牡羊座 Aries を踏襲）

1.2.3　時角（経度と赤経の相対関係）

図 1.16 では、図 1.10 で示した経度の定義と、図 1.15 で示した赤経の定義を重ねている。

経度は地球の北極を中心として与えられ、赤経は天の北極を中心として与えられる。地球の北極と天の北極は、地球・天球の中心を貫く直線上にある。したがって、経度と赤経の関係はこの中心（北極・天の北極）で形成される両者の差として求めることができる。また、この差についても、経度・赤経と同じく経度時で表わせることに留意する。

ここで、地球上のある経度と天球上のある赤経との差を「地方時角（Local Hour Angle：L.H.A.）」という。

経度はグリニッジ子午線（本初子午線）を基準としている。地球上のどこにいたとしても経度さえわかっていれば、グリニッジから東あるいは西のどこにいるのかがわかるので、測者と天体との間の地方時角（L.H.A.）を得ようとする場合、まずは、グリニッジと天体との時角を特定し、その後、測者の経度を加味すればよい。

グリニッジ子午線（本初子午線）からみた天体の天の子午線（赤緯の圏）ま

での赤経上の差を「グリニッジ時角（Greenwich Hour Angle：G.H.A.)」という。グリニッジ時角は、西方向が正（＋）となる。西方向を正にしておくと、東経にいる測者からみて、その天体の時角は、東経としての値を加算すればよく、一方、西経にいる測者にとっては、西経の値を減じればよい。

つまりグリニッジ時角の値に測者の経度の正負をそのまま加算すれば、測者からみた地方時角（L.H.A.）を求めることができる。すなわち、

地方時角（L.H.A.）＝グリニッジ時角（G.H.A.）± その地の経度

（ただし、東経：＋、西経：－）

となる。

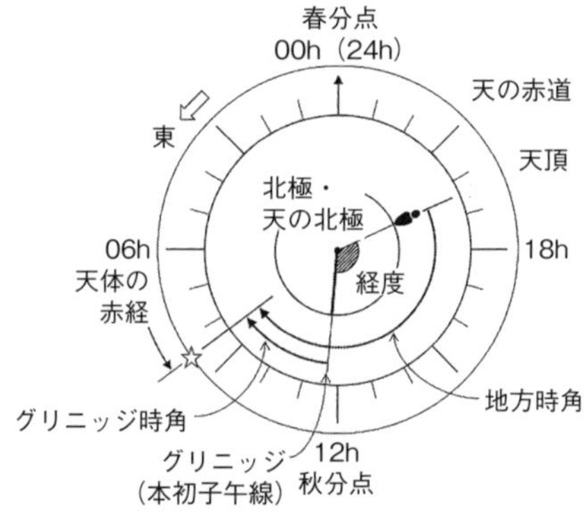

図 1.16　経度と赤経との差から形成される時角（グリニッジ時角と地方時角）

Column 1-4　時角の符号

地球上の様々な場所にいる測者たちにとって、それぞれの地方時角を代表するのがグリニッジ時角であるが、グリニッジの地も地球の自転によって赤経上の東方向に進んでいる。つまり、ある天体に対するグリニッジ時角は時間の経過とともに大きくなり続けている。

逆の言い方をすれば、天球上にある天体は地球の自転が反映されて、見かけ上、東から西へ移動しているようにみえる。この見かけ上の動きは「日周運動（Diurnal Motion)」と呼ばれている。天体は日周運動により西へ移動するので、時角は「増加」する。時角は西方向を正（＋）にするとされている理由はここにある。

グリニッジ時角から地方時角を求める計算の結果、地方時角が負となるときがあるが、その場合は結果に24h（360°）を加えて、正の値とする。また、24h（360°）

を超える場合は、結果から 24h（360°）を減じて、24h を超えない値とするのが慣例である。時角が 12h（180°）よりも大きくなる場合がありえる。このとき、測者が正面に北を望むとその天体は極の右側、すなわち、東側に見えていることになる。この場合の時角を特に「東方時角」という。

1.2.4 地方時角・位置の三角形・計算高度

① 地球上にいる測者の位置は緯度と経度で表現される。

② 天球上にある天体の位置は赤緯と赤経で表現される。

③ 測者の経度と天体の赤経の差は地方時角として与えることができる。

これらの関係を図 1.17 の a. に示す。ここで、新たに天頂と天体を通る大圏を与えることができる。これは「高度の圏」であり、かつ、天頂から天体までが頂距であった。すると、同図の b. に示すように、天頂・天体・天の極の三つの頂点で形成される球面三角形が得られる。これを天測では「位置の三角形（Position Triangle）」と呼んでいる。「天の極」から天頂までの角度は、余緯度（90°－ 緯度）であった。

一方、極から天体までの角度は（90°－ 赤緯）であり、これは「極距（Polar Distance）」と呼ばれている。

地方時角は「位置の三角形」において「天の極」で形成される内角であり、この対辺が頂距（90°— 高度）となっている。地方時角を挟む二つの辺がそれぞれ、余緯度と極距である。これらの要素は球面三角形の余弦定理の関係式に当てはめることができるので、この関係式を解くことで、高度の値を求めることができる。この計算に用いる測者の緯度と経度は、推測位置である。したがって、この計算で得る高度が計算高度となる。

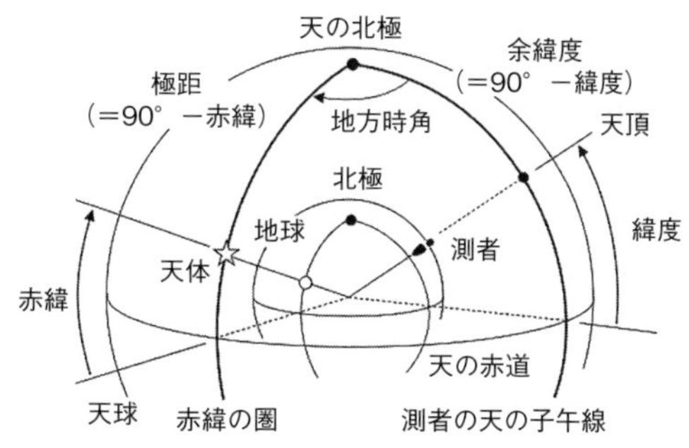

a. 経度と赤経と地方時角

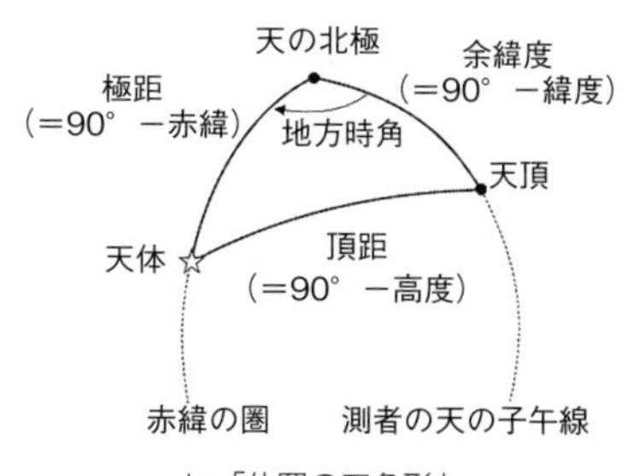

b.「位置の三角形」

図 1.17 地方時角と「位置の三角形」

1.3 グリニッジ時角の求め方

「位置の三角形」に基づいて計算高度を求めるためには、測者の緯度（余緯度）、天体の赤緯（極距）、地方時角の三つの要素が必要となる。測者の緯度には推測位置の緯度を用いる。天体の赤緯は、実際に観測する日・時刻に従い、「天測暦」もしくは「Nautical Almanac」を検索して得る。そして、地方時角はグリニッジ時角に推測位置の経度を加減して求めるので、後はグリニッジ時角さえ特定できればよい。

1.3.1 グリニッジ恒星時（グリニッジの赤経）

グリニッジ時角は、図 1.18 に示すように北極・「天の北極」を中心に形成されるグリニッジ子午線（本初子午線）と天体の赤経との角度である。

地球は自転しているので、地球上のどの場所（厳密には両極以外）にいても、春分点に正中する瞬間がある。この瞬間の後、経過した時間（経度時）を「恒星時（Sidereal Time）」という。グリニッジ子午線についても例外ではなく、本初子午線が春分点に正中した瞬間からの経過時間がグリニッジの恒星時である。グリニッジ恒星時は春分点への時角でもあり、地球上にあるグリニッジについての天球上における赤経であるともいえる。

1.3.2 グリニッジ恒星時の特定

では、グリニッジ恒星時（＝グリニッジの赤経＝春分点への時角）をどのようにして特定するのか、ということになる。

もし、地球上から天球上の春分点を観測することができれば、春分点の正中を特定して、そこからの時間経過を計測すればよい。しかしながら、春分点は天の赤道と黄道の交点（太陽が南半球から北半球へ移行する瞬間）であり、常時、物理的な存在がその点にあるわけではないので、どのような手段であっても、常時春分点を直接特定することはできない。

そこで、我々の生活・活動の基盤である時刻の根拠となっている太陽を仲介役として利用することになる。

図 1.19 に示すように、ある日、ある時刻の太陽の赤経がわかれば、その赤経の角度（経度時）のぶんだけ西の位置に春分点があるはずである。太陽が正中する瞬間が昼の 12 時（正午）なので、グリニッジの地（本初子午線）がどのくらい経つと正中するのか、あるいは、正中してからどのくらい経過しているのかが

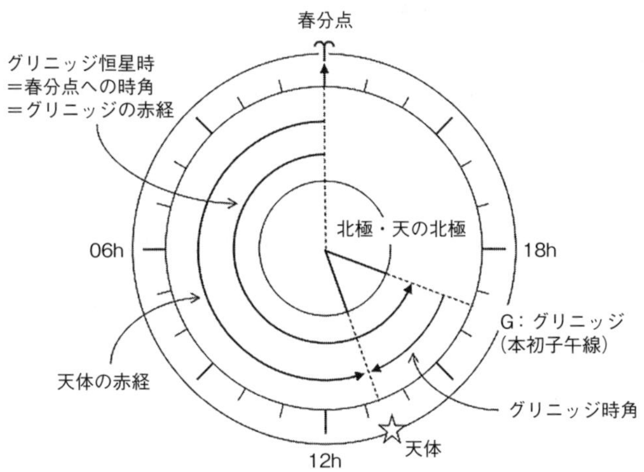

図 1.18　グリニッジ時角とグリニッジの恒星時（赤経）

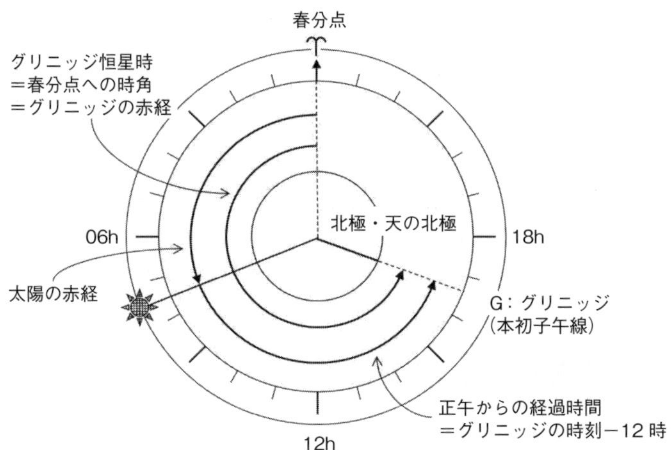

図 1.19　グリニッジの赤経（恒星時）を代替する太陽の赤経と「グリニッジの時刻－ 12 時」

わかれば、その時刻の太陽の赤経との時間差を経度時として加減することで、グリニッジの赤経（＝グリニッジ恒星時＝春分点への時角）を得ることができる。正午との時間差は（その時のグリニッジの時刻－ 12 時（正午））にほかならない。つまり、グリニッジの赤経（＝グリニッジ恒星時＝春分点への時角）は太陽の赤経と「グリニッジの時刻－ 12 時」から求めることができる。

グリニッジの赤経 ＝ 太陽の赤経 ＋（グリニッジの時刻 － 12 時）

1.3.3 グリニッジ時角の特定

グリニッジの赤経を、太陽の赤経と「グリニッジの時刻 − 12 時」とで代替する関係として、再びある天体のグリニッジ時角に当てはめてみる。すると、図 1.20 に示すように、天体のグリニッジ時角は、

グリニッジ時角 ＝ グリニッジの赤経 − 天体の赤経
＝ 太陽の赤経 ＋（グリニッジの時刻 − 12 時）− 天体の赤経

となり、ある天体の赤経と太陽の赤経、およびグリニッジの時刻がわかれば、その天体のグリニッジ時角が特定できる。

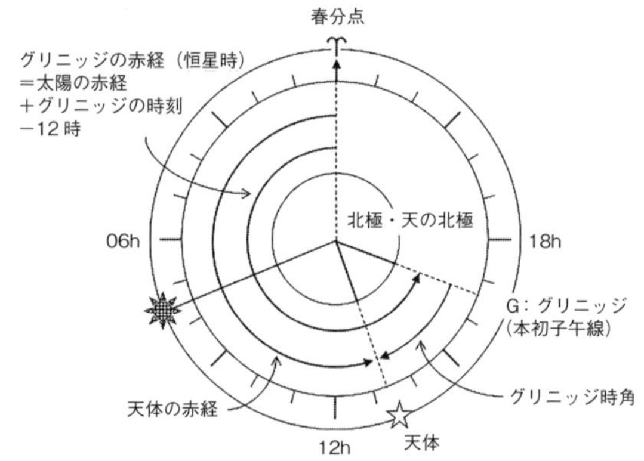

図 1.20　太陽の赤経と「グリニッジの時刻 − 12 時」とグリニッジ時角

1.4 太陽の赤経と時間の体系

1.4.1 二つの太陽と二つの時間の体系

太陽の赤経については、天測では二つの太陽を考えなければならない。

一つは、視認できる実際の太陽であり、これを「視太陽（Apparent Sun）」という。

地球からみた視太陽の運行の起点を春分点とし、再び春分点にいたるまでの時間間隔を「視陽年（Apparent Solar Year）」という。この視陽年は、歳差および章動[6]により毎年同じ間隔とはならない。視陽年の平均を「平陽年（Mean Solar Year）」という。

---

6 章動（Nutation）：歳差と同じように自転軸がずれる運動。歳差と同じく、太陽と月の引力の作用により引き起こされるが、歳差よりも短い周期で現れる運動。

表 1.1 視太陽と平均太陽

	視太陽（Apparent Sun）	平均太陽（Mean Sun）
存在	実在（目視の対象）	仮想（便宜上の設定）
年	視陽年（Apparent Solar Year）	平陽年（Mean Solar Year）
	視太陽が春分点を迎える間隔（変動）	視陽年の平均（365.242 19 平陽日）
日	視陽日（Apparent Solar Day）	平陽日（Mean Solar Day）
	年間を通じて変化 （公転の楕円軌道と黄道傾斜に由来）	平均太陽が子午線を通過する間隔 （これを 24 時間と定義）
時	視時（Apparent Time：A.T.）	平時（Mean Time：M.T.）
	実際に視太陽が正中する瞬間を正午とする時間体系	仮想の存在である平均太陽が正中する瞬間を正午とする時間体系

また、視太陽がある地の子午線を通過し、続いて同じ子午線を通過するまでの間隔を「視陽日（Apparent Solar Day）」という。視陽日の間隔は、年間を通じて一定ではない。この不均一は、公転の軌道が真円ではなく、楕円であることと、公転面に対して赤道が傾いていることに起因する。人間の生活・活動の便宜上、1 日の長さは一定であることが望ましいので、天の赤道上から外れることなく、かつ、正中する時間間隔が一定になるような仮想の太陽を想定し、この太陽を基準とする時間体系を設定する。これが二つ目の太陽の「平均太陽（Mean Sun）」である。

平均太陽が子午線を通過する間隔を 24 時間と定義し、これが「平陽日（Mean Solar Day）」とされている。そして、1 平陽年は、365.242 19 平陽日（365 日と 5 時間 48 分 45 秒）と定義されている。

1.4.2 平均太陽の運行

図 1.21 に示すように、平均太陽は 1 平陽年をかけて春分点から春分点へ一定の速度（角速度）で移動するものと想定する。春分点は歳差運動により、この 1 平陽年の間に約 50″西へ移動しているので、出発した春分点の手前で、1 平陽年を迎えてしまうことになる。つまり、次の春分点からさらに 50″進まないと、360°を周回したことにならない。この 50″の運行に必要な時間を加えた 1 年間を 1「恒星年（Sidereal Year）」という。したがって、1 恒星年は、1 平陽年 365.242 19（365 日 5 時間 48 分 45 秒）に残り 50″の角度を太陽が移動する時間に加えることになる。春分点から次の春分点までの角度は 360°（＝

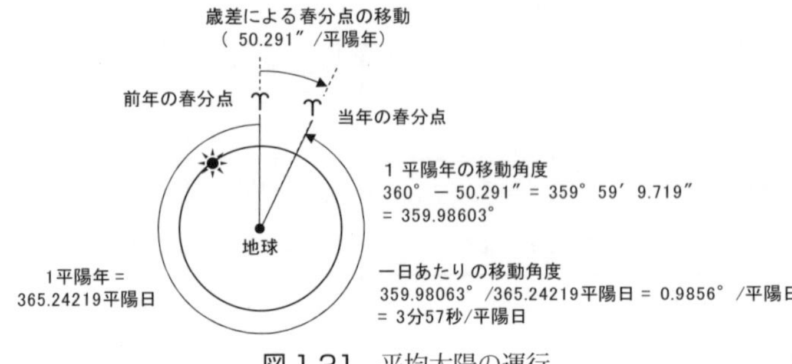

図 1.21　平均太陽の運行

1,296,000″）から 50″（厳密には 50.291″）を減じた 359.986 03°であって、この間が 365.242 19 平陽日と定義されている。したがって、360°にいたるためには、

365.242 19 日 × 360.000 00° / 359.986 03°
= 365.256 36 日（365 日と 6 時間 9 分 10 秒）

を要することになる。ここで、1 日（1 平陽日）当たりの平均太陽の移動量（角度）を確認する。

1 平陽年をかけて移動する角度 359.986 03° / 365.242 19 平陽日
= 1 恒星年をかけて移動する角度 360.000 00° / 365.256 36 平陽日
= 0.985 6° / 平陽日

となっている。この 0.985 6°は経度時にて 3 分 57 秒（3m57s）である。

1.4.3　グリニッジ平時（Greenwich Mean Time）

天測や航海のみならず、人の生活の全般についての時間は平均太陽が基準となっていて、平均太陽が正中した時を平時の正午（12 時）としている。

グリニッジ（本初子午線）が平均太陽に正中した時刻を正午とする平時を、特に「グリニッジ平時（Greenwich Mean Time：G.M.T.）」という。そして、世界時（Universal Time：UT）は、G.M.T. を採用しているという関係にある。したがって、UT と G.M.T. は同じ時間の体系として扱うことになる。

ここで、ある天体のグリニッジ時角を求めるときに用いる太陽の赤経は平均太陽の赤経であり、グリニッジの時刻は、グリニッジの平時（G.M.T. 時刻であり、UT 時刻）である。

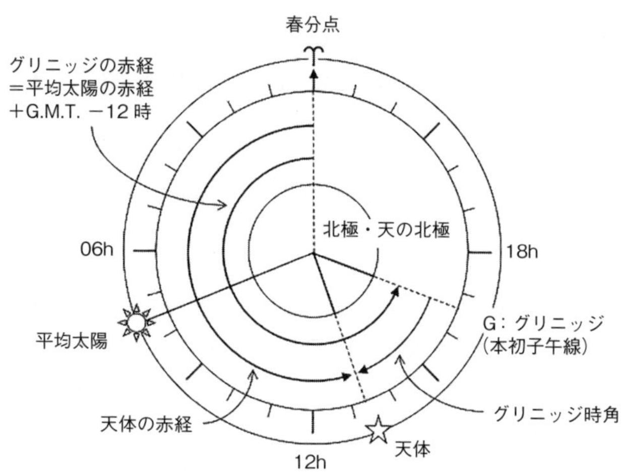

図 1.22 平均太陽の赤経と「グリニッジ平時 − 12 時」とグリニッジ時角

1.4.4 均時差

(1) 均時差とは

年間を通じて実際の太陽（視太陽）の赤経上の変化は一定でなく、これを平均したのが平均太陽であった。当然、視太陽と平均太陽の位置はずれていて、その相対関係は都度変化している。つまり、平時の正午の時点では、視太陽は既に正中した後、あるいは、まだしていない場合がある。この視太陽と平均太陽の時間のずれが「均時差（Equation of Time：Eq. of T.)」である。

太陽について正中のほか、日出や日没の瞬間を観測する場合を想定する。正中、日出、日没の観測の対象は当然のことながら視太陽である。

しかしながら、天測暦（Almanac）は平時（M.T.）の時間体系に基づいているので、正中などの天文事象については平時で「いつなのか」がわかっていなければならない。つまり、実際の視太陽と仮想の平均太陽の差を均時差として把握することが求められる。

(2) 均時差の大小の意味

均時差を時刻の差として捉える場合は、視時から平時を減じることになる。また、角度（経度時）の差で捉える場合もあり、このときは、平均太陽の赤経（Right Ascention of Mean Sun：R.A.M.S.）から視太陽の赤経（Right Ascension of Apparent Sun：R.A.A.S.）を減じることになる。

均時差（時刻）＝視時（A.T.）－平時（M.T.）
均時差（経度時）＝平均太陽の赤経（R.A.M.S.）－視太陽の赤経（R.A.A.S.）

この関係の理解は重要であるが、機械的に覚えようとするとかなりの無理と混乱を伴う。図 1.23 に示すように、天の赤道上の位置関係として、視太陽と平均太陽のどちらが東側に先行しているのかをイメージすると理解しやすくなる。

地球の自転は西から東に向かうので、天球上の西側にいる視太陽の方が東側にいる平均太陽よりも早く正中する（同図の a.）。自転が進んで、東側の平均太陽に正中するときには、すでに西側にいる視太陽は正中した後なので、東側の平均太陽の時刻が 12 時丁度であっても、西側の視太陽の時刻は 12 時を過ぎている（時刻として大きくなっている）。

平均を基準と考えるのが妥当であり、また、時刻の方が赤経の角度の数値よりも感覚として認識しやすいので、均時差は、変動する視時から平時を引くとされている。そのため、視太陽が先に正中する、すなわち、平均太陽が東に先行している場合が「正」となっている。

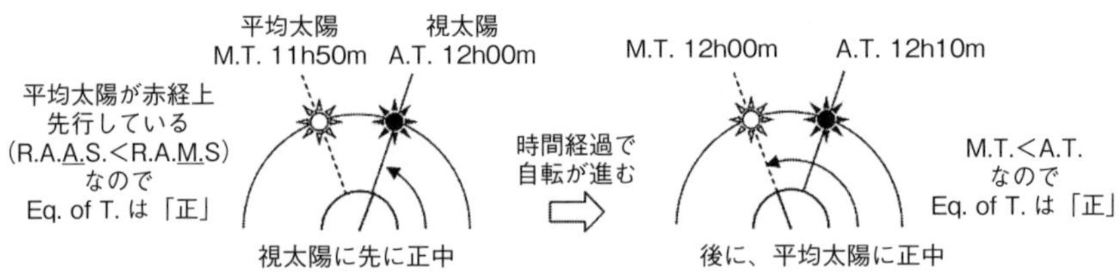

a. 平均太陽が東側に先行している（均時差は「正」）

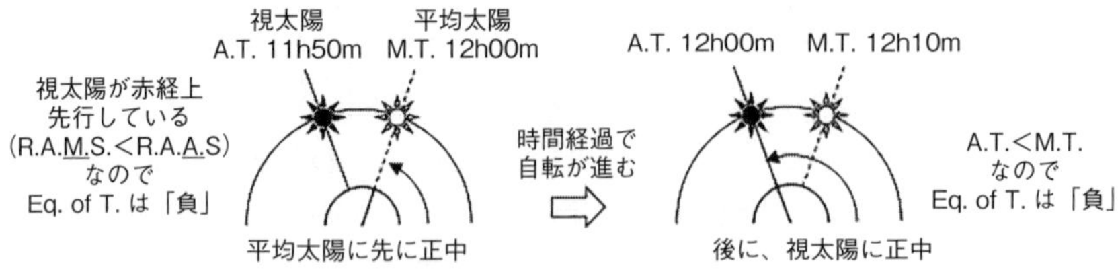

b. 視太陽が東側に先行している（均時差は「負」）

図 1.23　均時差の正負

Column 1-5　均時差の要因

〈その1：傾斜均時差〉

視太陽の赤経は天の赤道上の角度（経度時）として与えられる。視太陽は一定の速度で黄道上を移動していると仮定しても、黄道傾斜角があるため、「天の赤道」上の赤経の変化は一定とならない。この不均一に起因する均時差を「傾斜均時差」と呼んでいる。

〈その2：楕円均時差〉

地球の公転軌道は真円ではなく楕円となっている。公転軌道上において太陽に最も近い点を近日点、最も遠い点を遠日点という。ケプラーの第2法則（単位時間あたりに動径の掃く面積が一定となる）から、軌道上の線速度は動径が最も短くなる近日点で最大になり、逆に、動径が最も長くなる遠日点で最小になる。

近日点および遠日点では、視太陽と平均太陽は同じ赤経となっていると想定する。近日点において、視太陽は赤経上の移動速度が最大になり、その瞬間に平均太陽に追いつき追い越すと考えられる。すなわち、均時差が0となる。以降は、視太陽が赤経上で平均太陽よりも東側に先行するので均時差は「負」となる。遠日点に近づくに従い、視太陽の赤経上の速度は徐々に減じ、遠日点で最も遅くなる。この瞬間に平均太陽が追いついて、追い越しにかかるので、再び均時差が0となる。遠日点からは平均太陽が視太陽に先行するので近日点にいたるまでの間、均時差は「正」となる。

〈合成された均時差〉

図C1.5に、傾斜均時差と楕円均時差を合成した結果を示す。この合成された均時差をもって、視時と平時との変換をすることになる。

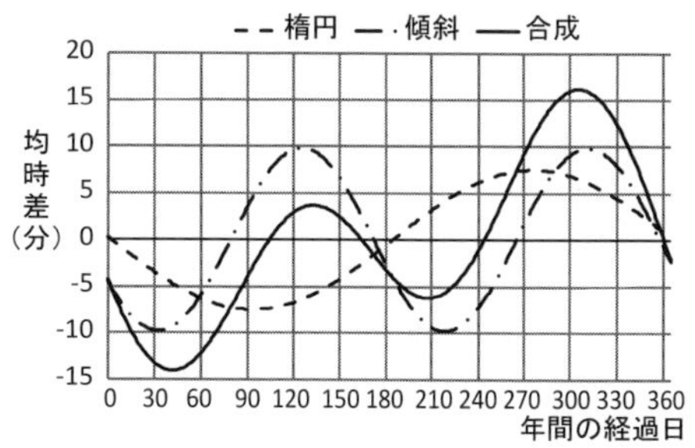

図C1.5　均時差の変化（傾斜均時差と楕円均時差の合成）

1.5 位置の三角形に関するその他の要素と三面図による表現

1.5.1 六時の圏、東西圏、東点・西点・南点・北点

「位置の三角形」に関連するその他の要素として、「六時の圏」と「東西圏」がある（図 1.24）。「六時の圏」は「天の北極」において「測者の天の子午線」に直交する大圏である。この名称は、太陽が正中する、すなわち正午にあるとき、「六時の圏」は子午線に対して 6 時間前あるいは 6 時間後の経度時の差となっていることに由来している。

また、東西圏は天頂において「測者の天の子午線」に直交する大圏である。「測者の天の子午線」は南北にわたる線なので、これと天頂で直交する東西圏は測者の東あるいは西で真水平と交差する。この交点を「東点」「西点」という。「測者の天の子午線」が北あるいは南で真水平と交差する点はそれぞれ「北点」「南点」という。

ある一つの「測者の天の子午線」に着目する。これに直交する大圏は無数に存在している。これらの内、天頂を通る大圏が東西圏である。また、「天の北極」を通るものが「六時の圏」であり、さらに「天の北極」から 90°の角度にある「天の赤道」もこの大圏の一つである。「測者の天の子午線」に直交するいずれの大圏においても、「測者の天の子午線」から 90°の角度となっている点は東西にそれぞれ一点しか存在しない。これが東点であり西点である。逆の表現をすれば、東点あるいは西点からの角度が 90°となる条件を満たす点の軌跡が「測者の天の子午線」となっている、といえる。したがって、「六時の圏」、「天の赤道」も東

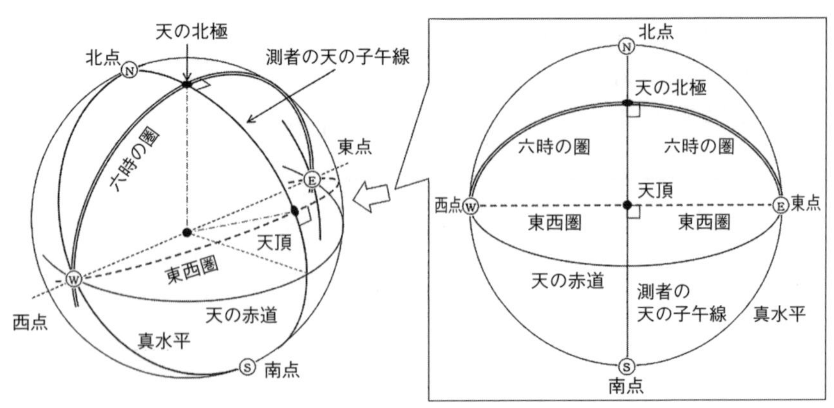

図 1.24 「位置の三角形」のその他の要素（「六時の圏」、東西圏、北点、東点、南点、西点）

点と西点を通っている。

1.5.2　三面図

３次元空間上に形成される「位置の三角形」について、各要素間の関係を検討・確認しようとする場合、今のところ２次元の媒体（図面、画面）に投影する方法しかない。一般に立体物を表現する際には「平面図」「立面図」などの投影面を変える方法がとられているが、「位置の三角形」においても、目的に応じて投影する方向を変えて作図する工夫がされている。

「位置の三角形」の図法には、「赤道面図」、「水平面図」および「子午線面図」がある。各名称は図法上、天球を円として与えたとき、その円周が「位置の三角形」のどの大圏に相当するのかに由来する。すなわち、赤道面図では円周が「天の赤道」なので、必然的に円の中心は「天の北極」になる。水平面図では真水平が円周となっているので、その中心は天頂である。子午線面図では「測者の天の子午線」の中心が西点もしくは東点である。

また、三面図には図法上共通する以下の規則がある。

① 中心から円周に延びる線は直線で表現する。

② その直線（厳密には線分）の長さ、すなわち円の半径は角度として 90°を意味している。

③ 中心を通らない各大圏は曲線となる。

④ このとき、ある頂点から 90°の角度にある大圏に向かう曲線はその大圏に直交する。

（1）赤道面図

図 1.25 に赤道面図法による「位置の三角形」を示す。円の中心は「天の北極」である（地球・天球の中心が重なっている）。中心を通る縦の線を「測者の天の子午線」とする。すると天頂の位置はこの線上において、中心から外に向かう余緯度と、円周から内に向かう緯度の箇所となる。天頂から「天の北極」に向かい、これを超えて距離（角度）が 90°となる点が北点であり、この点を通って西点と東点を結ぶ曲線が真水平となる。真水平は北点において「測者の天の子午線」と直交する。一方、天頂にて「測者の天の子午線」と直交しながら東点と西点を結ぶ曲線が東西圏である。

中心から円周である「天の赤道」に向かう線分は赤経の線（天の子午線）となっている。天体を通る赤経の線は「赤緯の圏」である。この線分の長さは 90°であり、「天の北極」から天体までの長さ（角度）は極距、天体から「天の赤道」ま

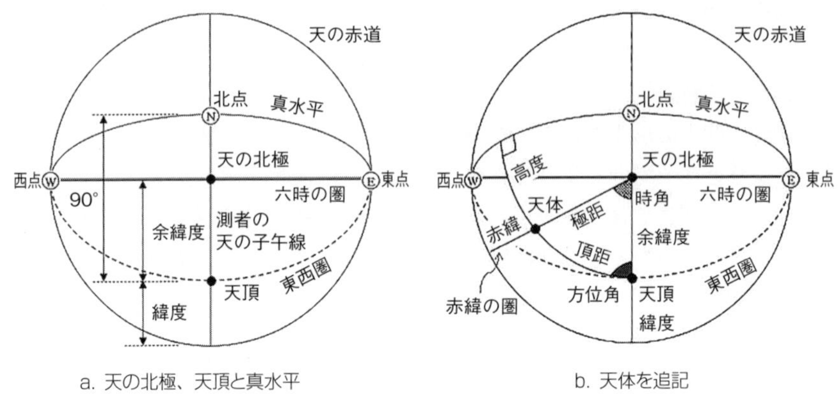

a. 天の北極、天頂と真水平　　b. 天体を追記

図 1.25　赤道面図の構成

でが赤緯となっている。天頂からこの天体を通って真水平にいたる曲線が「高度の圏」である。「高度の圏」は真水平と直交する。天頂から天体までの長さ（角度）は頂距であり、天体から真水平までが高度となる。

赤道面図では、中心である「天の北極」において形成される時角を正確に示すことができる。つまり、天体の赤経と測者の経度についての相対関係を示す際に用いられる。

（2）水平面図

図 1.26 に水平面図法による「位置の三角形」を示す。円の中心は天頂であり（地球・天球の中心が重なっている）、中心を通る縦の線を「測者の天の子午線」とする。すると「天の赤道」はこの線上において、中心から外に向かって緯度ぶんの距離（角度）のところを通り、西点ならびに東点にいたる曲線となっている。「天の赤道」は、測者が北緯にいる場合は、作図上、天頂より下側に、南緯にいる場合は、天頂より上側に描かれる。「天の赤道」から天頂を超えて距離（角度）が 90° となる点が「天の北極」あるいは「天の南極」となる。この点に直交しながら西点と東点を結ぶ曲線が「六時の圏」である。

中心（天頂）から円周である真水平に向かう線分は無数に存在するが、そのうち、天体を通る線分が「高度の圏」である。この線分の長さは 90° であり、天頂から天体までの長さ（角度）が頂距、天体から真水平までが高度である。「天の北極」あるいは「天の南極」からこの天体を通って「天の赤道」にいたる曲線が「赤緯の圏」である。「赤緯の圏」は「天の赤道」と直交する。「天の北極」から天体までの長さ（角度）は極距であり、天体から「天の赤道」までが赤緯となる。

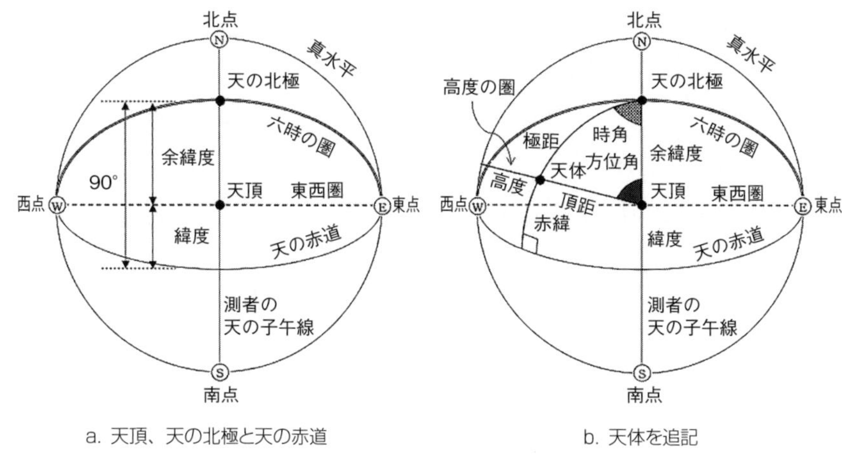

図 1.26 水平面図の構成

天頂において「測者の天の子午線」と天体の「高度の圏」とがなす角度が、その天体の方位角となる。

水平面図では測者を中心にした天体との相対関係を正確に表現できるのが特徴である。つまり、中心から天体を経て円周に延びる直線によって、天体の高度（頂距）と方位角を示すことができる。

(3) 子午線面図

図 1.27 に子午線面図法による「位置の三角形」を示す。円の中心は西点あるいは東点である（地球・天球の中心が重なっている）。中心を通る縦の線は地球の自転軸であり、「六時の圏」が重なっている。作図上、中心から測者に重なって天頂にいたる線分は東西圏であり、これと「天の赤道」とがなす角度が緯度である。東点あるいは西点において東西圏に垂直な線分が真水平となっている。真水平と「測者の天の子午線」の二つの交点の内、天頂からみて「天の北極」側にある交点が北点であり、反対側が南点である。

「天の北極」から延びて天体を通って「天の赤道」にいたる曲線が「赤緯の圏」であり、天頂から延びて天体を通って真水平にいたる曲線が「高度の圏」である。同図 b. のように天球を西からみている場合、時角が 0° から 180° までの天体を表記することができる。時角が 180° を超える場合（すなわち東方時角）となる場合は、同図 c. のように中心に東点をおく、天球を東からみる図となる。

子午線面図は西点（東点）を中心として緯度・赤緯が正確に表現されるので、測者の緯度と子牛線を通過する際の天体の赤緯との比較がしやすいようになって

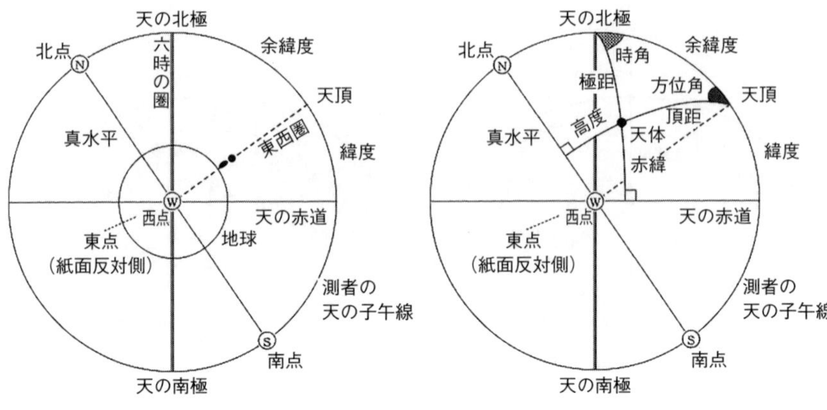

a. 西点、天の北極と天の赤道、天頂と真水平

b. 天体を追記（西点が中心）・地球と測者を省略

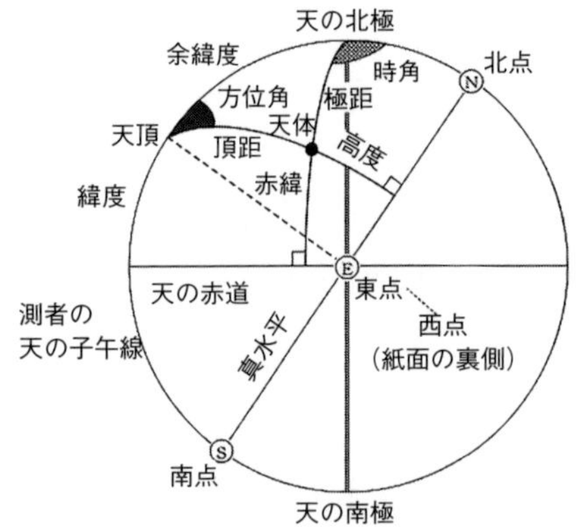

この図において、天体（b. とは異なる）の時角は180°以上である。その内、180°までの分は子午線の西側なので、紙面裏側にあり、残りの角度がここで表現されている。

c. 天球を東からみた場合（東点が中心）・地球と測者を省略

図 1.27　子午線図の構成

いる。また、天頂と真水平との関係性も把握しやすくなっている。

第2章 天測暦・Nautical Almanac の使い方

海運と国防に対する主権国の責任の下、天体の赤緯と赤経に関する情報は年刊の「暦」として刊行されている。日本の海上保安庁刊行による「天測暦」では、天体のグリニッジ時角を表現するために「E」という特殊な値を用いている。一方で、英国の The United Kingdom Hydrographic Office と米国の United States Naval Observatory が共同して監修・刊行している「The Nautical Almanac」においては、グリニッジ時角の値を直接参照できるようにしている。ともに計算機がない時代から利用されているので、求められる計算精度を保証しながら、印刷物としての紙面の制約などの運用面の利便性が考慮されている。両者のアプローチが異なるのはそれぞれ別の側面を優先しているためである。ここでは両者について、天体の赤緯と時角の導き方・読み取り方を解説する。

また、索星に供するため、「恒星略図」あるいは「Star Charts」がそれぞれ用意されている。これらの参照方法についても解説する。

2.1 日本の天測暦

日本では、天測の対象は太陽、月、惑星、および恒星（45 恒星）としている。グリニッジ時角を求める過程にて、計算を簡便にするための独特な工夫として「R」と「E」という経度時についての二つの概念を導入している。この「R」と「E」を使う考え方に基づいて、どの天体であっても同じ計算方法でグリニッジ時角を求めることができるようになっている。また､赤緯と｢E｣について該当日が 1 ページで完結する構成となっていて、ページをめくる所作を省く工夫がされている。

2.1.1 天測暦（暦の部）の R と E

(1)「R」…グリニッジ時角を仲介する「E」の前提 ＝ 平均太陽の真裏

図 2.1 に示すように「R」は平均太陽の赤経（R.A.M.S.）に 12h を加算（12h なので減算しても同じ）した赤経上の仮想の位置である。平均太陽に正中した瞬間が平時における正午（12 時）なので、「R」に正中した瞬間が午前 0 時であるといえる。「R」は平均太陽の真裏を示すものであって、平均太陽と 180°（12h）の角度（経度時）を保ちながら、平均太陽と同じ速度（(0.9856° = 3m57s) / 平陽日）で「天の赤道」上を移動する。

図 2.1 から明らかなように、「R」に G.M.T.（経度時）を加えるとグリニッジ

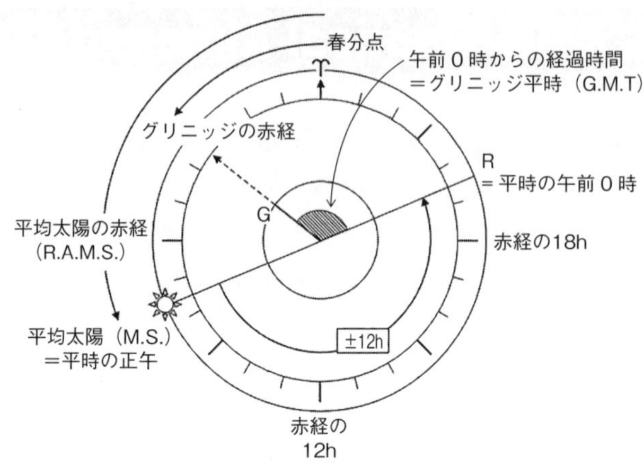

図 2.1 「R」の意味とグリニッジ平時（G.M.T.）

の赤経となる（360°・24h を超えればこれを差し引く）。つまり、赤経上に「R」を与えることで、G.M.T. を介してグリニッジ子午線（本初子午線）の赤経上の値を得ることができる。

(2)「E」…「R」と各天体の赤経との差

「E」は「R」と天体の赤経との差である（図 2.2）。定義として、

ある天体の「E」＝「R」－ ある天体の赤経

との関係が与えられている。「R」と天体の赤経との大小関係によっては「E」の値が「負」になる場合もあり得る。そのときは 360°（24h）を加えて、180°（12h）以上の数値になるようにする。つまり、「E」の値は「R」からみて西方向が「正」となる。

図 2.2 においてグリニッジからみたある天体（X）への時角は、「E」に G.M.T. を加えた角度（経度時）になっている（時角は西方向を「正」として測る原則がここでも踏襲されている）。

ここで、図 2.2 から明らかなように、

グリニッジ時角（G.H.A.）＝ E ＋ G.M.T.

との関係が得られる。

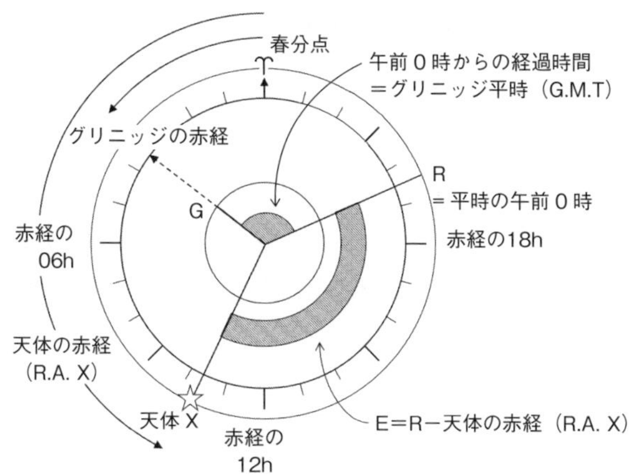

図 2.2　ある天体の赤経と「E」（G.M.T. を加えると G.H.A. となる）

Column 2-1　R と E の意義

天体のグリニッジ時角（G.H.A.）は、グリニッジの赤経から、天体の赤経（仮に、R.A. X とする）を減じた値である。ここで、グリニッジの赤経は平均太陽の赤経（R.A.M.S.）に（グリニッジ平時の時刻（G.M.T.）－ 12 時）を加えた値で代替できるので、

G.H.A. ＝ R.A.M.S. +（G.M.T. － 12h）－ R.A. X

という関係になる。この式の項の順序を入れ替えると、

G.H.A. ＝ R.A.M.S. － 12h － R.A. X ＋ G.M.T.

となる。ここで、R.A.M.S. に 12 時間を減じても 12 時間を加えても R.A.M.S. の丁度反対の赤経になるが、これは「R」にほかならない。したがって、上の式は、

G.H.A. ＝ R － R.A. X ＋ G.M.T.

となる。天測暦では、R － R.A. X を「E」と定義することで、

G.H.A. ＝ E ＋ G.M.T.

との単純な関係式に集約している。これで測者は、実際に観測する日時刻（G.M.T.）についての各天体の「E」の値がわかりさえすれば、その値に G.M.T. の値を加算するだけで G.H.A. を得ることができる。天測暦では各天体の「E」の値が与えられており、どの天体についても同じ計算方法で統一されていることも、利用者の負担を軽減している。このような利便性は、平均太陽の赤経（R.A.M.S.）の真裏に「R」を置く工夫があってのことである。

2.1.2 天測暦（暦の部）のページ構成

図 2.3 に天測暦の暦の実例とページ構成を示す。太陽と四惑星（金星、火星、木星、土星）については、2 時間ごとの「E」と赤緯が時系列で記されている。

① 太陽の「E」と赤緯

太陽の「E」は「$\mathrm{E}_{\odot}$」と記すのが慣例である。太陽の 2 時間の「$\mathrm{E}_{\odot}$」の変化は、最大でも 3 秒程度と小さいので、比例部分の記載は割愛されている。一方、赤緯は 2 時間での変化が相応にあるので、10 分間隔での比例部分（Propotional Part：P.P.）が記されている。

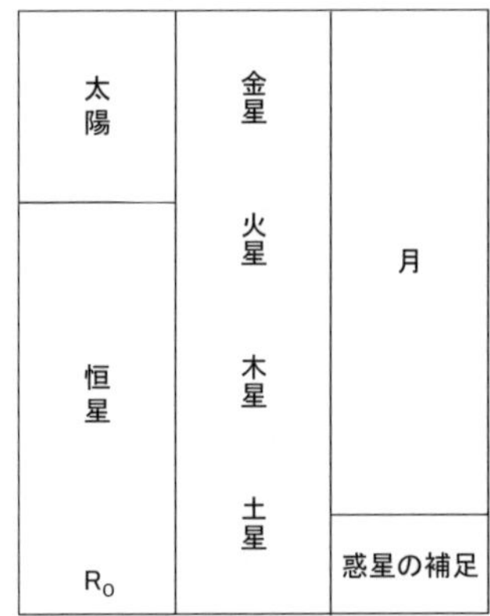

図 2.3 天測暦のページ構成

U	m 0	m 10	m 20	m 30
h	m s	m s	m s	m s
0	0 00	0 02	0 03	0 05
1	10	11	13	15
2	20	21	23	25
3	30	31	33	34
4	39	41	43	44
5	49	0 51	0 53	0 54
6	0 59	1 01	1 02	1 04
7	1 09	11	12	14
8	19	20	22	24
9	29	30	32	34
10	39	40	42	43
11	48	1 50	1 52	1 53
12	1 58	2 00	2 02	2 03
13	2 08	10	11	13
14	18	20	21	23
15	28	29	31	33
16	38	39	41	43
17	48	49	2 51	2 53
18	2 57	2 59	3 01	3 02
19	3 07	3 09	11	12
20	17	19	20	22
21	27	29	30	32
22	37	38	40	42
23	3 47	3 48	3 50	3 52

U	m 30	m 40	m 50	m 60
h	m s	m s	m s	m s
0	0 05	0 07	0 08	0 10
1	15	16	18	20
2	25	26	28	30
3	34	36	38	39
4	44	46	48	49
5	0 54	0 56	0 57	0 59
6	1 04	1 06	1 07	1 09
7	14	16	17	19
8	24	25	27	29
9	34	35	37	39
10	43	45	47	48
11	1 53	1 55	1 57	1 58
12	2 03	2 05	2 06	2 08
13	13	15	16	18
14	23	25	26	28
15	33	35	36	38
16	43	45	46	48
17	2 53	2 54	2 56	2 57
18	3 02	3 04	3 06	3 07
19	12	14	15	17
20	22	24	25	27
21	32	34	35	37
22	42	43	45	47
23	3 52	3 53	3 55	3 57

図 2.4 天測暦に記載されている「E_{*}」の比例部分（Proportional Part：P.P.）

② 惑星の「E」と赤緯

惑星の「E」(E_P と記される）と赤緯は 2 時間で相応の変化があるので、それぞれにつき比例部分 P.P. として 10 分間隔の補正値が記載されている。

③ 月の「E」と赤緯

月は他の天体に比べて動きが速い。つまり、「E」(E☾と記される）と赤緯の変化が大きいので、30 分刻みで「E☾」と赤緯の値が記されている。また、1 日の中で変化の傾向も変わるので、30 分間の変化を補正する比例部分 P.P. についても 12 時間で切り替えるようになっている。

④ 恒星の「E」と赤緯

45 恒星については、その日の G.M.T. 0 時における「E」(E_* と記される）と赤緯が記されている。恒星の赤緯の変化は無視できる程度のものとして、その日のどの時刻においてもそのページに記載されている数値をそのまま用いる。「E_*」については、「R」の 1 日を通じての変化（増加）が反映されるので、UT（G.M.T.）に応じた補正値を加えなければならない（図 2.4)。

この値が E_* の比例部分 P.P. として「しおり」に記載されているほか、「巻頭言」と巻末にある「恒星略図」のページの折込み部分に記載されている。しおりは冊子から離して参照することができ、折込みの部分は、冊子の左か右に展開できるので、ページをめくる所作に関係なく参照することができる。

⑤ 「R」(U = 0h)

参考として、その日の UT 時刻 0 時の「R」の値が「R_0」として恒星欄の最下部に記されている。この R_0 に E_* の補正値を加えることによって、任意の UT 時刻の「R」を得ることができる。「E」の値は「R」から天体の赤経を減じたものであるので、ある UT 時刻の「R」を求め、それから同時刻の「E」を引けば天体の赤経を求めることができる。

2.1.3 天測暦での赤緯の求め方

(1) 太陽・惑星・月の赤緯

天測暦における赤緯（d）の求め方は、恒星を除いて、太陽・惑星・月については同じ方法となっている。まず、計算高度を求める際の G.M.T. について、これに前後する時刻における「d」の値に着目する。太陽・惑星は 2 時間ごとの値が、月は 30 分ごとの値が記載されているが、この間の時間経過に伴って、「d」の値が増加するのか減少するのかを確認する（図 2.5 の a. 中の⟸を参照。この例では減少している)。

続いて、G.M.T. と直前の時刻との時間差を確認する。例えば、図 2.5 の a. に示すように、9月23日07h48mの太陽の赤緯を求めようとする場合、07h48mは、直前の06hからみると01h48mの時間経過となっている。そこで01h40mと01h50mの「d」の比例部分P.P.の値をそれぞれ読み取ると（同図のa. ⬅を参照）、01h40mが「1.6′」、01h50mが「1.8′」となっている。経過時間が01h45mで

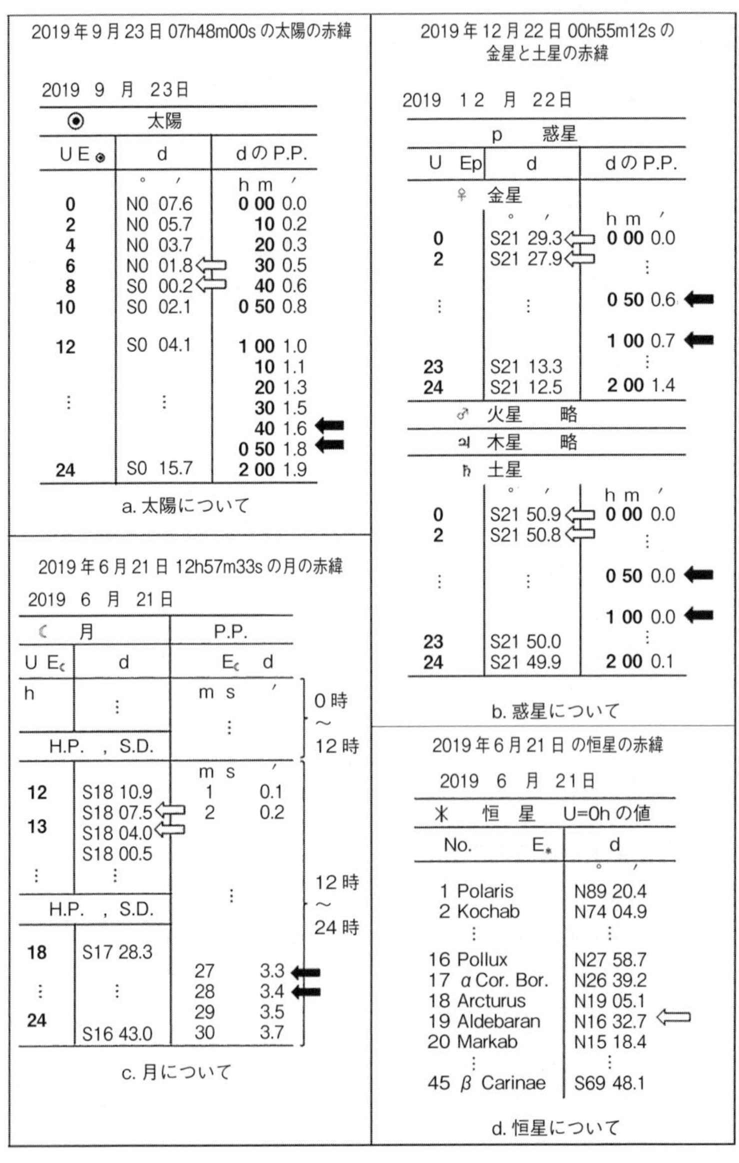

2019年9月23日07h48m00sの太陽の赤緯

2019 9 月 23日

⦿ 太陽		
UE⊙	d	dのP.P.
	° ′	h m ′
0	N0 07.6	**0 00** 0.0
2	N0 05.7	**10** 0.2
4	N0 03.7	**20** 0.3
6	N0 01.8 ⇦	**30** 0.5
8	S0 00.2 ⇦	**40** 0.6
10	S0 02.1	**0 50** 0.8
12	S0 04.1	**1 00** 1.0
		10 1.1
		20 1.3
⋮	⋮	**30** 1.5
		40 1.6 ⬅
		0 50 1.8 ⬅
24	S0 15.7	**2 00** 1.9

a. 太陽について

2019年12月22日00h55m12sの金星と土星の赤緯

2019 12 月 22日

p 惑星		
U Ep	d	dのP.P.
♀ 金星		
	° ′	h m ′
0	S21 29.3 ⇦	**0 00** 0.0
2	S21 27.9 ⇦	⋮
		0 50 0.6 ⬅
⋮	⋮	
		1 00 0.7 ⬅
23	S21 13.3	⋮
24	S21 12.5	**2 00** 1.4
♂ 火星 略		
♃ 木星 略		
♄ 土星		
	° ′	h m ′
0	S21 50.9 ⇦	**0 00** 0.0
2	S21 50.8 ⇦	⋮
		0 50 0.0 ⬅
⋮	⋮	
		1 00 0.0 ⬅
23	S21 50.0	⋮
24	S21 49.9	**2 00** 0.1

b. 惑星について

2019年6月21日12h57m33sの月の赤緯

2019 6 月 21日

☾ 月		P.P.		
U E☾	d	E☾	d	
h	⋮	m s ⋮	′	0時〜12時
H.P. , S.D.				
		m s	′	12時〜24時
12	S18 10.9	1	0.1	
	S18 07.5 ⇦	2	0.2	
13	S18 04.0 ⇦			
	S18 00.5			
⋮	⋮	⋮		
H.P. , S.D.				
18	S17 28.3	27	3.3 ⬅	
⋮	⋮	28	3.4 ⬅	
24		29	3.5	
	S16 43.0	30	3.7	

c. 月について

2019年6月21日の恒星の赤緯

2019 6 月 21日

米 恒 星 U=0h の値	
No. E*	d
	° ′
1 Polaris	N89 20.4
2 Kochab	N74 04.9
⋮	⋮
16 Pollux	N27 58.7
17 α Cor. Bor.	N26 39.2
18 Arcturus	N19 05.1
19 Aldebaran	N16 32.7 ⇦
20 Markab	N15 18.4
⋮	⋮
45 β Carinae	S69 48.1

d. 恒星について

図2.5 天測暦における赤緯「d」の読み取り方（「E」は割愛）

あれば、丁度中間の「1.7′」とするが、01h48mについては、より近い「1.8′」を採用するほうが適当である。

この値を直前の06hの「d」の値に加減算し、そのG.M.T.の赤緯「d」を得る。この例では、06hの「d」がN 0° 01.8′であり、08hがS 0° 00.2′であるので、2.0′の減少である。比例部分P.P.を1.8′としたので、06hの値であるN 0° 1.8′からこれを減じ、07h48mの赤緯として、N（S）0° 00.0′を得る（つまり、この例は太陽の赤緯が北半球から南半球へ移り変わる「秋分点」であった）。

別の例として惑星の赤緯を求めてみる（同図のb.）。2019年12月22日のG.M.T. 00h55m12sの金星（Venus）であるが、同図のb.（図中の⇐）から00hの赤緯がS21° 29.3′となっている。02hではS21° 27.9′なので、赤緯は増加傾向とわかる（北緯を正（＋）、南緯を負（－）としていることに注意する。つまり北へ移動している）。00h55m12sの赤緯の変化は、比例部分P.P.の00h50mと01h00mを参照する（同じく⬅を参照）。00h55m12sは00h50mよりも01h00mの方に若干近いので、0.7′を採用する。結果、00hの値に－0.7′を「足して」S21° 28.6′を得る。

また、同日同時刻の土星（Saturn）では、00hの赤緯がS21° 50.9′であり、02hがS21° 50.8′である。2時間で0.1′変化（増加・北へ）する程度である。したがって00h50m、01h50mの比例部分P.P.はともに0.0′となっている。結果、この日の土星の赤緯は00hの値であるS21° 50.9′をそのまま利用する。

次に、6月21日12h57m33sの月の赤緯を求めてみる（同図のc.）。このG.M.T.を挟む12h30mの赤緯はS 18° 07.5′で、13h00mではS 18° 04.0′である（図中の⇐）。この30分で赤緯は増加傾向であることを確認する。12h57mは12h30mから27mの時間経過とみて該当する比例部分P.P.を特定する。月の赤緯の変化は大きいので、比例部分P.P.は半日ごとに使い分けるようになっている（後述するE☾についても同様）。1日の後半部である12時から24時までの比例部分P.P.欄を参照し、27mの値が「3.3′」、28mが「3.4′」であることを確認する（図中の⬅）。赤緯を求めるG.M.T.の秒数は33sなので、28mの「3.4′」の方が適切との判断をする。結果として、12h30mの値S 18° 07.5′に－3.4′を加えて、S 18° 04.1′を得る。

(2) 恒星の赤緯

恒星の赤緯「d」については、その日の内での変化は無視できるものとし、UT時刻の経過に伴う補正を施す必要はない。したがって記載されている「d」の値（U＝0h）をそのまま参照する（同図のd.で、例えばアルデバランはN 16° 32.7′

となっている)。

2.1.4 天測暦に基づくグリニッジ時角の計算

(1) 恒星以外(太陽・惑星・月)のグリニッジ時角

グリニッジ時角を求めたいUT時刻(G.M.T.)が天測暦に記載されている時刻である場合はそのまま、その値を参照する(図2.6のa.)。

記載されている時刻以外の場合(この場合がほとんどであるが)は、時角を求めたい時刻を挟む二つ時刻を特定し、その間の変化量に対して、求めたい時刻までの時間差と二つの時刻の間隔との比率をもって按分する。これが比例部分P.P.であり、直前の記載されている時刻の値に加えることにより、時角を求めたい時刻の「E」を得る。

太陽の場合は、2時間の「$E_{\odot}$」の変化量が少ないので、比例部分P.P.は割愛されている。簡単な計算で比例部分を求めることができる(図2.6のb.)。

一方、惑星の場合は2時間の「E_P」の変化には相応の量があるので、求めようとする時刻についての比例部分P.P.が記載されている。該当する二つの比例部分P.P.を特定し、それらの値の差を10分間の中で比例配分をする(図2.7)。

月の場合は「$E_{☾}$」の変化量が大きいので、30分間隔でその値が記載されている。さらに比例部分P.P.も1分間隔であり、かつ、UT時刻0時から12時までと、12時から24時の二つに分けて記載されているので、注意が必要である(図2.8)。

(2) 恒星のグリニッジ時角

恒星についても時角を得ようとするUT時刻(G.M.T.)の「E_*」を特定して、それにG.M.T.を合算する方法に変わりはない。ただし、天測暦に記載されている各恒星の「E_*」はUT時刻0時の値だけなので、任意のG.M.T.における時角を得るためには、対応する「E_*」の比例部分P.P.を加える必要がある。なぜなら、平均太陽は1日当たり0.9856°の角速度で東へ移動をしている。当然ながら平均太陽の真裏に位置する「R」の赤経も常に増加している。「E」の値は「R」からその天体の赤経を減じたものである。恒星の赤経はほぼ動かないとするとき、「R」が常に大きくなるので、これに伴って「E」も大きくなっているからである。

G.H.A. を求めたい天体と UT 時刻の例：2019 年 3 月 20 日 22h00m00s(G.M.T.) の太陽

2019 3 月 20 日

⦿ 太陽

U	E⦿	d
	h m s	
0	11 52 17	
2	11 52 19	
	⋮	
20	11 52 32	
22	11 52 34 ⇦	
24	11 52 35	

該当日の天体の欄の中から、時角を求めたい UT 時刻の E⦿の値を読み取り、UT 時刻すなわち G.M.T. を加えて G.H.A. を得る。

G.H.A. が 24 時間を超える場合は 24 時間を減じた値とする。

G.M.T.22h00m00s の E⦿		11h52m34s
G.M.T.		22h00m00s(+
G.H.A.		33h52m34s
	(−24h)	09h52m34s

ここで、経度時から角度への換算[1]をすると、
G.H.A. = 148°8′30″（= 148°8.5′）
となる。

a. 太陽のグリニッジ時角（記載されている時刻通りなのでそのまま利用する）

G.H.A. を求めたい天体と UT 時刻の例：2019 年 9 月 23 日 07h48m00s(G.M.T.) の太陽

2019 9 月 2 3 日

⦿ 太陽

U	E⦿	d
	h m s	
0	12 07 23	
2	12 07 25	
4	12 07 27	
6	12 07 28 ⇦	
8	12 07 30 ⇦	
10	12 07 32	
	⋮	

求めたい時刻を挟む前後の時刻の値を読み取り、この太陽の例では 2 時間ぶんの変化量を確認する。

ここで、変化の傾向が増加か減少かの確認もする。

G.M.T. 06h の E⦿	12h07m28s
G.M.T. 08h の E⦿	12h07m30s
2 時間の変化量	+ 02s

2 時間で + 2s であるところ、時角を求めたい G.M.T. の 07h48m00s は、06h から 1h48m の経過になる。これを比例配分して + 2s × 1h48m(1.8h) / 2h = + 1.8s を得る。06h の E⦿に 1.8s を加えて、07h48m00s の E⦿は 12h07m29.8s となる。

G.M.T. 06h の E⦿	12h07m28s
G.M.T. 07h48m00s(06h から 1.8 時間）までの変化	1.8s(+
G.M.T. 07h48m00s の E⦿	12h07m29.8s

G.H.A. は、得られた E⦿に G.M.T. の 07h48m00s を加えて、19h55m29.8s となる。角度への換算をして、298°52′27″ を得る。

G.M.T. 07h48m00s の E⦿	12h07m29.8s
G.M.T.	07h48m00.0s(+
G.H.A.	19h55m29.8s = 298°52′27″（= 298°52.45′）

b. 比例部分 P.P. を用いずに記載されている時刻を補間する

図 2.6 天測暦における「E」の読み取り方と G.H.A. の算出（太陽）

[1] 天測計算表の「時間弧度換算表」を用いる。あるいは電子計算機や表計算ソフトを用いてもかまわない。24h：360°＝任意の経度時：対応する角度、との関係に基づいて求めればよい。

G.H.A. を求めたい天体と UT 時刻の例：2019 年 12 月 22 日 00h55m12s(G.M.T.) の金星

2019　1 2 月　2 2 日

P 惑星			P.P.		
U	E_P	d			E_P
♀ 金星					
h	h m s		h	m	s
0	09 41 44 ⇦		0	00	0
2	09 41 38 ⇦			10	1
⋮				⋮	
10	09 41 14		0	50	3 ⬅
12	09 41 08		1	00	3 ⬅
⋮				⋮	
24	09 40 32		2	00	6

時角を求めたい時刻を挟む前後の時刻の値を読み取り、この金星の例では、2 時間で 6s 減少することを確認する（⇦）。

G.M.T. の 00h55m12s についての P.P. は、0h50m と 1h00m の間にあるのだが（⬅）、0h50m と 1h00m ともに 3s となっている。したがって、00h55m12s の E_P は 09h41m41s となる。

G.M.T. 00h の E_P	09h41m44s
G.M.T. 00h55m12s の E_P の P.P.	− 03s(+
G.M.T. 00h55m12s の E_P	09h41m41s

結果、金星の G.H.A. は、E_P の 09h41m41s と G.M.T. の 00h55m12s を合算して、G.H.A. 10h36m53s を得る。角度に換算すると、159°13′15″ になる。

G.M.T. 00h55m12s の E_P	09h41m41s
G.M.T.	00h55m12s(+
G.H.A.	10h36m53s

= 159 °13 ′15″（= 159° 13.25′）

a. 金星のグリニッジ時角

G.H.A. を求めたい天体と UT 時刻の例：2019 年 12 月 22 日 00h55m12s(G.M.T.) の土星

2019　1 2 月　2 2 日

P 惑星			P.P.		
U	E_P	d			E_P
♄ 土星					
h	h m s		h	m	s
0	10 33 30 ⇦		0	00	0
2	10 33 48 ⇦			10	1
⋮				⋮	
10	10 34 57		0	50	7 ⬅
12	10 35 14		1	00	9 ⬅
⋮				⋮	
24	10 36 58		2	00	17

時角を求めたい時刻を挟む前後の時刻の値を読み取り、この土星の例では、2 時間で 18s 増加することを確認する（⇦）。

G.M.T. の 00h55m12s についての P.P. は、0h50m と 1h00m の間にあるので（⬅）、0h50m の 7s と 1h00m の 9s を按分して 8s を得る。したがって、00h55m12s の E_P は 10h33m38s となる。

G.M.T. 00h の E_P	10h33m30s
G.M.T. 00h55m12s の E_P の P.P.	08s(+
G.M.T. 00h55m12s の E_P	10h33m38s

結果、土星の G.H.A. は、E_P の 10h33m38s と G.M.T. の 00h55m12s を合算して、G.H.A. 11h28m50s を得る。角度に換算すると、172°12′30″ になる。

この例では P.P. の 2 時間の変化量は 17s となっている。これは小数点以下を丸めているためで、1s 程度の違いは 24 時間の範囲で許容できるものとなっている。

G.M.T. 00h55m12s の E_P	10h33m38s
G.M.T.	00h55m12s(+
G.H.A.	11h28m50s

= 172° 12′ 30″（= 172°12.50′）

b. 土星のグリニッジ時角

図 2.7 天測暦における「E」の読み取り方と G.H.A. の算出（惑星）

G.H.A. を求めたい天体と UT 時刻の例：2019 年 6 月 21 日　12h57m33s(G.M.T.) の月

2019　6 月　2 1 日

☾ 月			P.P.	
U	E☾	d	E☾	
h h m s ⋮			m s ⋮	0時～12時
H.P. , S.D.				
12 20 36 07			m s	12時～24時
20 35 11 ⇦			**1** 2	
13 20 34 14 ⇦			⋮	
20 33 18				
14 20 32 22			**27** 50 ⬅	
20 31 26			**28** 52 ⬅	
⋮			**29** 54	
			30 56	

時角を求めたい時刻を挟む前後の時刻の値を読み取る（月の場合は 30 分間隔の記載となっていることに注意する）。この月の例では 30 分間で 57s 減少することを確認する（⇦）。

G.M.T. の 12h57m33s は午後なので、P.P. は 12 時から 24 時の欄を参照することになる。

12h57m を 12h30m ＋ 27m と解釈し、P.P. の 27m の行に着目する。27m での P.P. は 50s で、次の 28m の P.P. は 52s である（⬅）。

残りの秒数 33s について、27m と 28m の間を按分して 51s を得る。したがって、G.M.T. の 12h57m33s の E☾ は 20h35m11s から 51s を減じて、20h34m20s となる。

G.M.T. 12h30m の E☾	20h35m11s
G.M.T. 27m33s の E☾の P.P.（12 時～ 24 時の部にて）	−51s(＋
G.M.T. 12h57m33s の E☾	20h34m20s

結果、月の G.H.A. は、E☾の 20h34m20s と G.M.T. の 12h57m33s を合算して、33h31m53s を得る。角度に換算すると、142° 58′ 15″ になる。

G.M.T. 12h57m33s の E☾	20h34m20s
G.M.T.	12h57m33s(＋
G.H.A.	33h31m53s
(−24h ＝)	09h31m53s ＝ 142°58′15″（＝ 142° 58.25′）

図 2.8　天測暦における「E」の読み取り方と G.H.A. の算出（月）

G.H.A. を求めたい天体と UT 時刻の例：　2019 年 6 月 21 日　19h36m23s(G.M.T.) の恒星

2019　6 月　2 1 日

＊　恒　星　U =0h の値

No.	E＊ (h m s)	d
1 Polaris	15 00 51	
2 Kochab	3 04 54	
⋮		
16 Pollux	10 09 09	
17 α Cor. Bor.	2 20 05	
18 Arcturus	3 39 04	
19 Aldebaran	13 18 37	⇐
20 Markab	18 49 53	
⋮		
45 β Carinae	8 42 14	

該当日の対象とする恒星（この例では Aldebaran）の「E＊」の値を読み取る（⇐）。

この値は、UT 時刻 0 時のものなので、経過時間による「R」の変化分、すなわち、「E＊」の比例部分 P.P. を加算する必要がある。G.M.T. の 19h36m23s を 19h35m とみなして 3m13s を得る（図 2.4 参照）。

この 3m13s を UT 時刻 0 時の E＊ 13h18m37s に合算し、G.M.T. の 19h36m23s における E＊として 13h21m50s を得る。これに G.M.T. の値を足して、G.H.A. 32h58m13s を得る。角度に換算すると、134° 33′ 15″ となる。

E＊ (U=0h)	13h18m37s
E＊の P.P.	3m13s（+
G.M.T. 19h38m57s の E＊	13h21m50s
G.M.T.	19h36m23s（+
G.H.A.	32h58m13s
	(−24h=) 08h58m13s
	= 134°33′15″（= 134°33.25′）

図 2.9　天測暦における「E」の読み取り方と G.H.A. の算出（恒星）

2.1.5　天測暦での均時差の求め方

天測暦からその日、その時刻の均時差（Eq. of T.）を得るためには、該当する「$E_{◎}$」の値から 12 時を減じればよい。

つまり、$E_{◎}$は定義に従うと R − R.A.A.S. であり、R は R.A.M.S. ± 12h であるので、

$E_{◎}$ = R − R.A.A.S. = R.A.M.S. ± 12h − R.A.A.S.

と記述できる。すると、右辺の項の順序を入れ替えて、均時差(Eq. of T.)は R.A.M.S − R.A.A.S で与えられる関係を用いれば、

$E_{◎}$ = R.A.M.S. − R.A.A.S. ± 12h = Eq. of T. ± 12h

と表すことができる。これから、以下の関係となる。

Eq. of T. = $E_{◎}$ ∓ 12h

右辺の 12h の加減算については、運用の便宜上、マイナス（−）を採用して

いる。なぜなら、プラス（＋）を用いると均時差は24時の前後の値になるが、マイナス（−）の計算結果では、均時差は0を挟んだ正負の差となり、平均からのずれとして直感的に素直に扱うことができるからである（意味としては同じである）。

「$E_{\odot}$」が12時よりも大きい場合は、その差だけ視太陽の方が平均太陽よりも「春分点」側にある。つまり、視太陽の赤経は平均太陽よりも小さく、視太陽は平均太陽よりも西にある。東へ自転する地球からみると、平均太陽よりも先に視太陽に正中する。したがって、視時（時刻）の方が平時（時刻）よりも大きい。均時差は正（＋）となる。

「$E_{\odot}$」が12時より小さい場合は、その差だけ視太陽の赤経は平均太陽よりも大きい。すなわち、視太陽は平均太陽よりも東にあるので、西にある平均太陽の方が先に正中する。したがって、平時（時刻）の方が視時（時刻）よりも大きい。均時差は負（−）となる（1.4.4 均時差、図1.23参照）。

2.1.6　恒星略図の使い方

朝夕の薄明時における天測（これをスターサイト／Star Sightという）に臨むにあたり、そのときに視認できる天体をあらかじめ確認しておくことで、複数の天体の観測を円滑にする。つまり、観測時においてどの方向の、どの高度に、どの天体がみえるはず、との予備知識をもって薄明時間を迎えるようにする。

天測暦には「恒星略図」が用意されており、観測する予定の緯度・経度および時刻における視認範囲の概略を把握できるようになっている。

（1）恒星略図の座標系

恒星略図は、地球から天球を望んだ場合の恒星の配置を示している。紙面（2次元）を用いて3次元空間上の恒星の配置を表現しなければならないため、便宜上、天球を南半球と北半球に分割している。図2.10に示すように、天球の北半球を紙面の右側へ、南半球を左側へ展開する。図2.11に示すように、春分点（赤経 ＝ 0h）は南半球では左端に、北半球では右端になるよう配置される。恒星略図の南半球と北半球とは左右対称となっていて、赤経の増える方向（すなわち「東」）がそれぞれ、反時計回り、時計回りになっていることに注意する。

各半球の中心は「天の南極」と「天の北極」であり、円周に向かう直線（半径）は、地球上の経線に相当する。この直線が天体を通る場合は、その天体にとっての「赤緯の圏」となる。測者の赤経（すなわち、測者の恒星時）となっている場合は「測者の天の子午線」を表している。

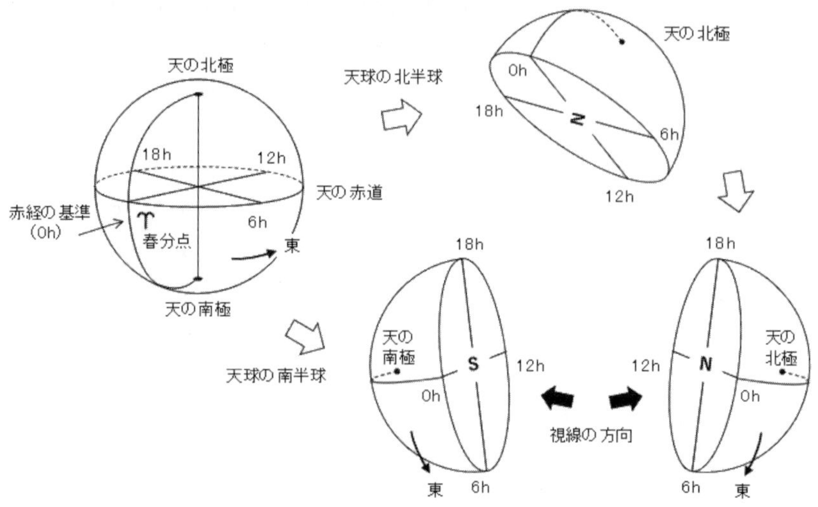

図 2.10　恒星略図（天測暦）における天球の展開

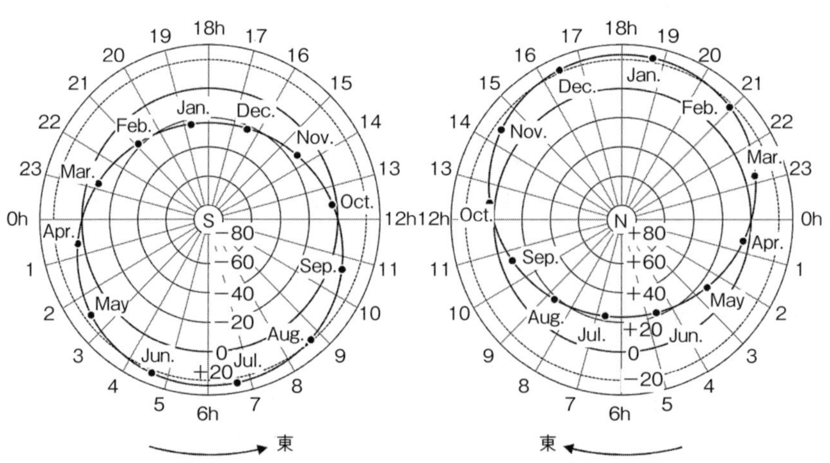

図 2.11　恒星略図の座標系と各月 1 日の太陽の位置

恒星略図では、図としての半径は赤緯（緯度）120°に相当している。つまり、それぞれの極から 90°にある「天の赤道」は、半径の 3/4 を通る同心円として表現されている。

太陽は、春分点（赤経 = 0h）において南半球から北半球に移り、夏至（赤経 = 6h）で N 23.4°の位置にいたる。秋分点（赤経 = 12h）において北半球から南半球に移り、冬至（赤経 = 18h）で S 23.4°の位置にいたる。各月 1 日の太陽の位置が重畳されている。

(2)「測者の天の子午線」の特定

観測を予定している位置（緯度、経度）および時刻での視認範囲を得るためには、まず、その際の「測者の天の子午線」を特定する必要がある。これには、二つのアプローチがある。

① 各月 1 日の太陽の位置を利用する方法

図に記載されている当月と翌月の間のどこかに当日の太陽がある。そこで、図の太陽は各月の 1 日の位置なので、当日の日付と当月の日数の配分・比率から当日の太陽の位置を推定する。例えば、8 月 5 日であれば、8 月 1 日と 9 月 1 日の間の 4/31（≒ 1/8）のところに、1 月 28 日であれば、1 月 1 日から 2 月 1 日の間の 27/31（≒ 7/8）のところに太陽がある。各半球の中心から当日の太陽を通る直線（半径）と春分点（赤経 ＝ 0h）のなす角度が、当日の視太陽の赤経（R.A.A.S.）である。

この太陽に正中する時が当日の視時（Apparent Time：A.T.）12h である。この太陽を東側に望むのであればその日の朝方であり、逆に西側に望むのであればその日の夕方である。薄明時間を考慮して観測をする時刻(視時)を決定し、その時刻が視正午の何時間前なのか、あるいは何時間後であるのかを特定する。視太陽の赤経からこの時間差に相当する角度だけずらした赤経の線がそのときの「測者の天の子午線」となる。朝方に観測を行うのであれば、太陽は測者の東側にある。つまり、測者は太陽の西側にいるので、視太陽の赤経（経度時）

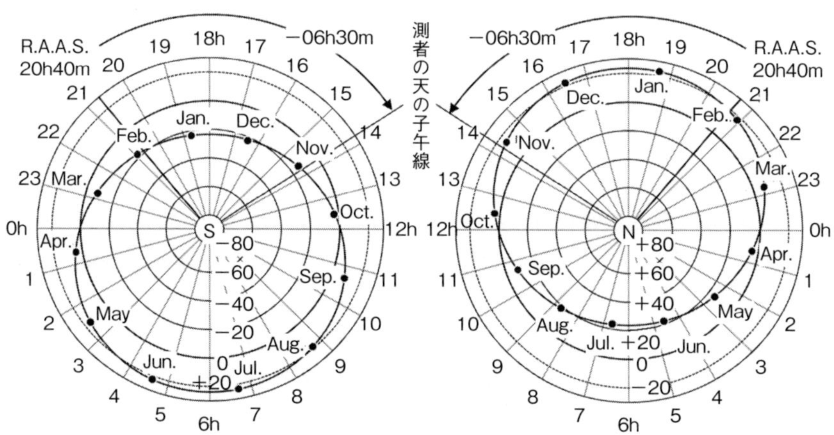

図 2.12　1 月 28 日　視時 05 時 30 分の「測者の天の子午線」

から時間差を減じた赤経が「測者の天の子午線」となる（「測者の天の子午線」の赤経は視太陽よりも小さい）。逆に、夕方であれば太陽は測者の西側にある。つまり、測者は太陽の東側にいるので、視太陽の赤経に時間差を加えた赤経が「測者の天の子午線」となる（「測者の天の子午線」の赤経は視太陽よりも大きい）。

例えば、1月28日の視太陽の赤経は概略で20h40mとなる。朝方にスターサイトを行うとして、薄明時間を考慮して05時30分A.T.に観測を開始するものとする。視正午までの時間差は06h30mなので、「測者の天の子午線」の赤経は、

測者の天の子午線の赤経（＝測者の恒星時）＝ 20h40m － 06h30m ＝ 14h10m

となる。

② 当日のRを利用する方法

天測暦にて当日のRを参照する。Rは（平均太陽の赤経＋ 12h）である。平均太陽が正中する時が平時での正午（Noon）なので、その12時間前にあるRに正中する瞬間が平時での正子（Mid Night）である。Rの赤経とそれより東側に位置する赤経との時間差が、その地の平時（Local Mean Time）である。なぜなら、その地の「天の子午線」は地球の自転運動により、正中したRが西に移動してゆくからである。

一方で、均時差（Eq. of T.）は赤経の差に着目した場合、(R.A.M.S. － R.A.A.S.)で与えられた。視太陽についてのRも存在するとして、平均太陽のRを特にM.R（Mean R）、視太陽のRをA.R（Apparent R）と表記することとし、ともにNoonと12hの違いが維持されるので、均時差との関係も、

均時差 ＝ R.A. M.R － R.A. A.R
R.A. A.R ＝ R.A. M.R － 均時差

となる。均時差は天測暦の太陽のE($E_{◎}$)から12hを減じることで確認できる。観測の開始時刻を視時で与える際には、平均太陽のRから均時差を減じて視太陽のRを得て、これに視時時刻を加えることで、そのときの「測者の天の子午線」を得る。

例えば、1月28日0hG.M.T.のRは08h27m53sであり、均時差は
－ 12m47s（$E_{◎}$＝ 11h47m13s － 12h00m00sなので）となっているので、視太陽のR（Apparent R）の赤経は、

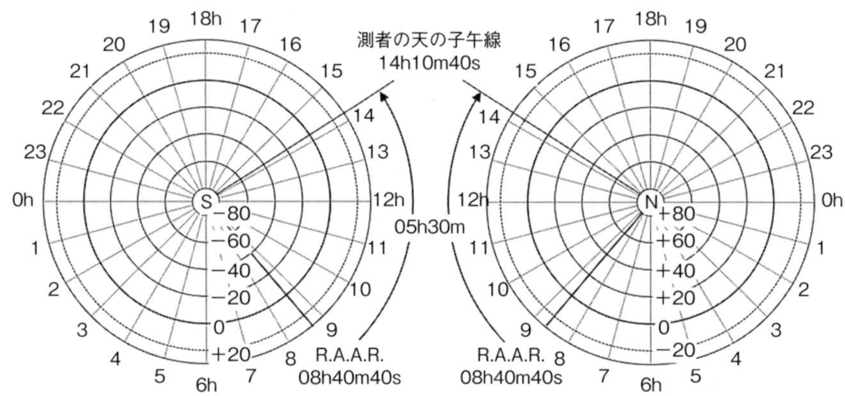

R.A.M.R =08h27m53m
Eq. of T.= − 12m47m } R.A. A.R.=R.A. M.R.−Eq. of T.=08h40m40s

図 2.13 当日の R から「測者の天の子午線」を特定

R.A. A.R = R.A. M.R − Eq. of T.
= 08h27m53s − (− 12m47s) = 08h40m40s

となる。観測を開始する時刻を視時で 5 時 30 分とすると、視時の R にこれを加えて、14h10m40s を得る（図 2.13）。

(3) 天頂と真水平の特定

観測を行う時刻での「測者の天の子午線」を天球上に特定することができた。続いて、「測者の天の子午線」上にある天頂の位置を定める。天頂の赤緯は測者の緯度なので、「測者の天の子午線」上にその値を与える点が天頂となる。ちなみに、地球・天球の中心を挟んで天頂の反対側を「天底（Nadir）」という。天底の赤緯は、測者の緯度の値をそのままとし、南北の符号だけを反対にとる。天底の赤経は「測者の天の子午線」に 12 時（180°）を加えた値となる（ただし、測者が極にいる場合を除く）。

次に、東点、西点、南点、および北点を定めて、真水平を特定する。図 2.14 の a. に示すように、「測者の天の子午線」が真水平と交差する二つの点の内、「天の北極」側の交点が北点、「天の南極」側が南点である。測者の緯度と同じ符号の半球図において「測者の天の子午線」上に天頂から極の方向に 90° 離れた点をとる。これが、測者が北半球にいる場合は北点、南半球であれば南点となる（この点と極との間隔は測者の緯度と同じである）。一方、測者の緯度と反対側の半球図において、その極から緯度と同じ値だけ「天の赤道」側にとった点も天頂から 90°の離角となっている。この点が、測者が北半球にいる場合であれば南点であり、南半球であれば北点となる。

図 2.14 の a. に示すように、東西圏（図中----）は天頂で「測者の天の子午線」に直交しており、かつ、東点および西点に延びて、それぞれで真水平に直交する。この条件を恒星略図のそれぞれの半球図において踏襲する。

図 2.14 の b. に示すように、極において「測者の天の子午線」に直交する圏は「六時の圏」であった（図中═══）。「六時の圏」は「天の赤道」に直交する。「測

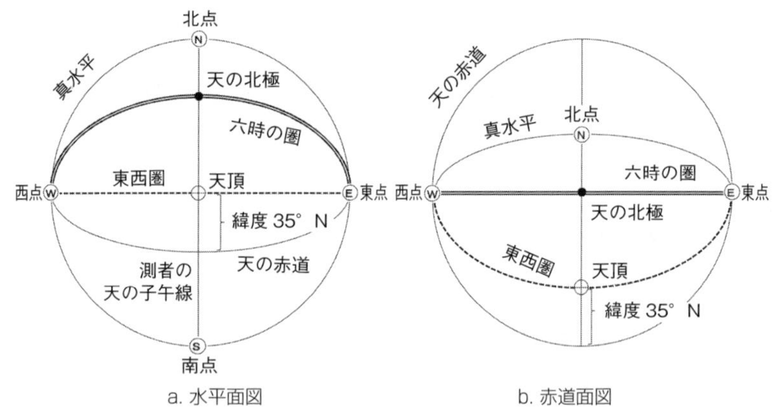

図 2.14　北緯 35° N の測者

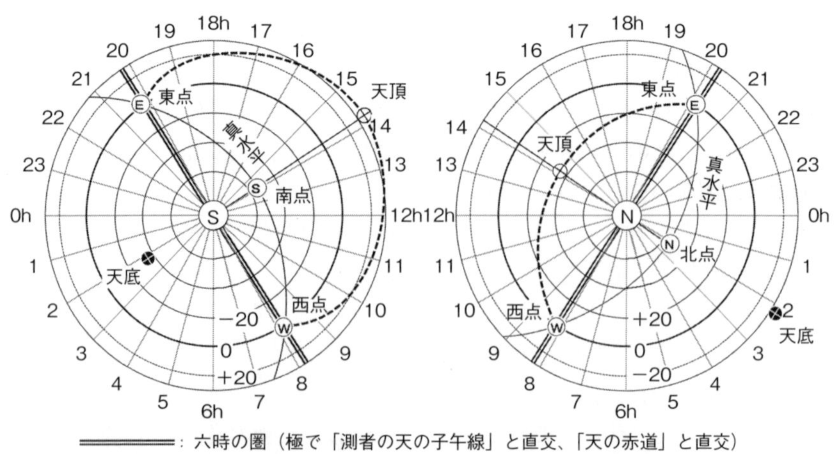

図 2.15　天頂を基準にした視認範囲

者の天の子午線」の東側の交点が東点であり、西側が西点である。恒星略図では、両半球において「天の赤道」が表現されているので、測者の緯度と異なる符号の半球においても東点と西点は特定できる。恒星略図のそれぞれの半球において、西点・北点・東点を結ぶ曲線、あるいは西点・南点・東点を結ぶ曲線を描くことができ、これが真水平となる（図 2.15）。

（4）視認範囲内にある天体の高度と方位

南北の半球図に「測者の天の子午線」、「六時の圏」、天頂、北点、南点、東点、西点、真水平、および東西圏を特定することができた。天頂を中心にして真水平までの範囲にある天体が視認できることになる。

この範囲の内にある天体に着目する。この天体の方位と高度の概略を得るため、補助線としてその天体の「高度の圏」を特定する。図 2.16 に示すように「高度の圏」は天頂から天体を通り真水平に直交するので、この条件を満たすように曲線を描く（恒星略図は赤道面図に準じた図であるので、天頂からのびる「高度の圏」は

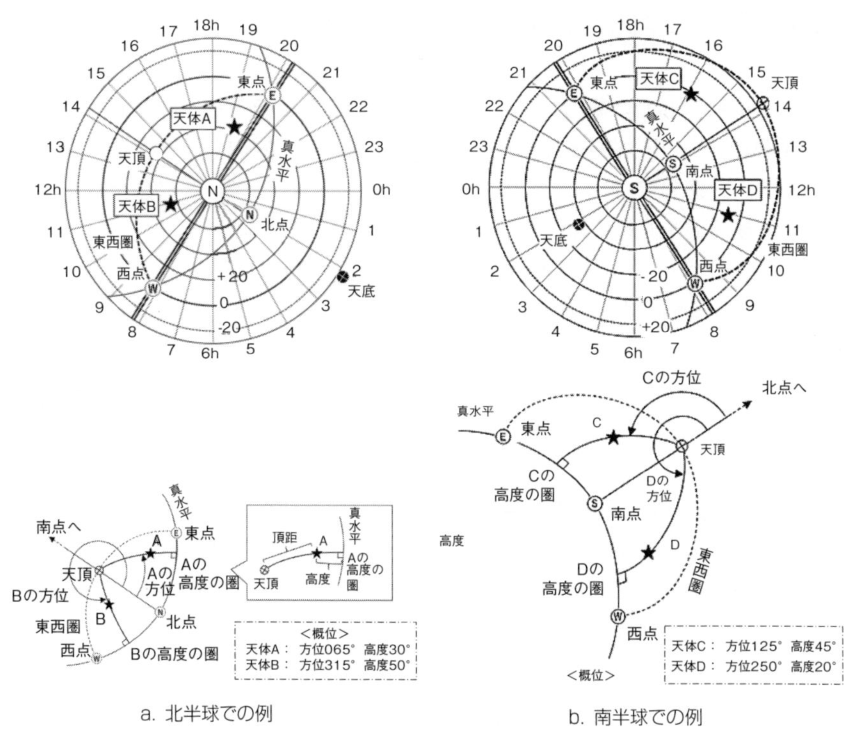

a. 北半球での例　　b. 南半球での例

図 2.16 「高度の圏」に基づく方位と高度の特定

曲線となる)。

天体の方位は、「測者の天の子午線」の北を基準として、天頂に形成される「高度の圏」への角度である。天頂を中心にした四つの象限（北→東、東→南、南→西、西→北）は、全方位360°を1/4（90°）ずつに分割している。着目している天体の「高度の圏」がどの象限に入っているのかを確認し、さらに、この「高度の圏」は入っている象限の90°をどの程度で分割しているのか、の見当をつける。360°式に基づくのであれば、北→東の象限では、北から東への分割の程度を度数に換算すればよい。東→南の象限では、この象限で見当をつけた度数に90°を加え、南→西の象限では180°を、西→北の象限では270°を同様に加えて方位角とする。

一方、天体について描いた「高度の圏」は、天頂から真水平にいたる曲線であり、その長さは90°に相当している。したがって、その途中にある天体が、この曲線をどの程度で分割しているのか、を特定する。天頂から天体までが頂距であり、天体から真水平までが高度に相当する（図2.16)。

2.2 英国と米国のNautical Almanac

Nautical Almanacの暦の部は「Daily Pages」と呼ばれている。Daily Pagesには天測暦と同様に天体の赤緯と赤経に関する情報が記載されている。

太陽・月・惑星についてはグリニッジ時角（G.H.A.）そのものが記載されているので、その値を直接参照することになる。一方、恒星については、グリニッジ（本初子午線）から春分点への時角（＝グリニッジの恒星時＝グリニッジの赤経）と、春分点から各恒星への時角（Sidereal Hour Angle：S.H.A.）が記載されている。両者を足し合わせて恒星のG.H.A.とする。

ただし、記載されている時刻間の補間が必要であり、数値の按分には別途巻末にある「Increments and Corrections」表をあわせて用いることになる。

2.2.1 Daily Pagesのページ構成

天測暦は1日分の情報が1ページに収められているが、Nautical Almanacでは、3日分の情報が左右見開き2ページに収められている。図2.17にNautical Almanacのページ構成を示す。

見開いて左側のページの左欄には、春分点（「Aries」と表記）へのグリニッジ時角が1時間ごとの角度（° -′）で記されている。中欄には、金星（Venus)、火星(Mars)、木星(Jupiter)、および土星(Saturn)についてのグリニッジ時角(G.H.A.)

と赤緯（Dec）が、春分点と同じく 1 時間ごとの数値として記されている。春分点と四惑星についての時系列は、ページの上から 3 日ぶんが連続するように配置されているが、恒星については、この 3 日間については変動がないものとみなして、共通して参照するようになっている（見開き左側の右欄）。この恒星の欄（Stars）には、各恒星への春分点からの時角（S.H.A.）と赤緯が記されている。恒星のそれぞれの時角を求めるためには、春分点へのグリニッジ時角に、対象とする恒星の S.H.A. を足せばよい。

見開いて右側のページには、太陽と月についてのグリニッジ時角と赤緯が、春分点、四惑星と同じく 3 日ぶんが連続した時系列で記されている。

2.2.2 Increments and Corrections のページ構成

任意の UT 時刻（G.M.T.）でのグリニッジ時角と赤緯を得るためには、Daily Pages に記載れている 1 時間ごとの値に、補正値を加減算する必要がある。Daily Pages の数値の補間、つまり分と秒数の時間経過に対する補正については巻末の「Increments and Corrections」（30 ページにわたるセクション）を参照して、該当する補正値を特定することになる（図 2.18）。

グリニッジ時角と赤緯の補正値は 1 分ごと（0m ～ 59m）の表として一括さ

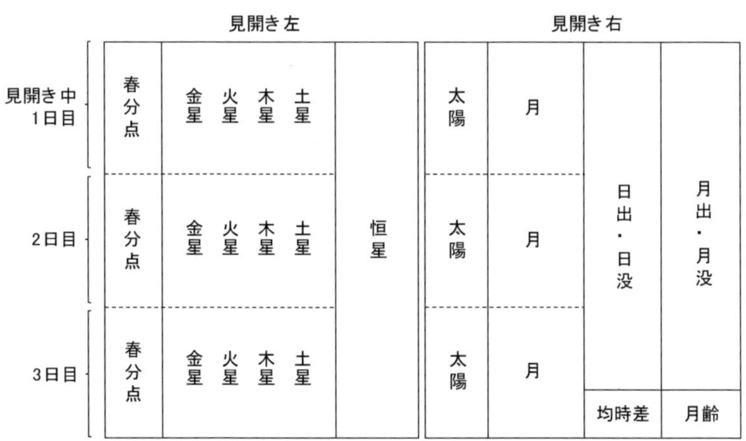

見開き左：「春分点」欄 … 春分点（Aries）へのグリニッジ時角
「四惑星」欄 … 金星、火星、木星、土星へのグリニッジ時角と赤緯
「恒星」欄 … 各恒星への春分点からの時角
(Sidereal Hour Angle：S.H.A.）と赤緯
見開き右：「太陽」欄 … 太陽へのグリニッジ時角と赤緯
「月」欄 … 月へのグリニッジ時角と赤緯

図 2.17 「Daily Pages」のページ構成

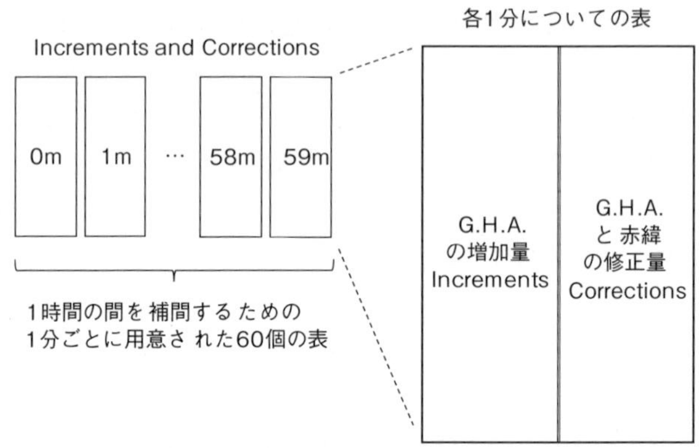

図 2.18 「Increments and Corrections」のセクション全体と 1 分ごとの表の構成

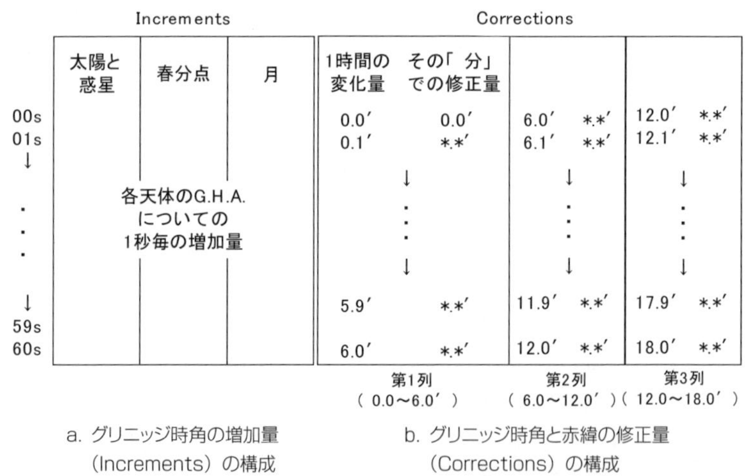

a. グリニッジ時角の増加量（Increments）の構成

b. グリニッジ時角と赤緯の修正量（Corrections）の構成

図 2.19 「Increments and Corrections」（巻末）の表の構成

れている。各分の表においては、時角についての増加量（Increments）と時角・赤緯についての修正量（Corrections）に二分されていている。つまり、Nautical Almanac において、補正については「増加分の考慮」と「微修正」の二つの考え方があって、使い分けをしていることに留意する。

増加量（Increments）はグリニッジ時角についてのみの対処となる。各表には、その分（Minute）数における 1 秒ごとの時間経過についての比例部分が記載されている。ここで、赤経上の角速度（1 時間当たりの赤経の変化量）の違いから「太陽と惑星（Sun Planets）」用、「恒星（Aries）」用、および「月（Moon）」用に 3

分割されている（図 2.19 の a.）。一方、修正量（Corrections）はグリニッジ時角と赤緯の双方についての対処となる。グリニッジ時角と赤緯の 1 時間当たりの変化量は最大 18′とし、かつ 0.1′単位で修正量が得られるようになっている。都合、180 項となり、3 列を使って 180 項を連続して記載する構成となっている（同図 の b.）。

2.2.3 赤緯の補正（d による修正）

(1) 太陽・惑星・月の赤緯の補正

太陽（Sun）と各惑星（Venus、Mars、Jupiter、および Saturn）についてはDaily Pages のそれぞれの欄の最下段に、赤緯の 1 時間当たりの変化量が「d」として記載されている（Nautical Almanac における「d」は、天測暦にて赤緯を示す「d」とは異なるので注意する）。「d」についての 3 日間での変化はないものとして、各見開きの期間で共通して使用する。計算高度を求めようとする UT 時刻について、該当する時間（Hour）の「Dec」の値を読み取り、これに「Increments and Corrections」セクションで該当する分（Minute）数の表を特定する。「Corrections」欄には、「d」についての、その表の分数 /60 分の比例配分が修正量として記載されているので、その値を確認する。

「Dec」の値に「d」を根拠にして求めた修正量を加減算して、その UT 時刻の赤緯とする。ここで、赤緯の変化は「増加」と「減少」の両方があるので、求める UT 時刻を挟む時間の値をみて変化の傾向を確認しておく必要がある。

一方、月の赤緯の変化は大きいので、UT 時刻ごとに 1 時間の変化量が記載さ

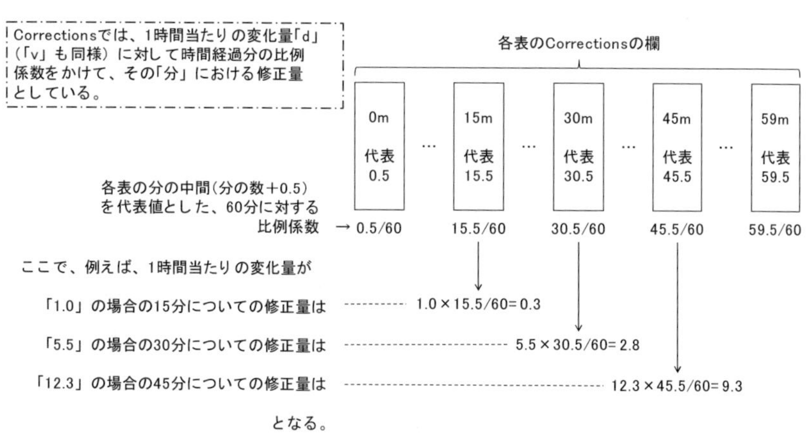

図 2.20　Corrections 欄の計算根拠

れている。これを確認した後のCorrections欄の参照と修正量を求める方法は太陽・惑星と同様である。

図2.20にCorrections欄における修正量の計算根拠を示す。

1時間当たりの変化量（赤緯の場合は「d」、グリニッジ時角の場合は「v」）について、分（Minute）数で按分するので、0mから59mまでの各表について、それぞれに対応する比例係数が定まっている。各分の表の比例係数は、その分（Minute）数の中間を代表とするために0.5分が加算されてから60分で除された値となっている。この数値は明示的に表中には記載されてはおらず、1時間当たりの変化量（0.0～18.0′の各々）について掛算された結果としての「修正量」が記載されている。

（2）恒星の赤緯の補正

恒星については、見開きの3日間での変化はないものとしているので、記載されている「Dec」の値を読み取ればよい。すなわち「d」についての記載はない。

2.2.4 グリニッジ時角の補正（Incrementsによる増加量の考慮とvによる修正）

（1）太陽のグリニッジ時角についての補正

太陽のグリニッジ時角の増加量（Increments）は、赤経上の角速度（1時間当たりの変化量）である15°/1時間について、60分に対する分（Minute）数と秒数の時間経過で按分している。厳密には均時差があるものの、1時間当たりの赤経の変化は平均太陽と同じとみなし、1平陽日24時間で360°の自転をするのでこの角速度となっている。平均太陽の角速度であるから年間を通じての変化はない。つまり1時間当たりの変化量を表す「v」は常に「0」であるので、その記載の必要はない。

ここで、15°/1時間は太陽の日周運動の角速度であると捉えておく。

（2）惑星のグリニッジ時角についての補正

惑星についてのグリニッジ時角の増加量は太陽と同じであるとしている。しかしながら、それぞれに公転運動があり地球からみた赤経上の変化は一様ではない。年間を通じて変化する各惑星の角速度（1時間当たりの赤経上の変化量）は、太陽の日周運動の角速度である15°/1時間との差分として示されている。これがDaily Pagesの各惑星欄の最下段に記載されている「v」の値である。

「v」の値は「Increments」と同じく1時間当たりの変化を示しているの

で、分数/60分としての比例配分をする必要がある。図2.19のb.に示した「Corrections」の「1時間の変化量」が「v」であり、この右側に記載されている値がその表の分（Minute）数での修正量である。

外惑星である火星（Mars）、木星（Jupiter）、および土星（Saturn）については、赤経上の角速度が太陽の日周運動の15°／1時間よりも小さくなることはない、つまり、太陽よりも速く東へ移動することはないので、グリニッジ時角への修正は常に正（＋：時角が増える傾向）となっている。一方、内惑星である金星（Venus）は、「西方最大離角」を迎えた後、「外合」を経て「東方最大離角」にいたるまでの間は、太陽よりも速く赤経上を東へ移動する。この間は、金星へのグリニッジ時角の変化は太陽よりも小さくなるので「v」の値は負（－）となる。（厳密には、赤経上において最も西にいる日時から、最も東にいる日時までの間である。）

(3) 月のグリニッジ時角についての補正

月（Moon）についても見かけの運動の角速度を確認する。月は地球の周囲を「東」へ公転する。公転の周期は27.321 66平陽日であるので、赤経上の角速度は360°／27.321 66平陽日となる。しかしこの間、地球は360°／1恒星年（＝365.256 36平陽日）の角速度で公転しているので、月の見かけの周期を得るためにはこの地球の動きをキャンセルしなければならない。月の見かけの周期をT（平陽日）とすると、

360°／T平陽日 ＝ 360°／27.321 66平陽日－ 360°／365.256 36平陽日

となっていて、ここで、Tは29.530 6平陽日となる。これが「朔望月」である。結果、1朔望月の角速度は

360°／29.530 6平陽日 ＝ 12.191°／1平陽日（＝ 0.51°／1時間＝ 30.5′／1時間）

となる[2]。

この角速度30.5′／1時間の方向は「東」である。地球の自転方向と一致しているので、その差のぶん、月の日周運動は遅くなる。つまり、月の1時間当たりの赤経上の変化量は（15°－ 30.5′＝ 14° 29.5′）となる。

月の地球に対する公転軌道は楕円であり、また、軌道面も傾斜している[3]ので、

---

2 月は1日の時間経過に伴い、東に約12°ずつ、ずれていくことになる。連続して月が正中する間隔をS時間とすると、360°／S時間＝（360 － 12）°／24時間との関係から、S＝24.84時間となる。正中する時刻は0.84時間すなわち約50分ずつ遅れる。

3 天球上の月の軌道は「白道」と呼ばれている。白道は黄道に対して5° 9.4′傾斜している。

月の赤経上の角速度も一様ではない。つまり、平均値である30.5′ / 1時間よりも速く移動する状況もある。もし、月についてのIncrements（1時間当たりの赤経上の変化量）を14° 29.5′を標準としておくと、金星の扱いと同じように、(−）つまり減算をしなければならない場合が生じる。暦の運用上、常に加算としておくほうが計算の誤りを防ぐ意味合いから有利である。標準の角速度を平均値である14° 29.5′よりも小さな値としておき、その時々の角速度を得るための「v」の値が常に正（+）となるようにしておくほうが都合がよい。

そこで、月の東への角速度の最大値を考慮し、便宜的に14° 19.0′ / 1時間を標準の角速度としている。2019年では、月の東への角速度の最大値は約38′ / 1時間なので、日周運動の標準14° 19′に「v」の3′を加える（15° − 38′ = 14° 22′、つまり14° 19′ + 3′）。同じく最小値は約25′ / 1時間なので、14° 19′に「v」の16′を加える（15° − 25′ = 14° 35′、つまり14° 19′ + 16′）。

(4) 恒星のグリニッジ時角についての補正

平均太陽は仮想の天体として0.985 6° / 平陽日（= 360° / 365.256 36平陽日）の角速度で天球上を「東」へ移動している。平均太陽を含むすべての天体についての赤経の基準は春分点である。ここで平均太陽を中心とした見方をすれば、春分点はこの角速度で平均太陽から見て「西」へ移動しているといえる。したがって、春分点からの赤経が一定である（とみなす[4]）恒星についても、平均太陽から見れば「西」へ、すなわち、日周運動が速くなっている（時角が増えている）。その量は、平均太陽の角速度0.985 6° / 平陽日を1時間当たりに換算すればよいので2.5′ /1時間（≒ 0.9856° / 平陽日 = 0.0411° / 1時間 = 2.466′ / 1時間）となる。結果として、恒星についてのIncrementsは平均太陽の移動量に2.5′ / 1時間を加えて、15° 02.5′ / 1時間となっている。

年間を通じての移動量の変化は無視できる（春分点の移動についての考慮はしなくてもよい）ものとするので、恒星について、すなわち「Aries」と「S.H.A.」についての修正の必要はないので、「v」の記載は無い。

2.2.5 Nautical Almanacにおける赤緯とグリニッジ時角の計算過程

Nautical Almanacにおける各天体のグリニッジ時角と赤緯の求め方は、天測暦とは異なり、同じアプローチに統一されていない。表2.1にNautical Almanacにおけるグリニッジ時角と赤緯の求め方を各天体について整理する。

---

4 歳差運動による年間を通じての春分点の移動は無視できる、という意味である。

表 2.1　Nautical Almanac における各天体の赤緯・グリニッジ時角の求め方

注　解説の便宜上、計算高度を得ようとする UT 時刻を「A 時 B 分 C 秒」とする。

<table>
<tr><th rowspan="2"></th><th colspan="2">赤緯</th><th colspan="3">G.H.A.</th></tr>
<tr><th>Daily Pages</th><th>Corrections(d)</th><th>Daily Pages</th><th>Increments</th><th>Corrections(v)</th></tr>
<tr><td rowspan="2">太陽</td><td>A 時の Dec を確認
A＋1 時の Dec と比較し、増減の傾向を確認
欄最下段の d を確認 →</td><td>B 分の表において d に対する修正量を確認</td><td>A 時の GHA を確認</td><td>B 分の表における「Sun Planets」欄で C 秒についての増加量を確認</td><td>太陽について、1 時間当たりの変化はない（v はない）</td></tr>
<tr><td colspan="2">A 時の Dec に d から求めた修正量を加減算</td><td colspan="3">A 時の GHA に B 分 C 秒に相当する増加量を加算</td></tr>
<tr><td rowspan="2">惑星</td><td colspan="2" rowspan="2">太陽に同じ</td><td>A 時の GHA を確認
最下段の v を確認 →</td><td>B 分の表における「Sun Planets」欄で C 秒についての増加量を確認</td><td>B 分の表において v に対する修正量を確認</td></tr>
<tr><td colspan="3">A 時の GHA に B 分 C 秒に相当する増加量を加え、さらに v から求めた修正量を加減算（減算は金星のみ）</td></tr>
<tr><td rowspan="2">月</td><td>A 時の Dec を確認
A＋1 時の Dec と比較し、増減の傾向を確認
A 時の d を確認 →</td><td>B 分の表において d に対する修正量を確認</td><td>A 時の Aries の GHA を確認
A 時の v を確認 →</td><td>B 分の表における「Moon」欄で C 秒についての増加量を確認</td><td>B 分の表において v に対する修正量を確認</td></tr>
<tr><td colspan="2">A 時の Dec に d から求めた修正量を加減算</td><td colspan="3">A 時の GHA に B 分 C 秒に相当する増加量を加え、さらに v から求めた修正量を加算</td></tr>
<tr><td rowspan="2">恒星</td><td>対象恒星の Dec の値を確認</td><td>3 日間での赤緯の変化は無視（d はない）</td><td>A 時の Aries の GHA を確認
対象恒星の SHA を確認</td><td>B 分の表における「Aries」欄で C 秒についての増加量を確認</td><td>1 時間当たりの変化は無視（v はない）</td></tr>
<tr><td colspan="2">Dec の値をそのまま参照</td><td colspan="3">A 時の Aries の GHA に B 分 C 秒に相当する増加量を加え、A 時 B 分 C 秒の春分点の GHA とし、これに対象とする恒星の SHA を加算</td></tr>
</table>

（1）太陽の赤緯とグリニッジ時角の求め方

図 2.21 の a. に Nautical Almanac の見開き右ページにおける太陽（Sun）欄の抜粋を示す。UT 時刻（G.M.T.）の正時であれば、記載されている値をそのまま利用することができる。

同図では 2019 年 3 月 20 日の UT 時刻 22h00m00s G.M.T. における太陽のグ

2019 March 20, 21, 22

	UT	Sun	
		GHA	Dec
	d h	° ′	° ′
	20 00	178 04.4	S 0 21.7
	01	193 04.6	20.7
W	02	208 04.8	19.7
E	⋮	⋮	⋮
D			
N	18	88 07.7	S 0 03.9
E	19	103 07.9	02.9
D	20	118 08.1	01.9
A	21	133 08.3	S 01.0
Y	22	148 08.5	00.0 ⇦
	23	163 08.7	N 0 01.0
	21 00	178 08.8	N 0 02.0
	01	193 09.0	03.0
T	02	208 09.2	04.0
H			
D U	⋮	⋮	⋮
A R	22	148 12.9	23.7
Y S	23	163 13.1	24.7
	22 00	178 13.3	N 0 25.7
	⋮	⋮	⋮

a. 3月20日の太陽

2019 September 22, 23, 24

	UT	Sun	
		GHA	Dec
	d h	° ′	° ′
	22 00	181 45.6	N 0 31.0
D S			
A U	⋮	⋮	⋮
Y N	23	166 50.6	08.6
	23 01	181 50.9	N 0 07.6
	⋮	⋮	⋮
M	06	271 52.2	N 0 01.8
O	07	286 52.4	N 0 00.8 ⇦
N	08	301 52.6	S 0 00.2 ⇦
D	09	316 52.8	01.1
A	10	331 53.1	02.1
Y	11	346 53.3	03.1
	⋮	⋮	⋮
	⋮	⋮	⋮
			d 1.0 ⬅

b. 9月23日の太陽

m 48	Increments			Corrections		
	Sun Planets	Aries	Moon	v or Corrⁿ d	v or Corrⁿ d	v or Corrⁿ d
s	° ′	° ′	° ′	′ ′	′ ′	′ ′
00	12 00.0	12 02.0	11 27.2	0.0 0.0	6.0 4.9	12.0 9.7
01	12 00.3	12 02.2	11 27.4	0.1 0.1	6.1 4.9	12.1 9.8
⋮	⋮	⋮	⋮	⋮	⋮	⋮
10	12 02.5	12 04.5	11 29.6	1.0 0.8	7.0 5.7	13.0 10.5
⋮	⋮	⋮	⋮	⋮	⋮	⋮

c. Increments and Corrections（48分用）

図 2.21 Nautical Almanac における「太陽」の赤緯とグリニッジ時角の検索

リニッジ時角（GHA）と赤緯（Dec）を参照している。時角は 148° 08.5′、赤緯は N（S）0° 00.0′ である（つまりは、春分点である）。

次に、2019 年 9 月 23 日 07h48m00s の太陽の赤緯とグリニッジ時角を求めてみる。同図の b. にあるように、UT 時刻 07h の赤緯の値は N 0° 00.8′ である。08h では S 0° 00.2′ なので赤緯は減少傾向である。また、最下段の「d」の値は 1.0 である。「Increments and Corrections」の 48 分の表（同図の c.）の Corrections

欄で「d」1.0′に対する修正量0.8′を確認する。07h48m00sの赤緯は、N 0° 00.8′から0.8′を減じて、N（S）0° 00.0′を得る。これは秋分点である。

同時刻のグリニッジ時角は、07hが286° 52.4′であり、48m00sの時間経過での増加量は12° 00.0′である。二つを合算して07h48m00sのグリニッジ時角は、298° 52.4′を得る。

(2) 惑星の赤緯とグリニッジ時角の求め方

例として、2019年12月22日00h55m12sの金星の赤緯とグリニッジ時角を求める。22日00hの赤緯はS 21° 29.3′であり、01hではS 21° 28.6′である。したがって、赤緯の変化は北へ向かっている。最下段で「d」の値0.7′を確認し（図2.22のa.）、55分の表のCorrections欄を参照する（同図のb.）。ここで「d」0.7′の修正量は0.6′なので、00h55m12sの赤緯はS21° 28.7′となる。

また、22日00hのGHAは145° 26.0′である。55m12sの増加量（Increments）はSun Planets欄を参照し、13° 48.0′を得る。これを00hのGHAに合算すると159° 14.0′になるが、惑星としての修正が必要となる。金星の「v」の値は－0.8′である。55分の表のCorrections欄で「v」0.8′を参照すると対応する修正量は0.7′となっている。修正量を－0.7として扱い、結果、金星のグリニッジ時角は159° 13.3′となる。

同日同時刻の土星についても確認する。22日00hの赤緯はS21° 50.9であるが、土星の「d」は0.0′、つまりここでは赤緯について1時間当たりの変化はないので、修正は必要とされない。一方、00hのグリニッジ時角は158° 22.6′であり、55m12sの時間経過についての増加量13° 48.0′を加算することになる。ここで、172° 10.6′を得るが、惑星としての修正を加えなければならない。土星の「v」の値が2.2′なので、55分の表のCorrections欄を参照して修正量2.0′を得る。結果、土星のグリニッジ時角は172° 12.6′となる。

(3) 月の赤緯とグリニッジ時角の求め方

2019年6月21日12h57m33sの月について赤緯とグリニッジ時角を求める。12hの赤緯はS18° 10.9′で「d」は6.9′である。13hの赤緯はS18° 04.0′なので増加傾向（北へ移動中）である（図2.23のa.）。57分の表のCorrections欄を参照すると「d」6.9′の修正量は6.6′である（同図のb.）。12hの赤緯にこれを加えて、赤緯S18° 04.3′を得る。

また、12hのグリニッジ時角は129° 01.8′で「v」は12.8′である。まず、57m33sの時間経過について57分の表中33sのMoon欄を参照し、増加量13°

2019 December 21, 22, 23

UT	Aries	Venus		Mars	Jupiter	Saturn	
		GHA	Dec			GHA	Dec
d h		° ′	° ′			° ′	° ′
21 00		145 44.4	S21 45.4			157 30.7	S21 51.8
⋮		⋮	⋮			⋮	⋮
23		130 26.7	30.0			143 20.4	50.9
22 00		145 26.0	S21 29.3			158 22.6	S21 50.9
01		160 25.2	28.6			173 24.8	50.8
⋮		⋮	⋮			⋮	⋮
23		130 08.7	13.2			144 12.3	50.0
23 00		145 07.9	S21 12.5			159 14.5	S21 49.9
⋮		⋮	⋮			⋮	⋮
23		129 55.9	55.9			145 04.1	49.0
		v −0.8	d 0.7			v 2.2	d 0.0

a. 12月22日の惑星（金星と土星）

m 55	Increments Sun Planets		Aries		Moon		Corrections v or Corrⁿ d		v or Corrⁿ d		v or Corrⁿ d	
s	°	′	°	′	°	′	′	′	′	′	′	′
00	13	45.0	13	47.3	13	07.4	0.0	0.0	6.0	5.6	12.0	11.1
01	13	45.3	13	47.5	13	07.7	0.1	0.1	6.1	5.6	12.1	11.2
⋮		⋮		⋮		⋮		⋮		⋮		⋮
07	13	46.8	13	49.0	13	09.1	0.7	0.6	6.7	6.2	12.7	11.7
08	13	47.0	13	49.3	13	09.3	0.8	0.7	6.8	6.3	12.8	11.8
0.9	13	47.3	13	49.5	13	09.6	0.9	0.8	6.9	6.4	12.9	11.9
10	13	47.5	13	49.8	13	09.8	1.0	0.9	7.0	6.5	13.0	12.0
11	13	47.8	13	50.0	13	10.0	1.1	1.0	7.1	6.6	13.1	12.1
12	13	48.0	13	50.3	13	10.5	1.2	1.1	7.2	6.7	13.2	12.2
⋮		⋮		⋮		⋮		⋮		⋮		⋮
22	13	50.5	13	52.8	13	12.7	2.2	2.0	8.2	7.6	14.2	13.1
⋮		⋮		⋮		⋮		⋮		⋮		⋮

b. Increments and Corrections（55分用）

図 2.22 Nautical Almanac における「惑星」の赤緯とグリニッジ時角の検索

2019 June 21, 22, 23

	UT	Sun	Moon					
			GHA		v	Dec		d
	d h		°	′	′	°	′	′
FRIDAY	21 00		314	44.7	12.1	S19	27.7	6.0
	⋮		⋮		⋮	⋮		⋮
	12		129	01.8	12.8	S18	10.9	6.9
	13		143	33.6	12.9	18	04.0	7.0
	⋮		⋮		⋮	⋮		⋮
	23		288	54.5	13.4	16	50.7	7.7
SATURDAY	22 00		303	26.9	13.4	S16	43.0	7.8
	⋮		⋮		⋮	⋮		⋮
	23		278	05.4	14.5	13	27.6	9.2
SUNDAY	23 00		292	38.9	14.6	S13	18.4	9.3
	⋮		⋮		⋮	⋮		⋮
	23		267	40.0	15.3	S 9	33.4	10.3

a. 6月21の月

m 57	Increments						Corrections					
	Sun Planets		Aries		Moon		v or Corrⁿ d		v or Corrⁿ d		v or Corrⁿ d	
s	°	′	°	′	°	′	′	′	′	′	′	′
00	14	15.0	14	17.3	13	36.1	0.0	0.0	6.0	5.8	12.0	11.5
⋮	⋮		⋮		⋮		⋮		⋮		⋮	
08	14	17.0	14	19.3	13	38.0	0.8	0.8	6.8	6.5	12.8	12.3
09	14	17.3	14	19.6	13	38.2	0.9	0.9	6.9	6.6	12.9	12.4
⋮	⋮		⋮		⋮		⋮		⋮		⋮	
33	14	23.3	14	25.6	13	43.9	3.3	3.2	9.3	8.9	15.3	14.7
⋮	⋮		⋮		⋮		⋮		⋮		⋮	

b. Increments and Corections（57 分用）

図 2.23 Nautical Almanac における「月」の赤緯とグリニッジ時角の検索

43.9′ を得る。これを 12h の値に加算し、142° 45.7′ となるが、1 時間当たりの変化量を修正しなければならない。すなわち「v」12.8′ についての修正量は 12.3′ である。これを加えて、グリニッジ時角は 142° 58.0′ となる。

(4) 恒星の赤緯とグリニッジ時角の求め方

例として、2019年6月21日19h36m23sのアルデバラン（Aldebaran）について赤緯とグリニッジ時角を求める。当日の赤緯はDaily Pagesの恒星（Star）欄を参照して、N16° 32.7′を得る（図2.24のa.）。

恒星のグリニッジ時角を求める場合には、まず春分点（Aries）のグリニッジ時角を求めることになる。19hのAriesを194° 40.9′と確認し（同図のb.）、続いて36m23sの時間経過に伴う時角の増加量はIncrements and Correctionsの36分の表における「Aries」欄を参照し、23sの値として09° 07.2′を得る。

これを19hの値に加算して春分点のグリニッジ時角とする（203° 48.1′）。春分点からみたアルデバランへの時角「SHA」は290° 45.0′（同図のa.）なので、結果、アルデバランのグリニッジ時角は、春分点のグリニッジ時角とアルデバランの春分点からみた時角とを合算した494°（− 360°＝）134° 33.1′となる。

Stars				
Name	SHA		Dec	
	°	′	°	′
Acamar	315	15.5	S40	13.6
Achernar	335	24.0	S57	08.2
Arcux	173	04.6	S63	12.6
Adhara	255	09.7	S29	00.0
Aldebaran	290	45.0	N16	32.7
⋮	⋮		⋮	
Zuben'ubi	137	00.6	S16	07.2

a. 6月21日の恒星

Increments						
m 36	Sun Planets		Aries		Moon	
s	°	′	°	′	°	′
00	00	00.0	09	01.5	08	35.4
⋮	⋮		⋮		⋮	
23	23	05.8	09	07.2	08	40.9
⋮	⋮		⋮		⋮	
60	60	15.0	09	16.5	08	49.7

c. Incremtnts（36分用）

2019 June 21, 22, 23

UT			Aries GHA	
	d	h	°	′
FRIDAY	21	00	268	54.1
		01	283	56.6
		⋮	⋮	
		19	194	40.9
		20	209	43.4
		⋮	⋮	
		23	254	50.8
SATURDAY	22	00	269	53.3
		⋮	⋮	
		23	255	49.9
SUNDAY	23	00	270	52.4
		⋮	⋮	
		23	256	49.1

b. 6月21日の春分点

図2.24 Nautical Almanacにおける「恒星」の赤緯とグリニッジ時角の検索

2.2.6 Nautical Almanac での均時差の確認

Nautical Almanac では均時差の値が Daily Pages の見開き右側のページの最下段に記載されている。天測暦とは異なり見開きの 3 日について、それぞれ正子と正午の値だけとなっていて、その間は適宜按分することになる。なお、記載欄に網掛け（■）が施されている場合は、均時差の符号が「負（ − ）」であることを示している。

Nautical Almanac において均時差を厳密に求めるためには、まず、該当する UT 時刻（G.M.T.）を角度（° - ′）に換算する。同時刻の太陽の G.H.A. の値を「Increments and Correction」の「Sun and Planets」の修正を加味して特定し、この値から角度に換算した UT 時刻を減じる。この残りの角度は、天測暦でいうところの「R」からみた視太陽の時角であるので、すなわち、$E_{\odot}$と同等となっている。この角度から 180°（12h に相当）を減じ、均時差（角度）を得る。これを経度時に直せばよい（図 2.25）。

例えば、2019 年 2 月 11 日 12h（G.M.T.）の $E_{\odot}$ は 11h45m46s なので、Eq. of T. は − 14m14s である。また、同年 11 月 3 日 08h（G.M.T.）の $E_{\odot}$は 12h16m27s なので、Eq. of T. は 16m27s である。

Nautical Almanac でそれぞれの G.H.A. を検索すると、2 月 11 日 12h の太陽の G.H.A. は 356° 26.6′、11 月 3 日 08h では 304° 06.8′である。

図の関係に基づく計算によると、

2 月 11 日の Eq. of T. =

356° 26.6′ − 180°（12h）− 180° = − 3° 33.4′（− 14m13.6s）

11 月 3 日の Eq. of T. =

304° 06.8′ − 120°（08h）− 180° = 4° 06.8′（16m27.2s）

となり、天測暦と同等の値を得ることができる。

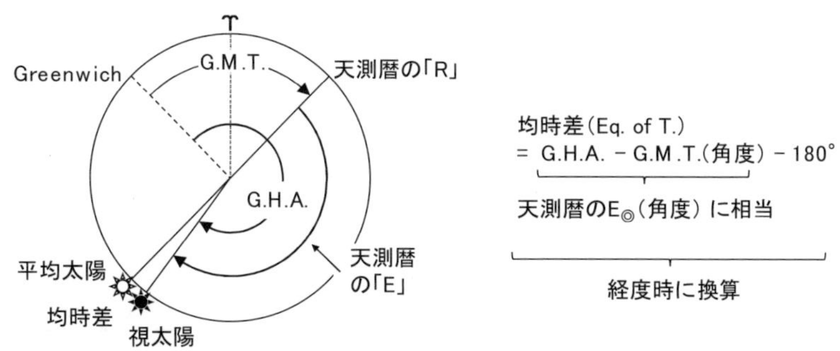

図 2.25 Nautical Almanac による均時差の特定（詳細な計算による）

Column 2-2 天測暦とNautical Almanacの計算過程と結果の比較

ここで、検算として天測暦とNautical Almanacのそれぞれの計算結果を比較する。一部合致しない例もあるが、これは無視できる程度である。異なるアプローチであっても、同じ情報（赤緯とグリニッジ時角）を得ることができている。

表C 2.1 太陽

2019年	要素	天測暦	Nautical Almanac
太陽 3月20日 22h00m00s	赤緯	22hの記載の通り d N(S) 0° 00.0′	22hの記載の通り Dec N(S) 0° 00.0′
	G.H.A.	22hのE◎ 11h52m34s G.M.T. 22h00m00s (+ G.H.A. 09h52m34s = 148° 08′ 30″ (= 148° 08.5′)	22hの記載の通り G.H.A. 148° 08.5′
太陽 9月23日 07h48m00s	赤緯	06hのd N 0° 01.8′ 07h48m00sのP.P. (−) 1.8′ (+ d N(S)0° 00.0′	07hのDec N 0° 00.8′ d=1.0 Corrections for d 1.0 @48m (−) 0.8′ (+ Dec N(S) 0° 00.0′
	G.H.A.	06hのE◎ 12h07m28s 07h48m00sの差分 1.8s ↓ 07h48m00sのE◎ 12h07m29.8s G.M.T. 07h48m00.0s (+ G.H.A. 19h55m29.8s = 298° 52′ 27″ (=298° 52.45′)	07hのG.H.A. 286° 52.4′ Increments(Sun Planets) for 48m00s 012° 00.0′ (+ G.H.A. 298° 52.4′

表C 2.2 惑星（金星、土星）

2019年	要素	天測暦	Nautical Almanac
惑星(金星) 12月22日 00m55m12s	赤緯	00hのd S21° 29.3′ 00h55mのP.P. 0.7′ (+ d S21° 28.6′	00hのDec S 21° 29.3′ d=0.7 Corrections for d 0.7 @55m 0.6′ (+ Dec S21° 28.7′
	G.H.A.	00hのEP 09h41m44s 00h55mのP.P. (−) 03s (+ 00h55m12sのEP 09h41m41s G.M.T. 00h55m12s (+ G.H.A. 10h36m53s = 159° 13′ 15″ (= 159° 13.25′)	00hのG.H.A. 145° 26.0′ Increments(Sun Planets) for 55m12s 013° 48.0′ (+ 159° 14.0′ v = −0.8 Corrections for v −0.8 @55m −0.7′ (+ G.H.A. 159° 13.3′
惑星(土星) 12月22日 00m55m12s	赤緯	00hのd S21° 50.9′ 00h55mのP.P. 0.0′ (+ d S21° 50.9′	00hのDec S21° 50.9′ d=0.0なのでそのまま利用する Dec S21° 50.9′
	G.H.A.	00hのEP 10h33m30s 00h55mのP.P. 08s (+ 00h55m12sのEP 10h33m38s G.M.T. 00h55m12s (+ G.H.A. 11h28m50s =172° 12′ 30″ (= 172° 12.5′)	00hのG.H.A. 158° 22.6′ Increments(Sun Planets) for 55m12s 013° 48.0′ (+ 172° 10.6′ v = 2.2 Corrections for v 2.2 @55m 2.0′ (+ G.H.A 172° 12.6′

表C 2.3 月

2019年	要素	天測暦	Nautical Almanac
月 6月21日 12h57m33s	赤緯	12h30m の d　S18° 07.5′ 27m33s の P.P.　3.4′ (+ d　S18° 04.1′	12h の Dec　S 18° 10.9′ d=6.9 Corrections for d 6.9 @57m　6.6′ (+ Dec　S18° 04.3′
	G.H.A.	12h30m の E☾　20h35m11s 57m33s の P.P.　(−) 51s(+ 12h57m33s の E☾　20h34m20s G.M.T.　12h57m33s(+ G.H.A.　33(−24=) 09h31m53s =142° 58′ 15″ (=142° 58.25′)	12h の G.H.A.　129° 01.8′ Increments(Moon) for 57m33s　13° 43.9′ (+ 142° 45.7′ v=12.8 Corrections for v 12.8 @57m　12.3′ (+ G.H.A.　142° 58.0′

表C 2.4　恒星

2019年	要素	天測暦	Nautical Almanac
恒星 Aldebaran 6月21日 19h36m23s	赤緯	記載の通り d　N16° 32.7′	記載の通り Dec　N16° 32.7′
	G.H.A.	00h00m の E*　13h18m37s 19h36m23s の P.P.　03m13s(+ 19h36m23s の E*　13h21m50s G.M.T.　19h36m23s(+ 32(−24=) 08h58m13s =134° 33′ 15″ (=134° 33.25′)	19h の Aries の G.H.A.　194° 40.9′ Increments(Aries) for 36m23s　009° 07.2′ (+ 203° 48.1′ S.H.A.　290° 45.0′ (+ 494° (−360° =) 134° 33.1′

2.2.7 Star Charts の使い方

(1) Star Charts の座標系

Star Charts も恒星略図と同じように地球から天球を望んだ場合の恒星の配置を示している。ただし、図 2.26 に示すように、天球の北半球を紙面の左側へ、南半球を右側へ展開している。さらに、図 2.27 に示すように、円周は赤経ではなく、S.H.A. となっている。S.H.A. の起点は春分点（Aries）であることには変わりはないが、S.H.A. は西へ向かって正（+）となっていることに注意しなければならない。つまり、S.H.A. の数値が減る方向が東である。

半球図の中心はそれぞれ「天の北極」「天の南極」であり、円周に向けて延びる直線（半径）が「赤緯の圏」である。恒星略図と異なり、それぞれの半球にて数値が付されている最外縁は同符号の赤緯 10°となっている。つまり、Star Charts の半球図には、「天の赤道」は表現されていない。その代わりに、「Equatorial Stars」というパノラマ展開図が、別途用意されている。Equatorial Stars では、横軸に S.H.A. をとり、縦軸に S 30°から N 30°までの赤緯がとられている。Equatorial Stars には「Ecliptic：黄道」が記載されている。なお、各半球図での Ecliptic は赤緯 10°から 23.4°までとなっている。

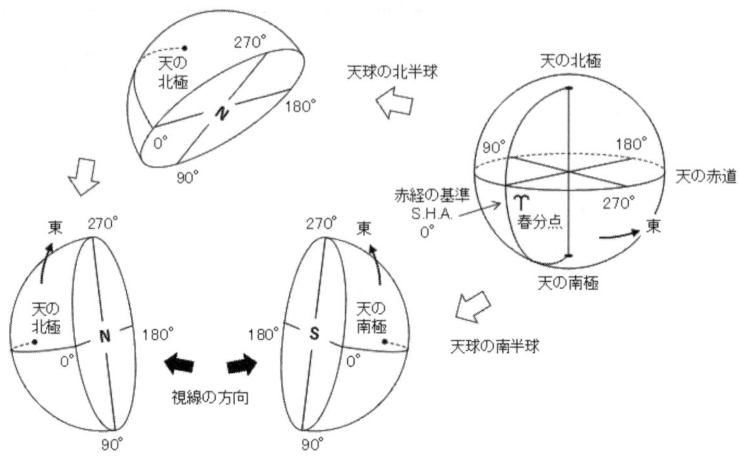

図 2.26　Star Charts における天球の展開

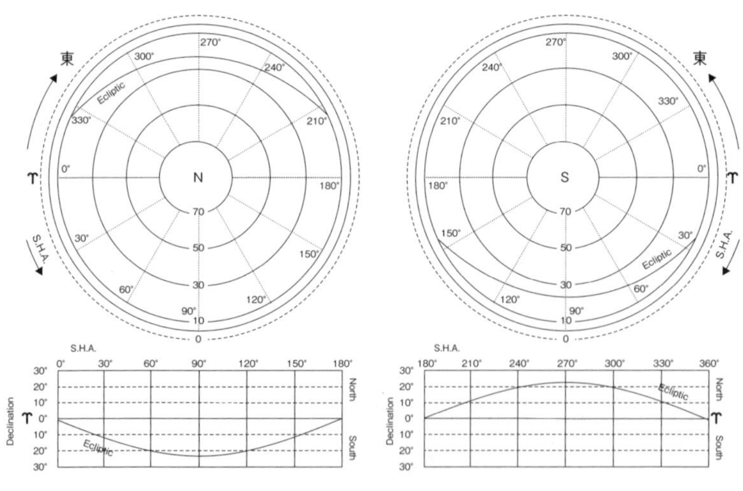

図 2.27　Star Charts の座標系

「天の赤道」は各半球図において明示的には記載されていないものの、図の半径（赤緯）の目盛の間隔を外挿すれば、半球図の外周に概略の赤緯0°を想定することができる。

Star Charts の Ecliptic には、各月の太陽の位置は記されていないので、ある日、ある時刻における視太陽の位置は、Daily Pages の情報を参照して特定することになる。すなわち、観測日における UT 時刻 00h G.M.T. を代表として、Aries と太陽（Sun）の G.H.A. の値を確認する。Aries は春分点へのグリニッジ時角なので、春分点からみた太陽の時角、すなわち、太陽の S.H.A. は（太陽の G.H.A. – Aries）となる。

前項での例と同じく、2019 年 1 月 28 日の太陽の S.H.A. を確認する。Daily Pages によれば、00hG.M.T. での Aries は 126° 58.2′、太陽の G.H.A. は 176° 48.2′である。したがって、太陽の S.H.A. は、

S.H.A. Sun ＝ G.H.A. Sun － Aries
＝ 176° 48.2′－ 126° 58.2′
＝ 49° 50.0′

となる。ちなみに（赤経 ＝ 360°－ S.H.A.）であったので、このときの太陽の赤経（R.A.A.S.）は、

R.A.A.S. ＝ 360°－ S.H.A.
＝ 359° 60.0′－ 49° 50.0′
＝ 310° 10.0′＝ 20h40m40s

となり、天測暦での計算、

R.A.A.S. ＝ R － E$_{\odot}$
＝ 08h27m53s － 11h47m13s ＝ － 03h19m20s
＝ 20h40m40s ＝ 310° 10.0′

と同等となっている。前項と同じく、S.H.A. が 49° 50.0′の太陽を基準にした視時で、時刻 5 時 30 分にスターサイトを行うとする。このときの「測者の天の子午線」は、太陽の西側に 06h30m（97° 30.0′）だけずれたところにある。S.H.A. は西へ増えるようにとっているので、「測者の天の子午線」の S.H.A. は、

S.H.A. 測者 ＝ S.H.A. Sun ＋ 97° 30′
＝ 49° 50.0′＋ 97° 30′
＝ 147° 20.0′

と求めることができる（図 2.28）。ちなみに、「測者の天の子午線」を赤経（経度時）で表すとすれば、

R.A. 測者 ＝ 360°－ S.H.A. 測者
＝ 359° 60′－ 147° 20.0′
＝ 212° 40.0′＝ 14h10m40s

であり、当然のことながらこれも天測暦での計算結果と同等となっている。

「測者の天の子午線」が特定できたので、これと90°（経度時で06h）の関係にある「六時の圏」を定めることができる（図2.29）。Star Chartsの半球図では、図の外周に想定した赤緯0°（すなわち、「天の赤道」）を根拠に「六時の圏」との二つの交点を東点、西点として特定する。また、測者の緯度と同じ値を「測者の天の子午線」上にとり天頂とする。測者と同じ符号の半球図において、「天の極」から測者の緯度のぶんを延長した点が、北点あるいは南点である。一方、測者と

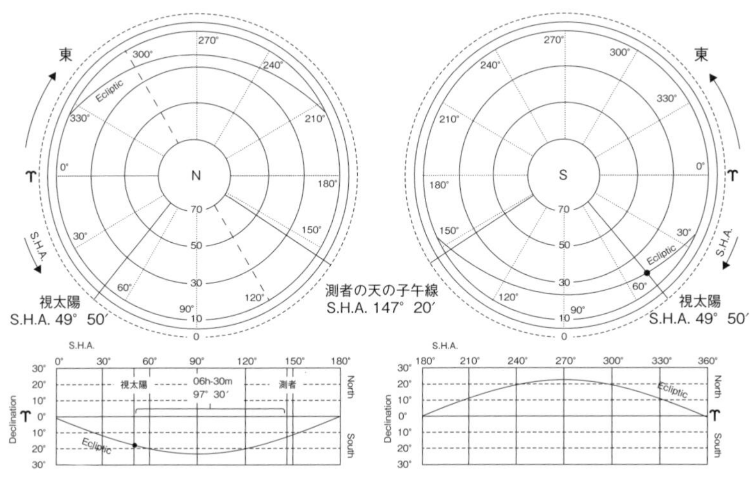

図2.28　Star Chartsにおける「測者の天の子午線」（1月28日の視時5時30分の例）

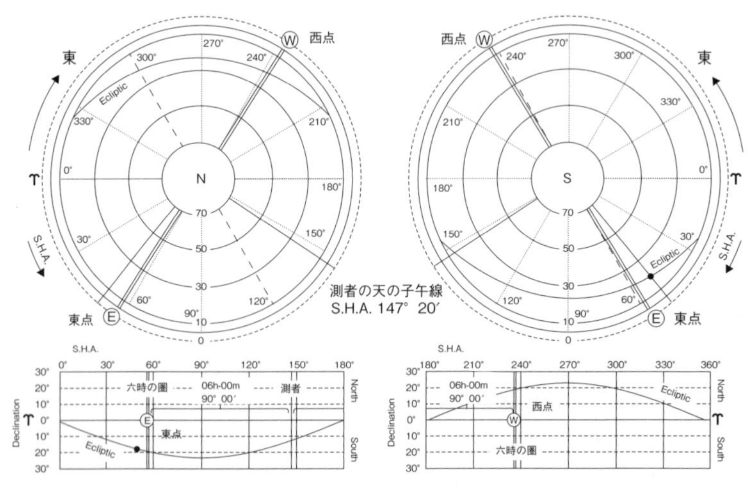

図2.29　Star Chartsにおける「測者の天の子午線」と東点および西点

異なる符号の半球図において、「測者の天の子午線」上にて「天の極」から「天の赤道」側へ、測者の緯度に相当する角度をとった点が南点あるいは北点である。

恒星略図と同じように、各半球図において、東点・北点・西点、あるいは、東点・南点・西点を結ぶ曲線が真水平となる。天頂から天体を通って、真水平へ直交するように描く曲線がその天体の「高度の圏」となる。天頂から真水平にいたる「高度の圏」の長さが90°に相当しているので、天体がこの90°の長さを分割する割合をもって、高度と頂距を特定することができる。

一方、Equatorial Starsの図法は「円筒図法」の一種であるが、「測者の天の子午線」と東点および西点を根拠としてこの図上での真水平の概略を求めることができる。まず「測者の天の子午線」上に測者の緯度をとり天頂を特定する。同図において赤緯の最大値は30°であっても、縦軸の縮尺を踏襲して図の枠外に天頂の位置を特定することができる。

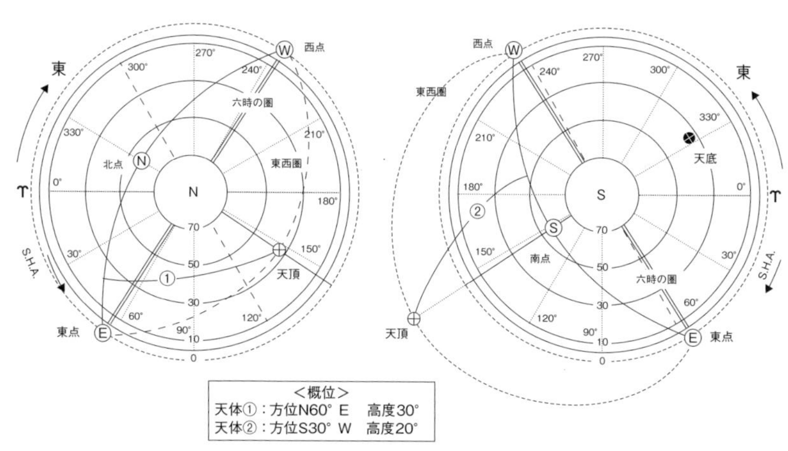

a. 半球図の場合

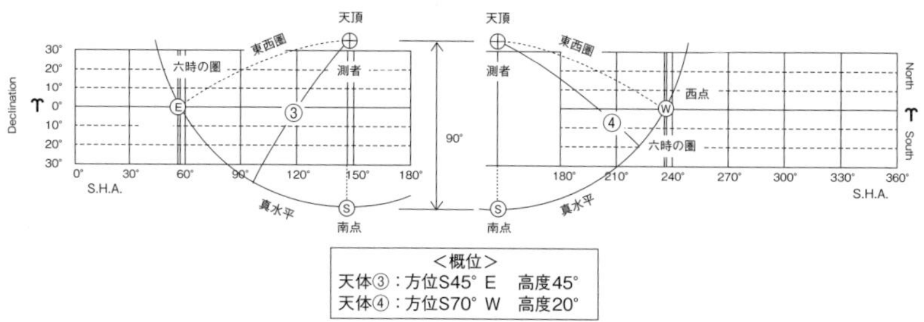

b. Equatorial Stars図の場合

図2.30　Star Chartsにおける天体の位置

この天頂から「天の赤道」を挟んで90°の角度のぶんだけ離れた点が南点あるいは北点となる。この南点あるいは北点から東点と西点に延ばした曲線が真水平となる。

Equatorial Stars図の天頂から真水平に延ばす「高度の圏」は、天体を通って真水平に直交するように描く。この「高度の圏」の長さは90°であることに変わりはないので、半球図の場合と同じように、天体が与える天頂と真水平を分割する程度をもって高度を特定することができる。

半球図あるいはEquatorial Stars図であっても、天頂から延びる「高度の圏」が北→東、東→南、南→西、あるいは西→北のどの象限を分割していているのかを確認し、その分割の程度をもって方位角の概略を特定する。

第3章 計算高度と方位角の求め方

3.1 球面三角形における余弦定理と正弦定理

3.1.1 余弦定理

球面三角形における余弦定理を導くにあたり、図3.1のa.に示すような一般的な球面三角形を想定する。球の中心を*O*、頂点*A*の内角をA、頂点*B*についてB、頂点*C*についてCとする。各頂点の対辺である弧*BC*、弧*CA*、弧*AB*の長さをそれぞれ、a、b、cとする。この弧長は中心*O*において形成される角度と同じである。

頂点*A*に着目し、ここに二つの接線を想定する。一つは*OAB*を含む平面にある半直線とし、もう一つは*OAC*を含む平面にある半直線とする。これらの半直線上には、それぞれ、*OB*を延長した線との交点*B′*、*OC*を延長した線との交点C′が定まる（同図のb.）。

*OABB′*を含む平面と*OACC′*を含む平面をそれぞれ展開してみると、線分*AB′*と線分*AC′*は頂点*A*におけるそれぞれの接線の一部であったので、∠*OAB′*と∠*OAC′*は90°となっている。この球の半径を1とすれば、線分*AB′*の長さはtan c、線分*AC′*はtan bとなり、また、線分*OB′*はsec c（＝1 / cos c）、線分*OC′*はsec b（＝1 / cos b）となる（同図のc.）。

ここで、同図のd.に示すように線分*B′ C′*を共有する二つの平面三角形が得られた。上の三角形において線分*B′ C′*を対辺とする内角はAであり、下の三角形においてはaである。二つの三角形においてそれぞれに平面三角形の余弦定理が適用でき、線分B′ C′の長さを求める二つの式は等価となる。

$$B'C'^2 = AB'^2 + AC'^2 - 2\,AB'\,AC'\cos \mathrm{A} = OB'^2 + OC'^2 - 2\,OB'\,OC'\cos \mathrm{a}$$

この式は以下に代替できる。

$$\tan^2 c + \tan^2 b - 2\tan c\,\tan b\,\cos A = \sec^2 c + \sec^2 b - 2\sec c\,\sec b\,\cos a$$

同図のd.に示すように整理を進めて、以下の関係式を得る。これが球面三角形における余弦定理の公式である。

$$\cos a = \cos b\,\cos c + \sin b\,\sin c\,\cos A$$

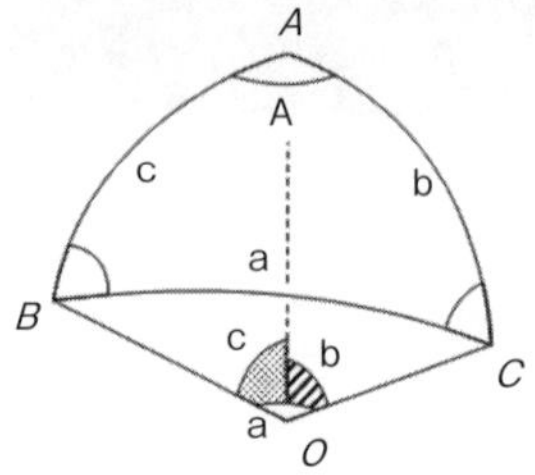

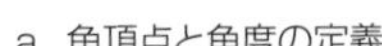
a. 角頂点と角度の定義

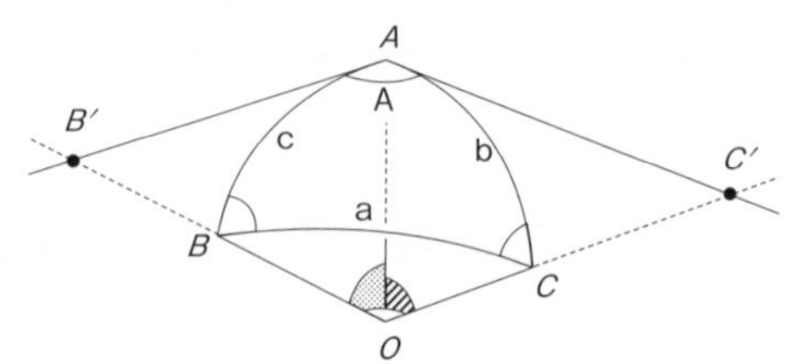

b. 頂点 A における接線と中心からの延長線との交点

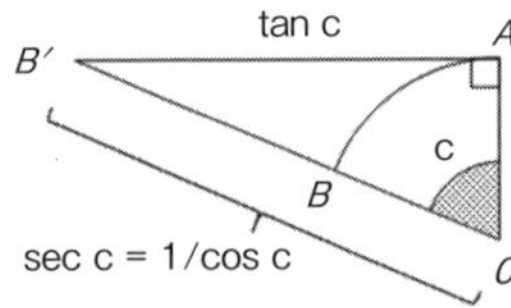

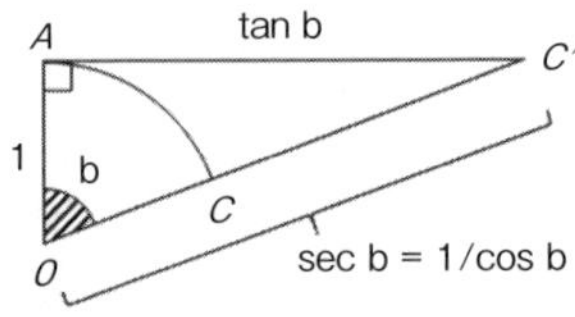

c. 各辺の長さ

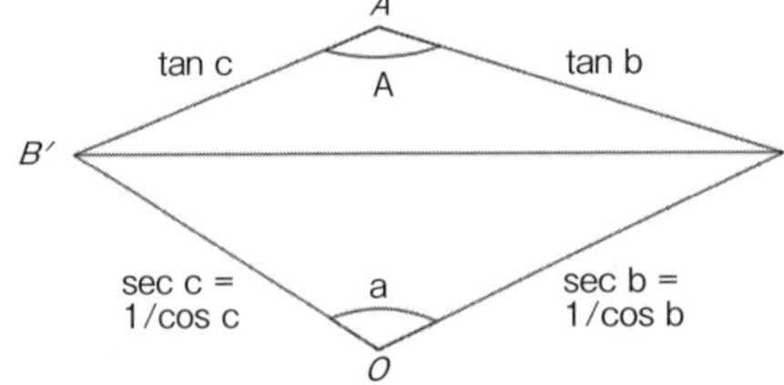

$B'C'^2$
$= AB'^2 + AC'^2 - 2\ AB'\ AC'\ \cos A$
$= OB'^2 + OC'^2 - 2\ OB'\ OC'\ \cos a$

$\tan^2 c + \tan^2 b - 2 \tan c\ \tan b\ \cos A =$
$\sec^2 c + \sec^2 b - 2 \sec c\ \sec b\ \cos a$

$$2 \sec c \sec b \cos a = \sec^2 c + \sec^2 b - \tan^2 c - \tan^2 b + 2 \tan c \tan b \cos A$$

$$\begin{aligned} 2 \sec c \sec b \cos a &= 1/\cos^2 c - \sin^2 c/\cos^2 c + 1/\cos^2 b - \sin^2 b/\cos^2 b \\ &\quad + 2 \sin c/\cos c \sin b/\cos b \cos A \\ &= (1 - \sin^2 c)/\cos^2 c + (1 - \sin^2 b)/\cos^2 b + 2 \sin c/\cos c \sin b/\cos b \cos A \\ &= 2 + 2 \sin c/\cos c \sin b/\cos b \cos A \end{aligned}$$

$$\cos a = \cos b \cos c + \sin b \sin c \cos A$$

d. 二つの平面三角形での余弦定理の適用

図 3.1 球面三角形における余弦定理

3.1.2 正弦定理

球面三角形における正弦定理を求めるにあたり、まず、図 3.2 の a. に示すような直角球面三角形を想定する。ここで、内角 C が 90°となっている。頂点 *OBC* を含む平面を水平におくと頂点 *OCA* を含む平面は垂直におかれることになる。ここで、頂点 *A* から線分 *OC* に垂線をおろし、その足を点 *C′* とする。すると、線分 *AC′* は鉛直になっている。

続いて、点 *C′* から線分 *OB* に垂線をおろし、その足を *B′* とする。同図の a. と b. に

示すように点 B' を正面にして線分 $B'\ C'$ を一線上に重ねてみると（⟹）、鉛直である AC' に重なっている AB' は水平面上にある線分 OB に直交していることが分かる。つまり、点 B' は頂点 A から線分 OB におろした垂線の足である。

ここで、線分 $B'C'$ と線分 AB' はともに線分 OB に直交しているので、この二つがつくる内角は、頂点 B での内角 B に等しい。

球の半径を 1 とすれば、線分 AC' の長さは sin b であり、線分 AB' の長さは sin c である。したがって、正弦の定義から、

sin B ＝ sin b / sin c

の関係を公式として得る。

次に一般的な球面三角形において、頂点 A を通り、辺 BC に直交する大円を想定する（同図の c.）。この交点を D とすると、三角形 ABD と三角形 ADC はとも

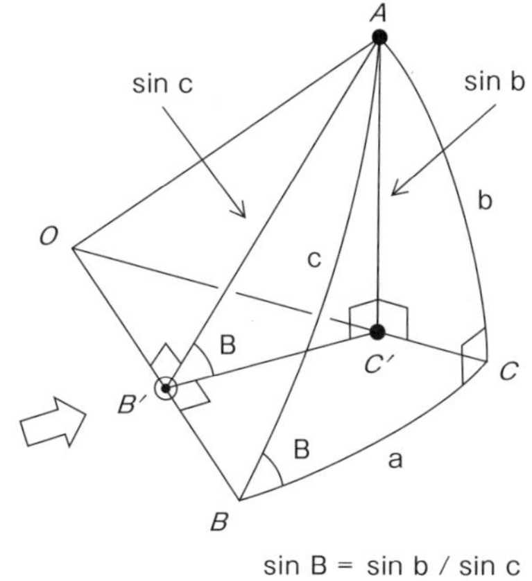

a. 直角球面三角形

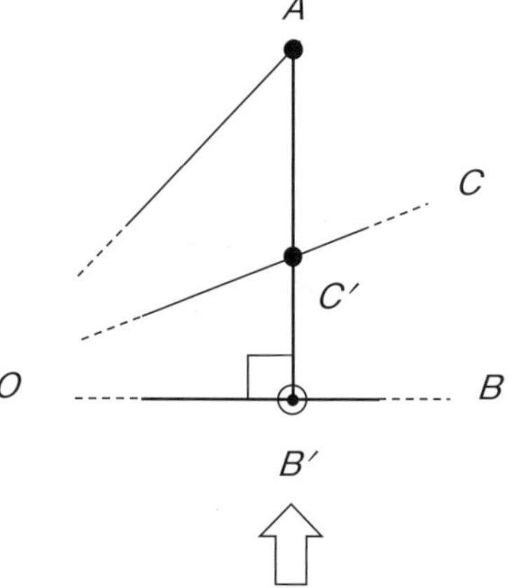

b. 頂点 A からおろした二つの垂線の重視

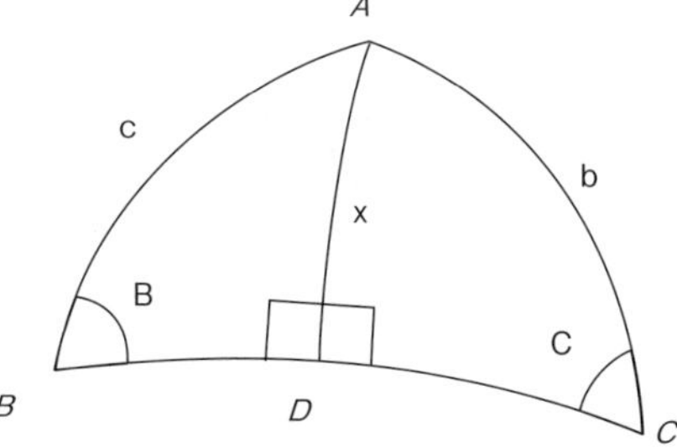

sin B = sin x / sin c
sin C = sin x / sin b

sin x = sin c sin B = sin b sin C

よって、
sin b / sin B = sin c / sin C

c. 一般的な球面三角形の中の直角球面三角形

図 3.2 球面三角形における正弦定理

に直角球面三角形であるので、内角 B と内角 C に着目した正弦の関係式をそれぞれについて求めることができる。すなわち、

$$\sin B = \sin x / \sin c,\ \sin C = \sin x / \sin b$$

である。これらの関係式において、それぞれ sin x が用いられている。そこで、二つの関係式を sin x を求める式に変形し、以下の等価の関係を得る。

$$(\sin x =)\ \sin c \quad \sin B = \sin b \quad \sin C$$

これを変形し、内角 B と内角 C について、

$$\sin b / \sin B = \sin c / \sin C$$

との整理にいたる。続いて、内角 C と内角 A との関係、内角 A と内角 B との関係を求めてみると、内角 A、B、C についての各項は順次に等価の関係となる（循環している）ので、結果、以下の関係式を球面三角形における正弦定理の公式として得る。

$$\sin a / \sin A = \sin b / \sin B = \sin c / \sin C$$

3.2 位置の三角形の内角（地方時角と方位角）

表 3.1 に示すように「位置の三角形」は「天の北極」(A)、「天体」(B)、そして測者の「天頂」(C) を頂点とし、「余緯度（90°－緯度）」、「極距（90°－ 赤緯）」および「頂距（90°－高度）」を辺とする球面三角形である。

余緯度は「測者の天の子午線」の一部であり、また、極距は「赤緯の圏」の一部であり、さらに頂距は「高度の圏」の一部である。地球・天球の中心において、「天の北極」から 90°の角度を与える点の軌跡は「天の赤道」であり、天頂から 90°

表 3.1　位置の三角形の要素（頂点と辺）

二つの頂点を通る大圏	頂点の 1	←辺→（圏の一部）	頂点の 2	残りの大圏の一部	頂点の 1 から 90°の点の軌跡（圏）
測者の天の子午線	天の北極 (A)	余緯度 (＝ 90° －緯度)	天頂 (C)	緯度	天の赤道
赤緯の圏	天の北極 (A)	極距 (＝ 90° －赤緯)	天体 (B)	赤緯	天の赤道
高度の圏	天頂 (C)	頂距 (＝ 90° －高度)	天体 (B)	高度	真水平

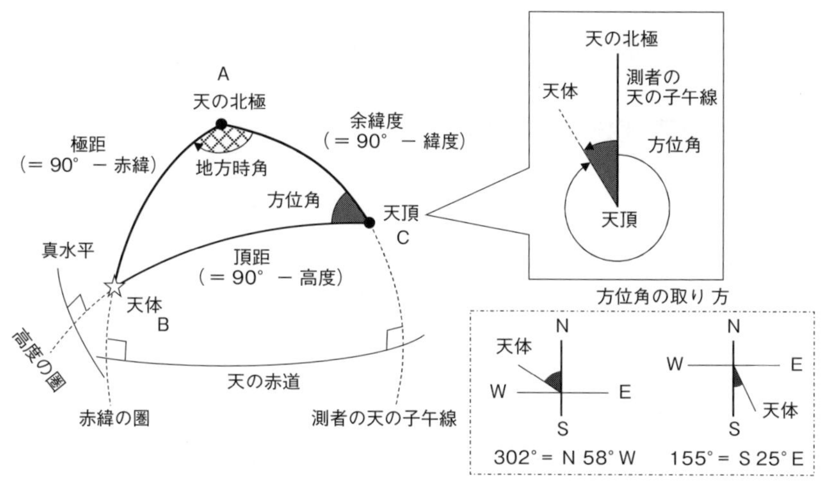

図 3.3　位置の三角形の内角（地方時角と方位角）

の角度を与える点の軌跡は真水平であった。

「位置の三角形」の内角のうち、特に「地方時角 (L.H.A.)」と「方位角 (Azimuth)」が重要な要素となっている（図 3.3）。地方時角は「天の北極」を中心として形成される「測者の天の子午線」と「赤緯の圏」とに挟まれる角である。

方位角は「測者の天の子午線」を基線として天頂から天体に向かう方向を示す角度である。方位角の測り方は複数ある。

海図の利用等では北を基準として 360°東回りにとる方法が一般的（360°式）であるが、天測では、北か南のいずれかを基準の方向とし、これからずれる角度が東側に形成されるのか、西側に形成されるのかを識別する方法が使われている。この方法では方位角を表す数値は 90°を超えることはなく、三角関数の計算が単純になり、かつ高度方位角計算表（米村表）の構成が簡素になる利点がある。例えば、同図中にあるように、方位 302°は北から西に 58°ずれるので「N 58°W」と表記される。また、方位 155°は南から東に 25°ずれるので S 25° E となる。これを 90°式という。

また、常に北を基準として、東もしくは西側に 180°を測る 180°式も存在する。この 180°式では、天体の地方時角の大きさで東西の判別をすることになる。すなわち、地方時角が 180°未満であれば西側、180°を超える場合（東方時角）は東側となる。360°式での 302°については 90°式と同じく「N058° W」となるが、360°式での 155°については 90°を超えていてもそのままの値を用いて「N155° E」と表記される。

なお、天体を中心として形成される「赤緯の圏」と「高度の圏」に挟まれる角は「位置角」、「極頂対角（Parallactic Angle）」と呼ばれている。

3.3 計算高度を求める原式

図 3.4 の a. に項 3.1 で確認した球面三角形における余弦定理の公式を示す。これらの頂点と辺を項 3.2 で整理した「位置の三角形」の各要素に置き換える。結果として、同図の b. に示すように cos(頂距）を求める式を得る。ここで、頂距と高度、極距と赤緯、余緯度と緯度はそれぞれ余角の関係となっていることを再確認する（同図の c.）。

三角関数の正弦と余弦の性質として同図の d. に示すようにある角度（α）の余弦と正弦は、余角（$\beta = 90 - \alpha$）の正弦と余弦となっている。この関係を同

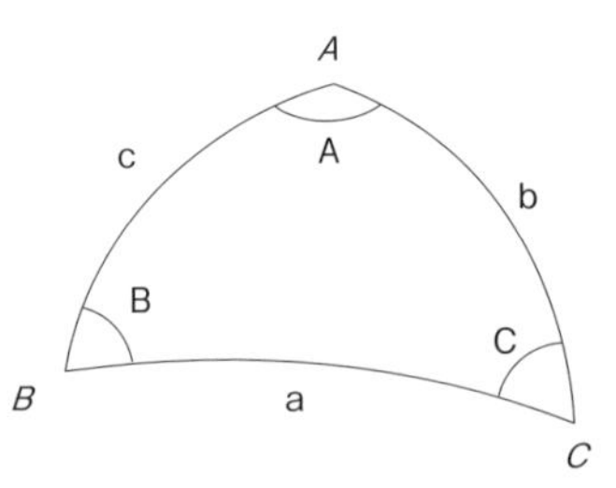

cos a = cos b cos c + sin b sin c cos A

a. 球面三角形における余弦定理の公式

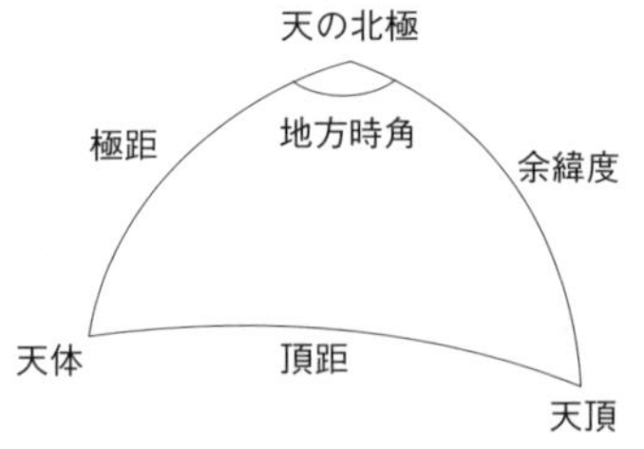

cos(頂距) = cos(余緯度) cos(極距)
+ sin(余緯度) sin(極距) cos(地方時角)

b. 位置の三角形への適用

頂距 = 90° －高度	余緯度 = 90° －緯度	極距 = 90° －赤緯

c. 位置の三角形における余角の関係

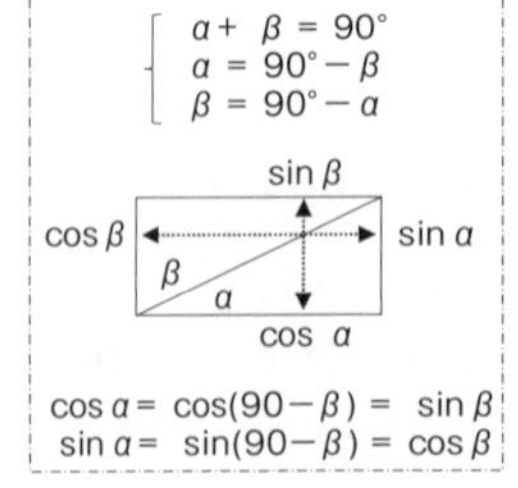

cos(90° －高度) = cos(90° －緯度) cos(90° －赤緯)
+ sin(90° －緯度) sin(90° －赤緯) cos(地方時角)

⬇

sin(高度) = sin(緯度) sin(赤緯) ＋ cos(緯度) cos(赤緯) cos(地方時角)

d. 高度を求める式への変形

図 3.4　計算高度を求める原式

図のb.で整理した「位置の三角形」の式に適用すると、正弦と余弦が入れ替わり、かつ、頂距、極距、および余緯度の代わりに、高度、赤緯、および緯度を変数とする関係式を得る。これが計算高度を求める原式である。

sin(高度) = sin(緯度) sin(赤緯) + cos(緯度) cos(赤緯) cos(地方時角)

原式から最終的に高度を得るためには、正弦の逆関数（逆正弦）を用いることになる。

高度 = $\sin^{-1}$ {sin(緯度) sin(赤緯) + cos(緯度) cos(赤緯) cos(地方時角)}

この際、数式の上では、緯度と赤緯の組み合わせと地方時角の大きさによっては、右辺が「負」になる場合もありえる。つまり、計算高度は「負」となり、天体は真水平の下にいることになる。しかしながら、そもそも高度が「負」となっている天体の真高度を観測することはできないので、高度を観測できる天体についての右辺の値は常に正となる。

3.4 方位角を求める原式と象限の判定

図3.5のa.に方位角を求めるための二つの公式を示す。同図のb.にて「位置の三角形」の要素に置き換える。計算高度を求める原式と同様に余角の関係を整理して、方位角を求める二つの原式を得る。すなわち、余弦定理による、

cos(方位角) = {sin(赤緯) − sin(高度) sin(緯度)} / {cos(高度) cos(緯度)}

であり、正弦定理による、

sin(方位角) = sin(地方時角) cos(赤緯) / cos(高度)

である。

3.4.1 余弦定理を用いて方位角を求める場合

余弦定理に従って方位角を得る場合は、以下のように余弦の逆関数（逆余弦）を用いる。

方位角 = $\cos^{-1}$ [{sin(赤緯) − sin(高度) sin(緯度)} / {cos(高度) cos(緯度)}]

ここで、天体の赤緯、天体の高度、および測者の緯度の組み合わせによっては、右辺の括弧内の値は正負のいずれにもなりえて、逆余弦として得る方位角の値の

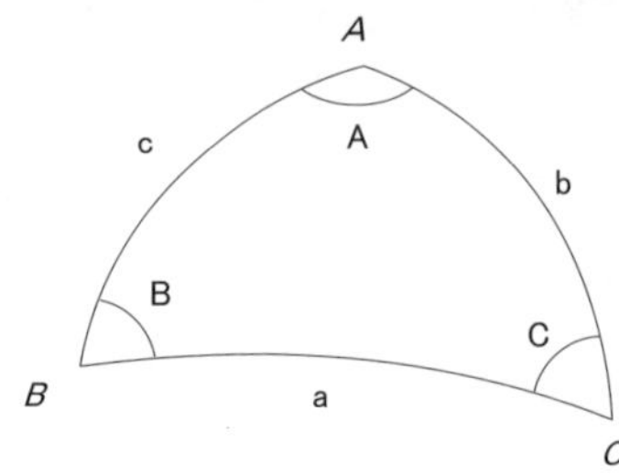

＜余弦定理＞
cos c = cos a cos b + sin a sin c cos C

＜正弦定理＞
sin a / sin A = sin c / sin C

a. 球面三角形における余弦・正弦定理の公式

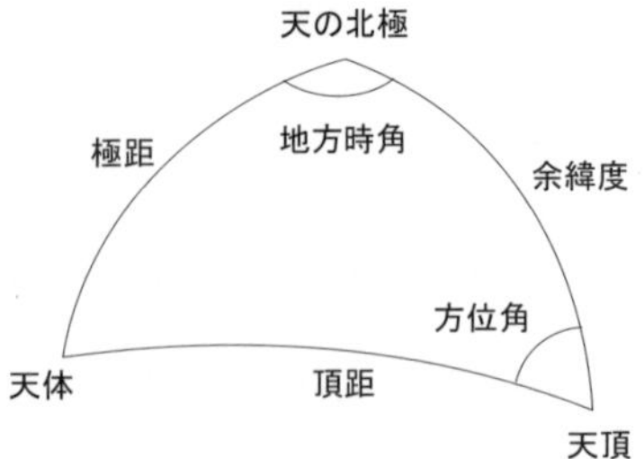

＜余弦定理＞
cos(極距) = cos(頂距) cos(余緯度)
+ sin(頂距) sin(余緯度) cos(方位角)

＜正弦定理＞
sin(頂距) / sin(地方時角) = sin(極距) / sin(方位角)

b.「位置の三角形」への適用

＜余弦定理＞
cos(極距) = cos(頂距) cos(余緯度) + sin(頂距) sin(余緯度) cos(方位角)

⬇ 余角の関係を適用

sin(赤緯) = sin(高度) sin(緯度) + cos(高度) cos(緯度) cos(方位角)

⬇ 方位角を求める式へ変形

cos(方位角) = { sin(赤緯) − sin(高度) sin(緯度) } / { cos(高度) cos(緯度) }

＜正弦定理＞
sin(頂距) / sin(地方時角) = sin(極距) / sin(方位角)

⬇ 余角の関係を適用

cos(高度) / sin(地方時角) = cos(赤緯) / sin(方位角)

⬇ 方位角を求める式へ変形

sin(方位角) = sin(地方時角) cos(赤緯) / cos(高度)

c. 方位角を求める式への変形

図 3.5 方位角を求める原式

範囲は 0°〜 180°となる。ちなみに、右辺が負の場合は、方位角は 90°〜 180°となる。

この計算で得た方位角は北を基準にしていることに変わりはないが、子午線の東側にとるのか、西側にとるのかは判別できない。そこで、別途、地方時角を参照することになる。高度の計算に用いた地方時角が 0°〜 180°であれば、天体を西側に望んでいるので、方位角は子午線の西に形成されていると判断する。360°式で表現をするのであれば（360°−得た方位角）とする。

地方時角が 180°～ 360°の場合は「東方時角」なので、計算で得た方位角は子午線の東側に形成される。360°式とする場合は、値をそのまま利用できる。

【余弦定理に従って方位角を求める場合】

利点：方位角を 0°～ 180°の範囲で得られ、地方時角の情報を伴って象限の判定が容易である。

欠点：式に減算が含まれており計算が複雑になる(特に、対数での計算に不利)。

3.4.2　正弦定理を用いて方位角を求める場合

正弦定理に従って方位角を得る場合は、以下のように正弦の逆関数（逆正弦）を用いる。

方位角 ＝ $\sin^{-1}$ {sin(地方時角) cos(赤緯) / cos(高度)}

逆正弦として得た方位角の値が「負」となる場合がある。なぜなら、高度は 0°～ 90°なので cos(高度) は常に「正」であり、赤緯の範囲は－ 90°～ 90°であるものの偶関数である cos(赤緯) は常に「正」となるが、地方時角が 180°～ 360°（東方時角）の場合では sin(地方時角) は「負」となるからである。さらに、この式には測者の緯度が反映されていないので、相対的な関係として天体を北側にみるのか、南側にみるのかの判別ができない。

そこで、逆正弦によって方位角を求める場合の前提として、方位角の表記方法は 90°式をとるものとし、計算結果が常に正となるよう、右辺において時角の正弦には絶対値を与える。

これに加えて、方位角の基準とする方向を「北」・「南」のいずれにするのかについては、別途、緯度と赤緯との比較に基づいて判別することになる。

【正弦定理を用いて方位角を求める場合】

利点：地方時角、赤緯と高度についての乗除だけの計算である（特に、対数での計算ができる）。

欠点：計算の結果は 0°～ 90°までなので、別途、東西と南北のそれぞれについて象限の判定をしなければならない。

3.4.3 正弦定理を用いて方位角を求めた場合の象限判定

(1)「緯度と赤緯が異名」の場合および「緯度と赤緯が同名かつ | 緯度 | < | 赤緯 |」の場合

図 3.6 (水平面図法) において測者の緯度の南北と異なる赤緯となっている (この場合を「異名である」という) 天体は、天の赤道を挟んで測者の緯度と反対側である網掛け ▨ で示す区画に存在する。この場合、測者はこの天体を測者の緯度と異名の極側に望むので、方位角の基準の方向は測者の緯度と異名となる。

一方、網掛け ▤ で示す区画には、赤緯の南北が測者の緯度と同じ (この場合を「同名である」という) で、かつ、(絶対値として比較して) 測者の緯度よりも大きい赤緯の天体が存在している。測者はこの天体を測者と同名の極側に望むので、方位角の基準の方向は測者の緯度と同名となる。

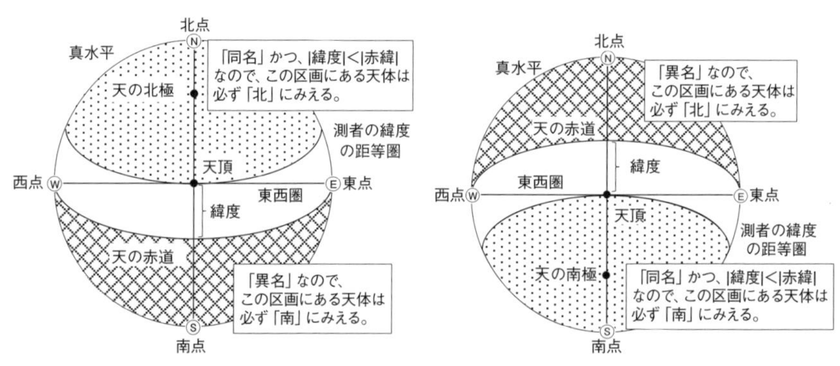

図 3.6 「緯度と赤緯が異名」の場合と「緯度と赤緯が同名かつ | 緯度 | < | 赤緯 |」の場合

(2)「緯度と赤緯が同名かつ | 緯度 | > | 赤緯 |」の場合

天体の赤緯と測者の緯度が同名で、かつ (絶対値として) 赤緯が緯度よりも小さい場合は、方位の基準としての南北を一律に判定することができない。なぜなら、測者はこの天体を測者の緯度と同名の極側、あるいは異名の極側のどちらにも望む場合があり得るからである(図 3.7 の a.)。そこで、同図の b. に示すように、天体の赤緯の距等圏が東西圏と交わる点を想定する。天体はこの交点で東西圏を通過することになる。この際の高度を「東西圏上高度」という。

ここで、方位角と極距 (90° − 赤緯) に着目して球面三角形の余弦定理を適用すると、

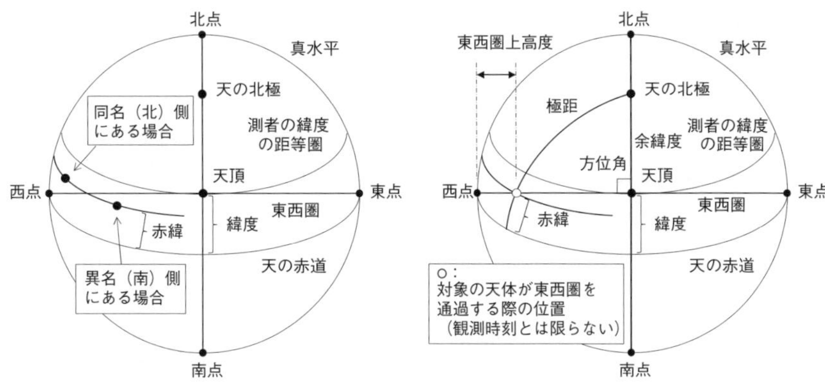

a. 赤緯と緯度が同名で | 赤緯 | < | 緯度 | の場合　　b. 東西圏上高度

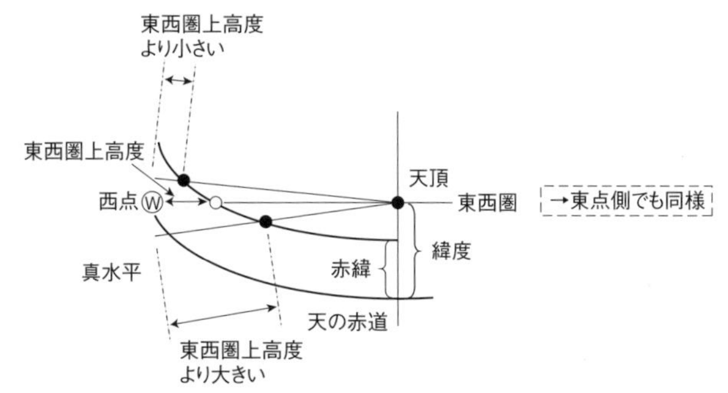

c. 計算高度と東西圏上高度との比較

図 3.7　「緯度と赤緯が同名かつ | 赤緯 | < | 緯度 |」の場合

sin(赤緯) ＝ sin(東西圏上高度) sin(緯度) ＋ cos(東西圏上高度) cos(緯度) cos(方位角)

を得るが、この時の方位角は 90° となっているので、右辺の第 2 項は 0 となる。したがって、

sin(東西圏上高度) ＝ sin(赤緯) / sin(緯度)

を得る。天測計算表の第 7 表「東西圏上高度表」はこの計算式に基づいている。なお、ここでは緯度と赤緯とは同名であることが前提であるので、右辺は常に「正」である。

同図の c. に示すように、計算高度と東西圏上高度とを比較する。計算高度が東西圏上高度よりも小さい（低い）場合は、東西圏よりも緯度と同名の極側に天体があるので、方位角の基準は緯度と同名になる。逆に、計算高度の方が大きい（高い）場合には、測者の緯度と異名の極側に天体があるので、方位角の基準は緯度と異名になる。

続いて、方位角の基準が定まった後、方位角を東側にとるのか、西側にとるのかの判定をする。余弦定理を用いる場合と同様に、時角が 0°～ 180°までであれば、天体は「測者の天の子午線」の西側にあり、180°～ 360°（0°）までであれば東方時角であるので東側となる。

表 3.2 に正弦定理を用いて方位角を求めた場合の南北の基準の取り方を示す。

表 3.2　方位角の基準（南北）の判定

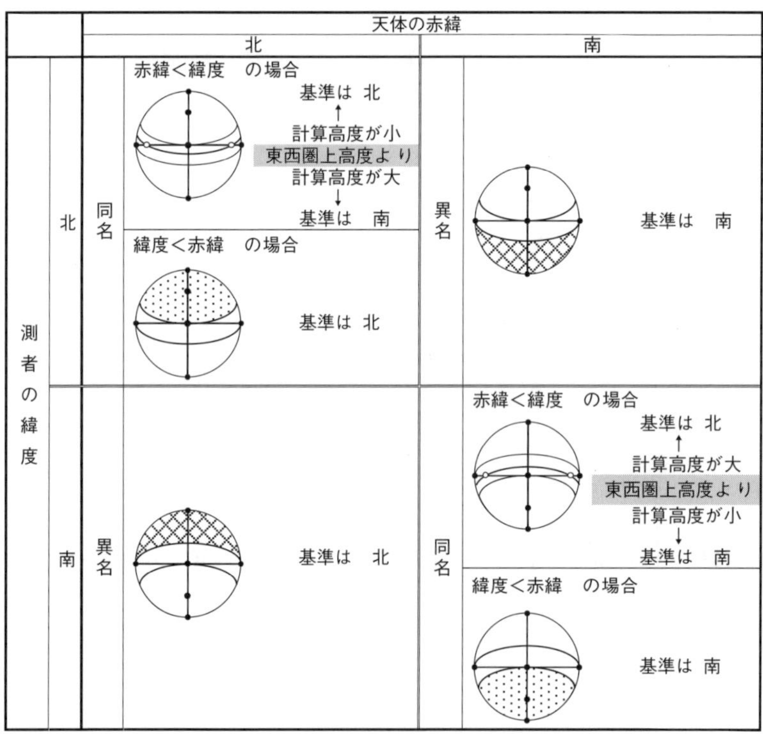

		天体の赤緯			
		北		南	
測者の緯度	北	同名	赤緯＜緯度　の場合 基準は 北 ↑ 計算高度が小 東西圏上高度より 計算高度が大 ↓ 基準は 南 緯度＜赤緯　の場合 基準は 北	異名	基準は 南
	南	異名	基準は 北	同名	赤緯＜緯度　の場合 基準は 北 ↑ 計算高度が大 東西圏上高度より 計算高度が小 ↓ 基準は 南 緯度＜赤緯　の場合 基準は 南

注　この表における緯度と赤緯の大小は＋、－の符号によらず、値のみで比較をしている。

Column 3-1　三角関数の逆関数

正弦（sine）の逆関数は「逆正弦」といい、arcsine、arcsin、asin、$\sin^{-1}$ などと表記される。また、余弦（cosine）の逆関数は「逆余弦」といい、arccosine、arccos、acos、$\cos^{-1}$ などと表記される。

正弦（sine）は、原点について点対称となる「奇関数」である。したがって、負の角度の正弦は、その角度の絶対値についての正弦に－1を乗じたものになる。角度の正負は正弦の正負に関係する。一方、余弦（cosine）は、グラフの形状が原点を通る縦軸について線対称となる「偶関数」である。したがって、負の角度の余弦は、その角度の絶対値についての余弦と等しい。角度の正負は余弦の正負に関係しない（図C 3.1 の a.）。

与えられた角度について正弦、余弦はともに－1～1の間の値を返すので、その逆関数である、逆正弦、逆余弦への入力は－1～1の範囲に限られる。つまり、逆正弦あるいは逆余弦に－1に満たない数値、あるいは1を超える数値を計算機（能）に入力するとエラーになる。

同図のbに示すように逆正弦は－90°～90°の値を返し、逆余弦は0°～180°の値を返す。つまり、計算高度と方位角の計算に用いる逆関数の答えの範囲は360°式の値ではないことに注意が必要である。

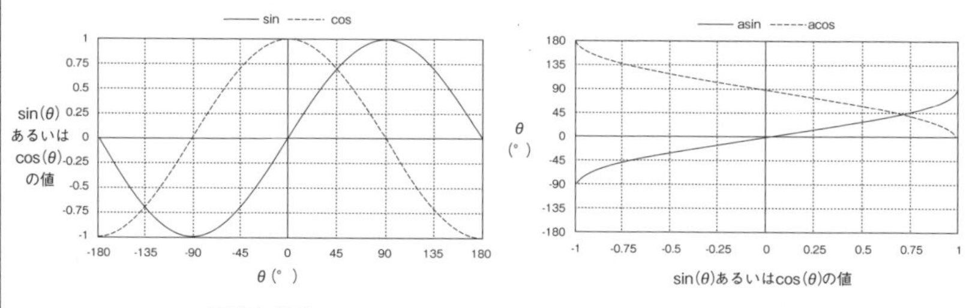

a. 正弦と余弦　　b. 逆正弦と逆余弦

図C 3.1　三角関数の逆関数

第4章 六分儀による高度の観測と真高度の求め方

4.1　六分儀の利用

4.1.1　構造

六分儀（Sextant）の外観を図 4.1 に示す。六分儀の基本的な構造部材は図 4.2 に示すようにフレーム（Frame）と呼ばれていて、その形状は円の一部である扇形となっている。扇の角度が 60°、すなわち円周の 6 分の 1 であることが名前の由来である。

フレームの円弧（フレーム・アーク）の部分には「分度目盛」がふられていて、0°～ 120°（機種によっては 125°）までは「本弧」、0°～－ 5°（俯角）の目盛の部分は「余弧」と呼ばれている。また、フレームにはこの円弧（円）の中心を保持する役割がある。

図 4.3 に示すように、弧の中心を軸として、インデックス・バー（指標悍）が分度目盛に沿って揺動できるようになっている。インデックス・バーには、インデックス・ミラー（動鏡）が取り付けられている。インデックス・ミラーは揺動面に対して垂直になっている。

フレーム・アークの外周には、ウォーム歯車を受ける刻み（ラック）が切削されている。マイクロメータを回すとウォーム歯車が回転し、インデックス・バー自体を移動させる。ウォーム歯車はバネにより、フレーム・アークの刻みに押し付けられている。「接・離」のクランプをつまむと、ウォーム歯車をフレーム・アークのラックから離すことができるので、インデックス・バーを自由に動かすことができる。

図 4.4 に示すように、フレームには、望遠鏡とホライゾン・ミラー（水平鏡）が取り付けられている。ホライゾン・ミラーは、望遠鏡側からみて右側半分だけが鏡となっていて、インデックス・ミラーで反射してきた光を望遠鏡の対物レンズへ向けて反射する。

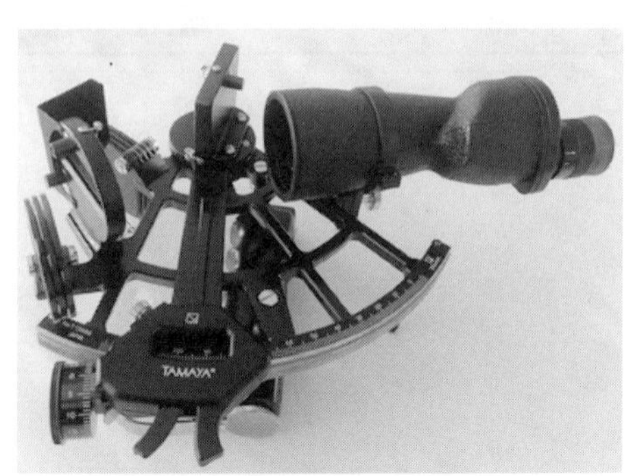

図 4.1　六分儀の外観

ホライゾン・ミラーの左側半分は

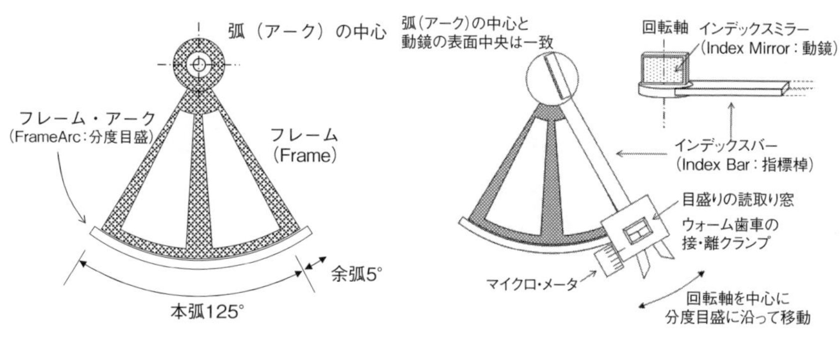

図 4.2　六分儀の構造部材（フレーム）

図 4.3　インデックス・バー

ガラスとなっていて、望遠鏡の軸方向からの光を素通りさせる。つまり、図 4.5 に示すように、望遠鏡の対物レンズには、インデックス・ミラーとホライゾン・ミラー（右半分）で反射された光線と、ホライゾン・ミラー（左半分）を通過してきた光線が同時に導かれることになる。

マイクロメータの外周には、これを 60 分割する目盛がふられていて、マイクロメータの 1 回転により、インデックス・バー自体は 0.5° 移動する。ここで、インデックス・ミラーが 0.5° 傾くことになると、天体からの光を受ける鏡（反射面）において入射角と反射角を同時に 0.5° ずつ変化させるので、実際には高度 1° の変化を与えることになる。つまり、マイクロメータの 1 回転は、高度 1° の変化に対応している。60 分割されたマイクロメータの目盛の間隔は、1 / 60° なので 1′ に相当し、目測でこの間隔の 1 / 10 を読み取る（機種によっては、1 つの基線だけではなく、バーニア（副尺）を付し、読取り精度を上げる工夫がされているものもある）。つまり、1 / 10′ の読み取り精度となっている。

また、図 4.6 に示すように、望遠鏡の視野において、水平線に天体が接するようにインデックス・バーの位置を決定するとき、分度目盛の値（° 数）とマイクロメータの値（′ 数と 1 / 10′ 数）を合わせたものが、「六分儀高度（Sextant

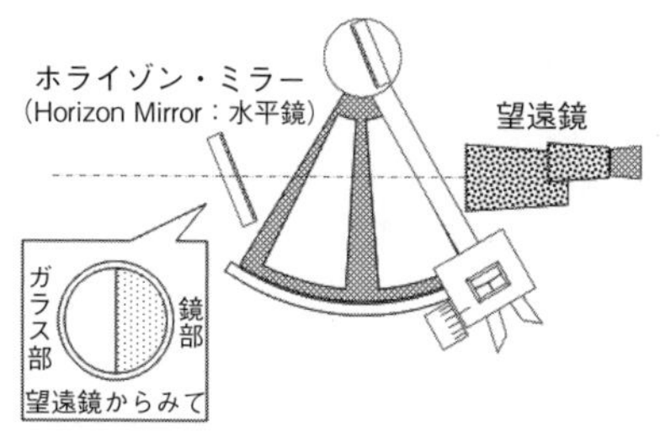

図 4.4　ホライゾン・ミラーと望遠鏡

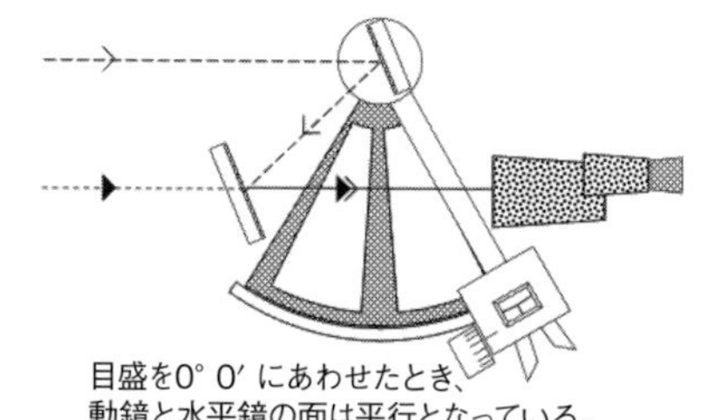

図 4.5　光線の誘導

Altitude)」となる。

なお、太陽の高度を観測する場合には、眼を保護し、かつ、視認を容易にするため、インデックス・ミラーとホライゾン・ミラーの間にシェードを介在させて、光量を適当に減じる必要がある。また、太陽と同じ方向の水平線付近には、海面のぎらつき（Sun Glitter）があるので、ホライゾン・ミラーの前面に配置されているシェードを用いて、水平線の視認を容易にする（図 4.7）。

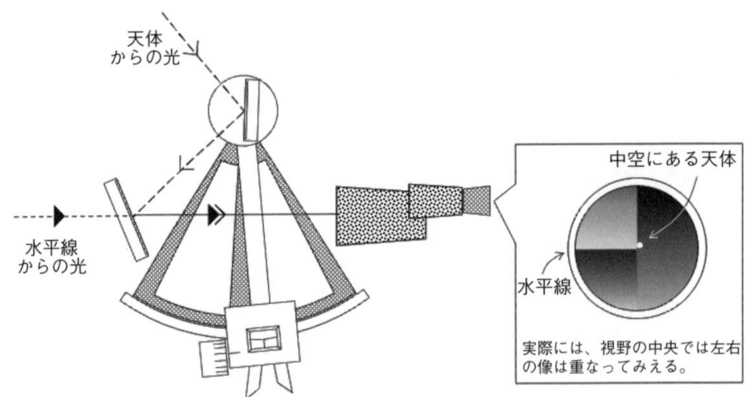
天体
からの光
水平線
からの光
中空にある天体
水平線
実際には、視野の中央では左右
の像は重なってみえる。
望遠鏡の視野において、水平線に接するように天体をとらえるとき、
目盛りは天体の高度を示している。

図 4.6　高度の測定

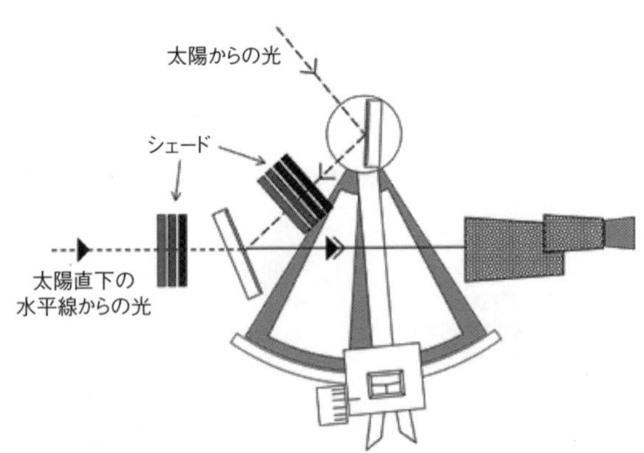
太陽からの光
シェード
太陽直下の
水平線からの光
太陽の高度を観測する場合は、反射光と直接の経路のそれぞれにシェード
（濃淡の異なる複数枚）を入れ、眼の保護をすること。※：晴天の場合はすべてが必要となる。

図 4.7　太陽の観測時の注意（シェードの利用）

4.1.2. 誤差と調整

(1) 製造に由来する誤差

六分儀は工業製品であるかぎり、製造過程で生じる機械的・光学的な誤差（Instrumental Error）が存在する（表 4.1）。メーカーとして保証する誤差の検査結果は収納箱内に貼られているので、確認しておく。これらの誤差については、使用者による調整はできない。

表 4.1　六分儀の誤差（Instrumental Error）

種　類	概　要
Centering Error	インデックス・バーの揺動の中心が、フレーム・アーク（弧）の中心と一致していないことに起因する。
Prismatic Error (Mirror and Lens)	インデックス・ミラー、ホライゾン・ミラーの鏡としての精度による。望遠鏡のレンズの精度を含む場合もあり、総じて、光学系の性能に起因する。
Collimation Error	望遠鏡がフレームに対して平行に取りつけられておらず、光軸がずれることに起因する。
Graduation Error	フレーム・アークの目盛が正確にふられていないことに起因する。
Worm and Rack Error	マイクロメータ（すなわちウォーム歯車）の回転によるインデックス・バーの「おくり」が一様でないことに起因する。
Shade Error	太陽光の経路にシェードを入れた際、シェード面が光の経路に垂直でないために、屈折を生じてしまうことに起因する。

(2) 使用者が調整をする誤差

メーカーは機械的・光学的な誤差を最小にして六分儀を提供しているが、使用者として確認を行い、必要があれば調整する。また、誤差の量を把握しておく必要がある誤差が存在する。

① インデックス・ミラーの垂直誤差（Perpendiculality Error）

インデックス・ミラーは、フレームに対して垂直（Perpendicular）でなければならない。もし傾きがあると、天体からの反射光を本来の光軸からずれて導いてしまう。このずれは、高度の誤差の成分を伴う。

図 4.8 に示すように、六分儀を水平に置き、インデックス・バーを 30°～40°にして、インデックス・ミラーの上側から、これを覗くと、フレーム・アークの反射像が認められる。この反射像が鏡からきれる延長（右側）に、実際のフレーム・アークがあるので、この連続性を確認する。インデックス・ミラーの裏側に鏡の「おがみ」を調整するねじがあるので、付属のレンチを用いて、フレーム・アークの反射像と実像が一線（同じ弧上）になるように調整する。

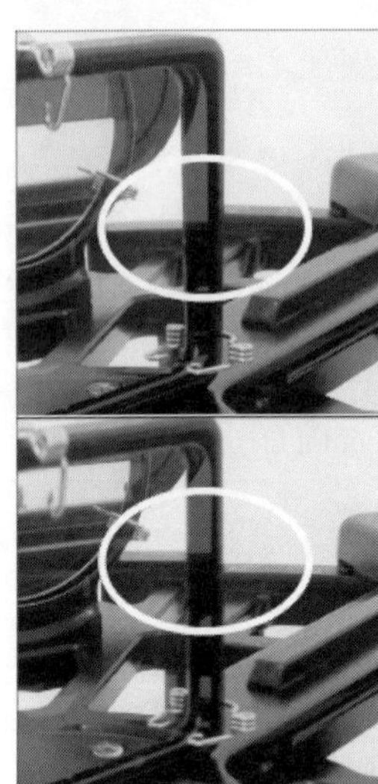

図 4.8　垂直誤差（Perpendicularity Error）とその修正

② ホライゾン・ミラーのサイド・エラー（Side Error）と器差（Index Error）成分

ホライゾン・ミラーもフレームに対して垂直でなければならないが、この鏡の傾きには、インデックス・ミラーからの反射像を左右にずらしてしまう傾きと、高度をずらしてしまう傾きの2種類がある。サイド・エラーの名前は反射像を左右（横）にずらす傾きに由来する。

インデックス・バーとマイクロメータを0° 0.0′に合わせて、水平線を望みながら六分儀自体を45°程度に傾ける。このとき、水平線の真像と反射像が互い違いになる場合はサイド・エラーが存在している。ホライゾン・ミラーの裏側には、二つの調整ねじがあるが、ホライゾン・ミラーの「横」にあるねじを調整して、斜めに望んだ水平線にずれが生じないようにする。星を望める場合は、真像と反射像がホライゾン・ミラーの中央で、上下一線になるように調整をする。

以上の調整は、像の重なりについての横方向の調整であるが、このとき水平線あるいは星が上下にずれてしまっている可能性がある。これは、高度方向の誤差になるので、ホライゾン・ミラーの「上」のねじを用いて、上下のずれを調整する。再び、水平線あるいは星を望んで、左右のずれが生じていないことを確認する。ホライゾン・ミラーの「上」のねじによる調整により、左右（横）方向の調整が崩れてしまう場合は、この「上」のねじによる調整よりも「横」

のねじによる左右（横）の一致を優先させる。

③ 器差（インデックス・エラー：Index Error）

垂直誤差の修正とサイド・エラーの修正により、インデックス・ミラーとホライゾン・ミラーはフレームに対して垂直になるが、0° 0.0′ に合わせても、これら二つの鏡面が平行になっていない可能性がある。望遠鏡を望み、マイクロメータを調整して、水平線の真像と反射像が一線になるようにする。その時の示度が器差（インデックス・エラー：Index Error）である。示度が本弧上にある場合は、その分を差し引かなければならないので、器差は負（－）となり、逆に、余弧上にある場合は、その分を足し合わせなければならないので、器差は正（＋）となる。

4.1.3 使用方法

太陽の高度を測る場合は、必ずインデックス・ミラー、ホライゾン・ミラーのそれぞれに適切にシェードをかけ、眼の保護に努めなければならない。

太陽直下の水平線付近のぎらつき（Sun Glitter）を抑えるようホライゾン・ミラーのシェードをかける。さらにインデックス・ミラーのシェードをかけ（晴天であれば、すべてのシェードを使う）、ホライゾン・ミラーに太陽直下の水平線を収めながら、フリーにしたインデックス・バーの高度を上げていく。太陽の近傍では空が明るく見えるので、その明るさを頼りながら太陽の方向を探り、太陽を視野に収める。水平線と太陽が同一視野に収まったところで、クランプを緩め、マイクロメータ（ウォーム歯車）がラックにつくようにする。マイクロメータの回転により、太陽の下辺（上辺）が水平線と接するように調整する。

このとき、六分儀が垂直でないと高度を過大に測ってしまう。そこで、六分儀を左右に小さい角度で振り子のように振ると、望遠鏡内の太陽も同じように弧状にふれるので、太陽が最も下（このとき、六分儀は垂直）になるところで水平線に接するようにする。

一方、高度を 0°に合わせておき、天体を望遠鏡の視野に収めておいてから、水平線を探る方法もある。まず、望遠鏡で天体を視野に収め、その後、左手でインデックス・バーのクランプをフリーにして、天体の反射像を望遠鏡の視野に収めたまま、右手で本体（グリップ）を垂直に戻していく。ホライゾン・ミラーの左側に水平線が見えてくるので、右側の天体に並ぶあたりで、クランプを緩めて、ウォーム歯車をラックにはめて、天体が水平線に接するようマイクロメータを調整する。

恒星・惑星の場合は光が微弱なので、望遠鏡内に反射像を認めながらも六分儀の傾きを戻していく過程で見失ってしまうことが多い。この場合は、あらかじめ求めてある計算高度と方位角がよりどころとなる。つまり、対象とする天体の計算高度に示度を合わせて（必要であれば、高度改正量を逆に加味する）、目視により天体を認め、その方向に六分儀を向けて望遠鏡を望む。視野の左に見える水平線が中央になるように努めながら、視野の右側の範囲内に天体（光点）を探すことになる。

4.2 高度改正

六分儀は、機械的・光学的な工夫を伴って、水平線と天体を同一視野に収めることで、その天体の高度を測る装置である。この時の示度は、厳密には「六分儀高度（Sextant Altitude）」である。六分儀には器差（I.E.）があるので、この修正を施して「観測高度（Observed Altitude）」を得る。

修正差を得るために計算高度と比較する「真高度」は、図 4.9 に示すように、地球の中心から対象とする天体の中心を望んだときの真水平からの角度である。地球上にいる測者の眼の高さを「眼高（Height of Eye）」といい、地球の半径に眼高を加えたところから天体の高度を観測している。また、大気による屈折現象によって、六分儀の望遠鏡内に認める水平線の方向は、真水平と平行ではないことがわかっている。つまり、観測高度は真高度ではない。そこで、観測高度に種々の補正を施し、真高度を求めることになる。この補正を「高度改正（Correction of Altitude）」と呼んでいる。

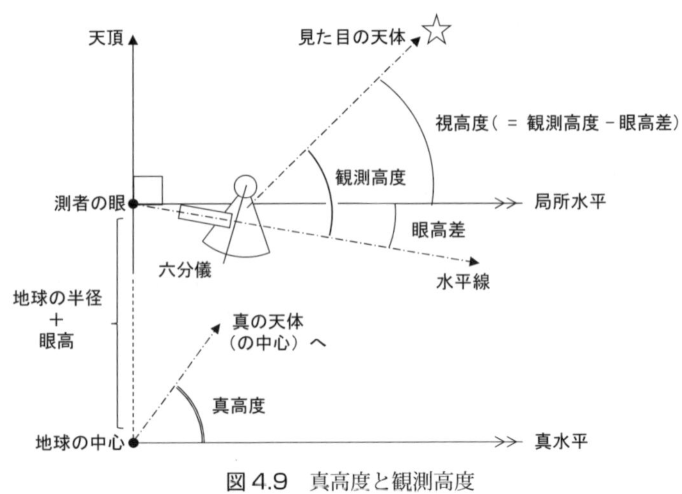

図 4.9　真高度と観測高度

六分儀高度（Sextant Altitude）± 器差（I.E.）＝ 観測高度（Observed Altitude）

観測高度（Observed Altitude）＋ 高度改正（Correction of Altitude）＝ 真高度（True Altitude）

図 4.10　六分儀高度から真高度への流れ

4.2.1　眼高差

「局所水平（Sensible Horizon）」は測者の眼を通り、真水平と平行な方向を示している。この方向は地球の表面に向かっておらず、人間は人工的な工夫が伴わなければ、この方向を認識することができない。これに対して、通常、人間が認めることのできる水平線を「視水平（Visible Horizon）」という。ある眼高からみた水平線は局所水平の下側にあるので、この角度（俯角）を「眼高差（Dip of Horizon：Dip）」と呼んでいて、単位は（′）である。海上保安庁の天測計算表では、

眼高差 ＝ 1.776 $\sqrt{\mathbf{h}}$ **（h：眼高、単位は m）**

と与えられている。眼高差は「幾何学的眼高差」から「光学的眼高差」を減じた値となっている。

（1）幾何学的眼高差

図 4.11 に示すように、ある眼高から地球の表面に向かう接線（直線）を想定する。局所水平とこの接線（直線）がなす眼高差を「幾何学的眼高差」という。ここで、幾何学的眼高差を δ（′）とすると、

$\boldsymbol{\delta} = \mathbf{1.926}\sqrt{\mathbf{h}}$ **（h は眼高で単位は m）**

となる。

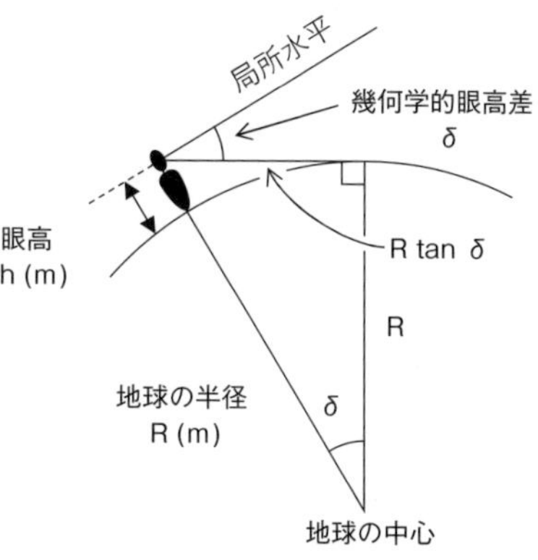

図 4.11　幾何学的眼高差

Column 4-1 幾何学的眼高差

幾何学的眼高差δの単位はラジアン（radian、rad）とする。地球の半径をR（m）とするとき、測者の眼から接点までの距離はR tan(δ）となる。眼高をh（m）とすると、地球の中心から測者の眼までの距離はR＋hとなる。ここで、三平方の定理をあてはめると、

$$R^2 + R^2 \tan^2(\delta) = (R + h)^2 = R^2 + 2Rh + h^2$$

$$\tan^2(\delta) = 2h / R + h^2 / R^2$$

を得る。ここでRは、ベッセル楕円体における赤半径a＝6,377,397.15m、極半径b＝6,356,078.96mの平均半径（2a＋b）/ 3を用いて6,370,291 mとする。hを最大でも50mとしても、hはRに比べて極めて小さいので、$h^2 / R^2 ≒ 0$とおくことができる。すると、

$$\tan(\delta) = \sqrt{(2 / R)}\ \sqrt{h} = \sin(\delta) / \cos(\delta)$$

との関係になるが、δは微小な角度であるので、sin(δ）≒δ、cos(δ）≒1となり、結果、

$$\delta = \sqrt{(2 / R)}\ \sqrt{h} \quad \cdots \text{(rad)}$$

を得る。計算の便宜上δの単位をラジアンとしたが、運用上では角度の(′)としたい。まず、ラジアンを角度の(°)にするためには、ラジアンに180° / πを乗じればよい。さらに（′）単位にするには、これに60を乗じる。結果、

$$\delta = (180 \times 60 / \pi) \times \sqrt{(2 / 6{,}370{,}291)}\ \sqrt{h} \quad \cdots (')$$

$$= 1.926\,2\sqrt{h} \quad \cdots (')$$

を得る。この角度は、地球の中心において形成される角度であり、地球表面における弧度（距離・海里）であることに留意する。

ちなみに、眼高差のDipは「浸ける」という意味である。局所水平から下方へ拝むニュアンスがあり、ナゲットなどのディップ・ソース（Dip Sauce）と同じ由来になる。

(2) 光学的眼高差（地上気差）

地上の大気の密度は、温度と圧力（大気圧）によって変化する。異なる密度の空気を通過する光線は屈折する。図4.12に示すように、光と空気の密度が「疎」の層から「密」の層に進入する際には、入射角よりも屈折角は小さくなり、また、「密」の層から「疎」の層に進入する際には、入射角よりも屈折角は大きくなる。結果として、「疎」の層からの光も、「密」の層からの光も、地表側へ屈折することになる。

地上にはこのような大気による光の屈折現象が存在するので、幾何学的眼高差

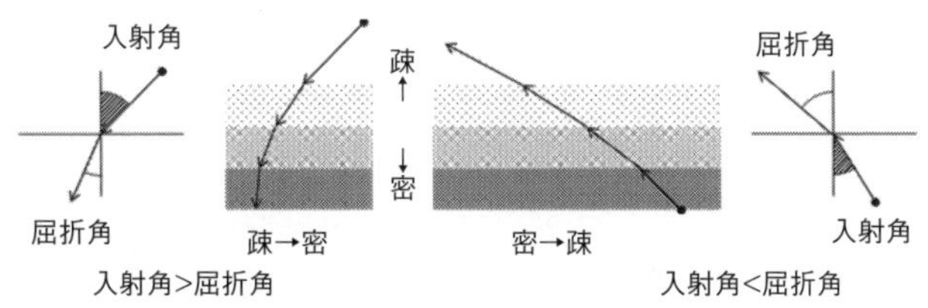

図 4.12 大気（空気）による光の屈折

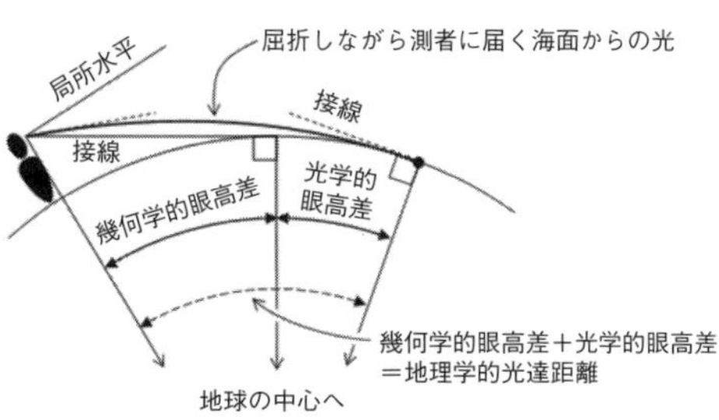

a. 測者に届く海面からの光

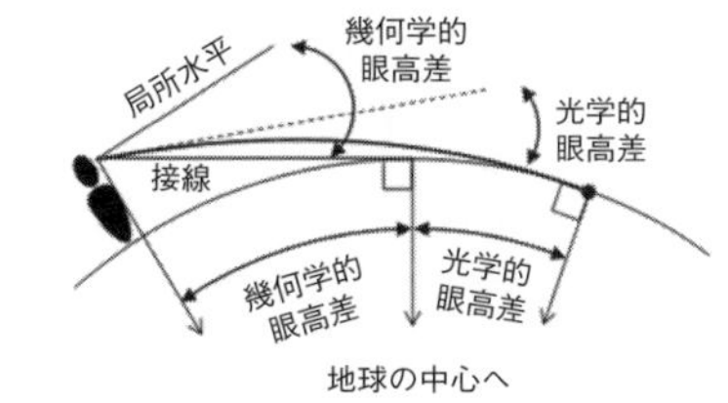

b. 幾何学的眼高差と地上気差（光学的眼高差）との関係

図 4.13 地上気差（＝光学的眼高差）

である δ（′）よりも遠方からの光が測者の眼に届くことになる。つまり、図 4.13 に示すように、幾何学的眼高差を与える接点よりも遠方の場所を出た光は、その地点では、地球の接線方向に直進するが、徐々に高度を増すにつれて空気は「疎」になるので、地表側へ曲げられる。すると地表へ向かう成分が生じるので、この光は徐々に空気が「密」の層に進むことになり、地表側への曲がり（屈折）が大きくなる。このように、ある地点から出た地球表面(海面)の接線方向へ向かう光は地表側へ屈折しながら測者の眼に届く。

このとき、測者はこの光の到来方向を最終的な接線方向としか認識できない。この方向と、幾何学的眼高差を与える接線（直線）がなす角度を「地上気差(Terrestrial Refraction)」という。海上保安庁の天測計算表では、この地上気差を「光学的眼高差」と定義している。

なお、測者の眼に届く際に形成される地上気差の量（大きさ）は、水平線から接線方向に出た光と幾何学的眼高差を与える接線がなす角度と同一であるとの仮定が成り立つとき、この地上気差に相当する角度（弧度）が幾何学的眼高差に相当する距離（海里）に追加される。この距離は別途、「地理学的光達距離」と定義されている。

(3) 眼高差の推定

六分儀を使用して天体の高度を観測する際、その基準として用いるのは肉眼で認めることのできる水平線（視水平）である。局所水平から水平線（視水平）までの俯角が眼高差と定義されているが、この量は、幾何学的眼高差から地上気差（すなわち、光学的眼高差）を減じたものとなっている。

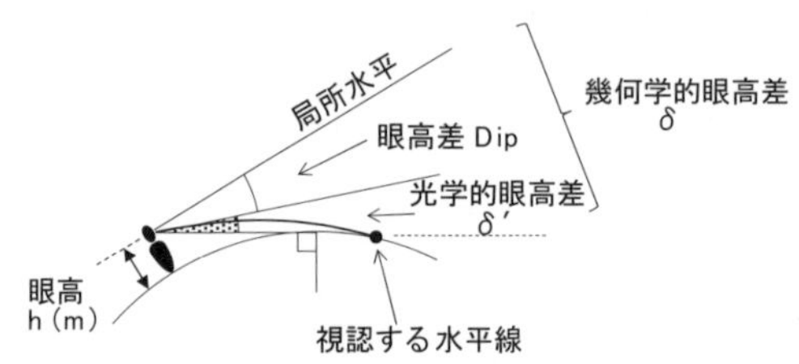

図 4.14 眼高差（＝幾何学的眼高差 － 光学的眼高差）

地上気差の特定については、大気の状態とその時の光学的な特性の計測結果による推定しかない。19 世紀に、いわゆる「列強」が覇権を争うなか、実海域における推定値を求めるために種々の実験が行われたとある[1]。

その内、ビオ（J. B. Biot、フランス、1774 年～ 1862 年）の提案について、「地上気差は、光の走行距離が地球の中心において張る角の 1 / 13 に等しい」との表現を用いて解釈を説明する場合と「測者と物標との距離（海里）を角度の分とし、その 1 / 13 の値が大略の地上気差である」との表現を用いる場合がある。総合的に解釈すれば、図 4.15 に示すように、例えば、幾何学的眼高差が 13′、すなわち 13 海里の距離にある地表（海面）よりも、1′遠い地点を水平線として認めている。すなわち、このときの地上気差は 1 / 13′なので 1′である、ということができる。

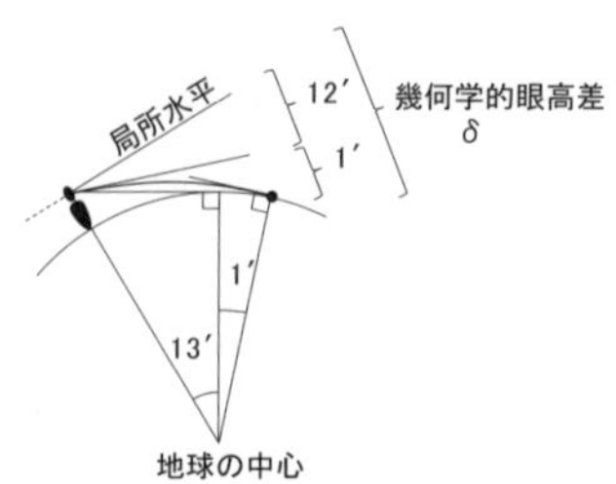

図 4.15 J. B. Biot（フランス）による地上気差の推定

一方、ベッセル（F. W. Bessel、ドイツ、1784 年～ 1846 年）は、地上気差の定義をビオよりも直截的に与えている。すなわち、「地上気差は、幾何学的眼高差の 0.0784 倍である。」と提案している。ここで、海上保安庁の定義に従い、地上気差を光学的眼高差と言い換え、かつ、δ′と表

[1] 自国の艦隊や商船隊の展開のためには、測位技術は必須であり、帝国主義全盛の時代において、その精度向上に国力が傾注された状況は想像に難くない。

表 4.2 眼高差（Dip）の推定

項目	ビオの提案	ベッセルの提案
幾何学的眼高差　δ	1	1
地上気差（光学的眼高差）　δ'	1/13	0.078 4
眼高差（Dip）$=\delta-\delta'$	（13/13 − 1/13）δ $=12/13\ \delta=0.9231\ \delta$	（1 − 0.0784）δ $=0.9216\ \delta$
$\delta=1.9262\sqrt{h}$ とした場合の Dip ただし、h は眼高（m）	$1.778\sqrt{h}$　…（′）	$1.775\sqrt{h}$　…（′）

すと、

$$\delta' = 0.0784\ \delta$$

という関係を得ることができる。ここで、ビオとベッセルのそれぞれの提案に基づく眼高差の推定結果を比較してみる。表 4.2 に示すように、両者は、ほぼ同程度の推定となっている。

海上保安庁の天測計算表では、眼高差 Dip（′）を $1.776\sqrt{h}$（ただし、h は眼高で単位は m）で与えるものとしている。

なお、ビオとベッセルによる提案は、気温 10℃、気圧 1016hPa の大気を標準状態とし、水温は気温と同じ 10℃としている。

水温が気温よりも低い場合は、海面に接している大気は冷やされるので、空気の密度は大きくなる。すると、水平線からの光は、水温と気温が同じ状態よりも、より屈折するようになるので、光学的眼高差は大きくなる。つまり、より遠い水平線が見えていて、眼高差は小さくなっている。

逆に、水温が気温よりも高い場合は、海面に接している大気は温められる。すると、空気の密度は小さくなるので、光の屈折は抑えられる。したがって、光学的眼高差は小さくなり、より手前の水平線が見えていて、眼高差は大きくなっている。

海上保安庁では、独自の実海域における実験を通じて、眼高差の改正量を、

0.2′ ×（気温 − 海水温度）

と与えている。

4.2.2 天文気差

天体からの光は、真空の宇宙空間から地表に届くまでの間に大気により屈折する。天体からの光は、地表側へと曲がりながら測者の眼にいたる。測者は最終的

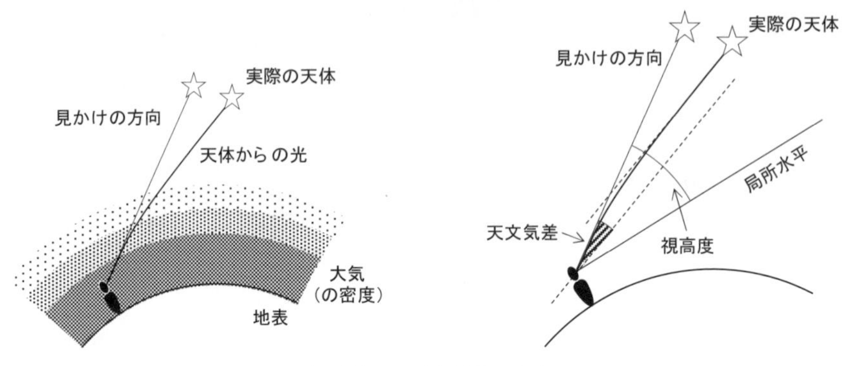

図 4.16　天文気差の存在

に眼にいたった際の接線方向に天体が存在しているように見える。これを「見かけの方向」という。図 4.9 における視高度（Apparent Altitude）とは、局所水平と天体の見かけの方向とがなす角度（仰角）である。

図 4.16 に示すように、天体からの光は大気によって地表側に屈折するので、実際の天体は、見かけの方向よりも低い位置にある。この角度の差は、真空から地表（測者）にいたるまでの大気による屈折の総量であり「天文気差（Astronomical Refraction：Ref.）」と呼ばれている。

天文気差は、大気に対して斜めに侵入してくる光について生じる。つまり、測者の天頂方向からの光については、天文気差はなく、視高度 0°付近が最大となる。眼高差を考慮すると、視高度が負の天体についても、天文気差はあり得る。ラドー（J. C. Rodolphe Radau、フランス、1835 年～1911 年）は頂距 0 ～ 91°すなわち視高度 90°～ − 1°までの平均気差を提示している。表 4.3 と図 4.17 に平均(天文）気差[2]を 1013.25 hPa（760mmHg）に換算した値を示す。

なお、ラドーによる平均（天文）気差は、標準状態の大気（10℃、1013.25 hPa）における値である。ここで、気温が低くなると、空気の密度が大きくなる。したがって、光の屈折は大きくなるので、天文気差は大きくなる。逆に、気温が高くなると、空気の密度は小さくなり、光の屈折は小さくなる。したがって、天文気差は小さくなる。

一方、気圧が大きくなると空気の密度は大きくなるので、天文気差は大きくなる。逆に、気圧が小さくなると空気の密度は小さくなるので、天文気差は小さく

2　新訂 航海表（積成会編、海文堂出版、1973 年）では、ラドー氏の標準気差（緯度 35°、標高 0m、気温 0℃、気圧 760mmHg、水蒸気圧 6mmHg）に基づいて、気温と気圧をそれぞれ 10℃、762mmHg とした場合の天文気差に換算している。

表 4.3　ラドー（R. Radau）による平均（天文）気差

視高度 (°)	気差 (′ ″)	視高度 (°)	気差 (′ ″)	視高度 (°)	気差 (′ ″)	視高度 (°)	気差 (′ ″)	視高度 (°)	気差 (′ ″)
−1.0	52 18	0.0	34 23	1.0	24 16	4.5	10 40	18.0	02 56
−0.9	49 58	0.1	33 05	1.2	22 48	5.0	09 48	20.0	02 38
−0.8	47 46	0.2	31 52	1.4	21 29	6.0	08 25	25.0	02 03
−0.7	45 43	0.3	30 43	1.6	20 17	7.0	07 21	30.0	01 40
−0.6	43 47	0.4	29 38	1.8	19 11	8.0	06 31	40.0	01 09
−0.5	41 58	0.5	28 37	2.0	18 12	9.0	05 50	50.0	00 48
−0.4	40 16	0.6	27 39	2.5	16 03	10.0	05 17	60.0	00 33
−0.3	38 39	0.7	26 44	3.0	14 19	12.0	04 26	70.0	00 21
−0.2	37 08	0.8	25 52	3.5	12 53	14.0	03 48	80.0	00 10
−0.1	35 43	0.9	25 03	4.0	11 41	16.0	03 19	90.0	00 00

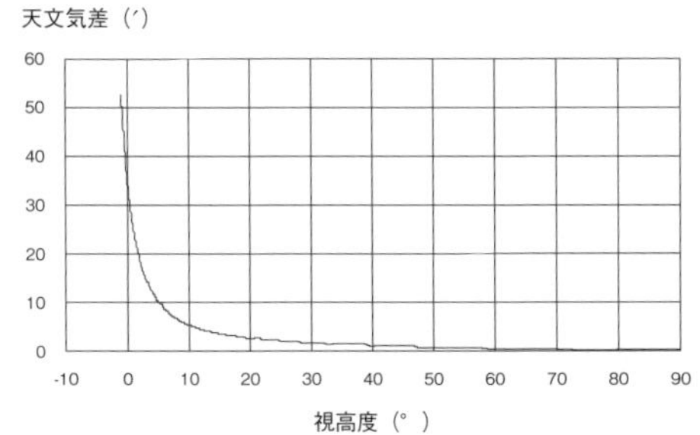

図 4.17　ラドー（R. Radau）による平均（天文）気差

なる。

任意の気温 T（℃）と気圧 P（hPa）における天文気差 R は、標準大気における天文気差 R_0 に対して、

$$\mathbf{R} = \frac{\mathbf{P}}{\mathbf{1013.25}}\left(\frac{\mathbf{283.15}}{\mathbf{273.15 + T}}\right)\mathbf{R_0}\quad \text{(0℃は 273.15 °K：ケルビン)}$$

となっている。

4.2.3　視半径

図 4.18 に太陽と月の視半径（Semi Diameter：S.D.）の年変化を示す。太陽の視半径は、近日点（1 月初旬）で最大 16′ 18″、遠日点（7 月初旬）で最小 15′ 45″となる。月の視半径の変化も月の公転に従がっている。

六分儀（の望遠鏡）で太陽あるいは月を望み、その高度を観測する際、像（天体）の中心を特定しながら、水平線に合致したとの判断をするのは難しい。一般には、視認しやすい天体の下辺あるいは上辺が水平線と接するようにマイクロメータを調整する。観測で得た下辺あるいは上辺の高度は、中心の高度に対して15′～16′程度のずれを伴っている。

計算高度は、天体の中心を対象として求められているので、視半径に相当する量を修正しなければならない。太陽あるいは月の下辺の高度を観測した場合、その中心は、下辺の上方にあるので、観測高度に視半径を加える。一方、上辺の高度を観測した場合は、逆に、観測高度から視半径を減じることになる（図4.19）。

なお、惑星・恒星については、六分儀の望遠鏡の視野において、点として認識されるため、視半径を考慮する必要はない。

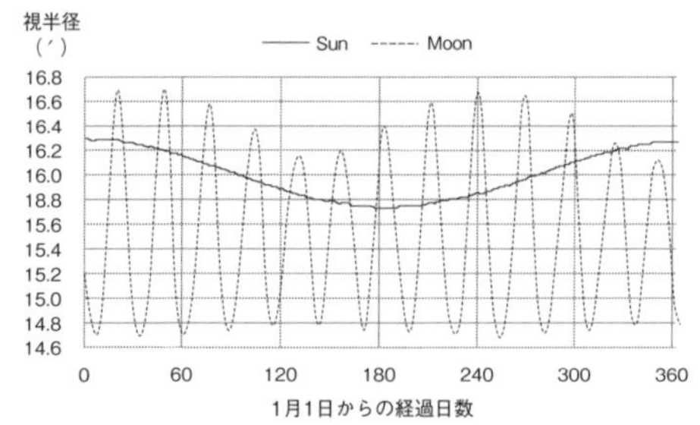

図4.18　太陽と月の視半径の変化（天測暦・平成31年を参照）

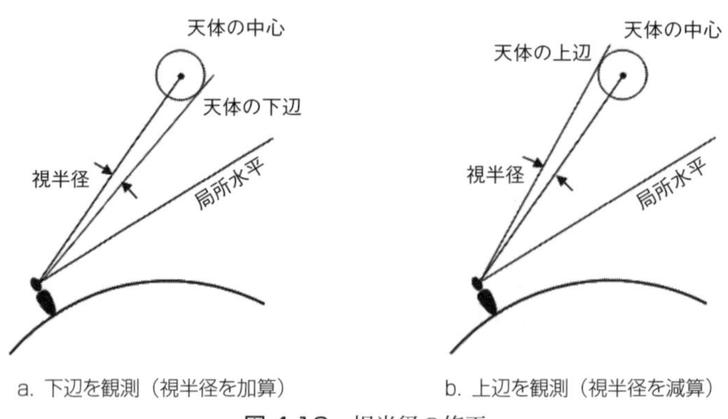

図4.19　視半径の修正

4.2.4　視差

計算高度（厳密には、余角である頂距）は「位置の三角形」の要素として、地球の中心からみた弧度として求められる。一方、測者は地表から天体の高度を観

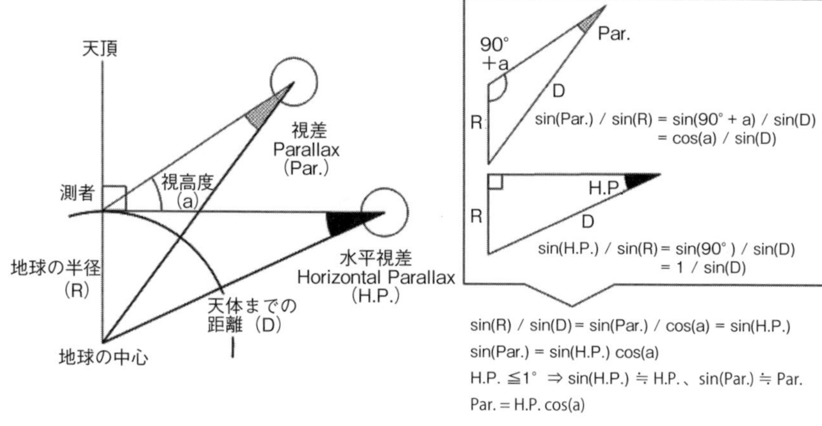

図 4.20 視差の定義

測するので、この高度は地球の中心から観測した高度となっていない。地球の中心からみた高度と地表で観測した高度との差を「視差（Parallax：Par.)」という。修正差を求めるにあたり、真高度は地球の中心からみた高度なので、地表で観測した高度に視差を加味しなければならない。

図 4.20 に示すように、視差は視高度が 0°の場合が最大になる。このときの視差を特に「地平視差（Horizontal Parallax：H.P.)」という。視差は視高度（a）が大きくなるにつれて小さくなるが、その関係は、

Par. = H.P. cos(a)

となっている。

視差は、地球に近い天体である月、太陽、および惑星について考慮する必要がある。月の地平視差の平均は約 57′（概ね 54′から 61′の変化がある）である。太陽は約 8.8″（天測計算表では 9″）となっている。4 惑星については 0.0′から 0.6′程度となっている。

図 4.21 に示すように、地球の中心において形成される真水平からの真高度は、局所水平において同位角として与えられる。局所水平は直線なので、真高度の補角は、図中の三角形の内角の一つとなっている。同じ三角形におけるその他の二つの内角である「視高度 − 気差 ± 視半径」と視差との和も 2 直角（180°）なので、

真高度 = 視高度 − 気差 ± 視半径 + 視差

との関係になる。図 4.20 においても、視高度が 0°であっても地球の中心からみ

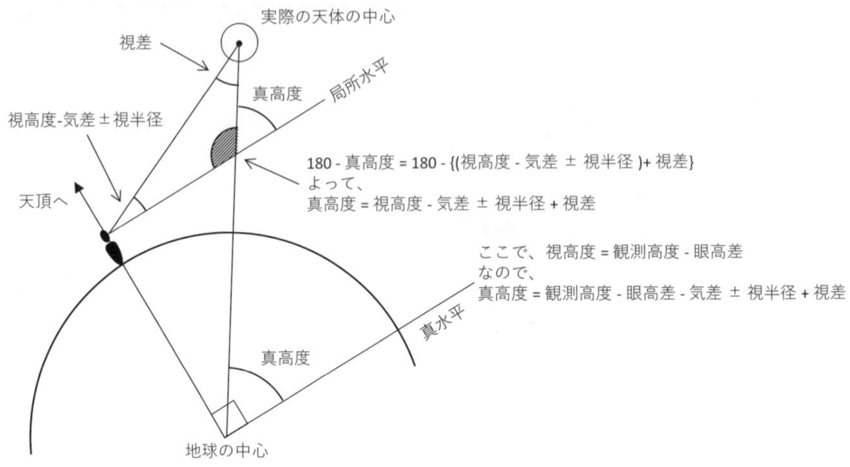

図 4.21　視差の値と真高度との関係

ると、まだ地平視差分の高度があるので、真高度を得るためには視差を加えることになる、と理解できる。ここで、視高度は（観測高度 − 眼高差）なので、

真高度 ＝ 観測高度 − 眼高差 − 気差 ± 視半径 ＋ 視差

との関係となる（図 4.22）。

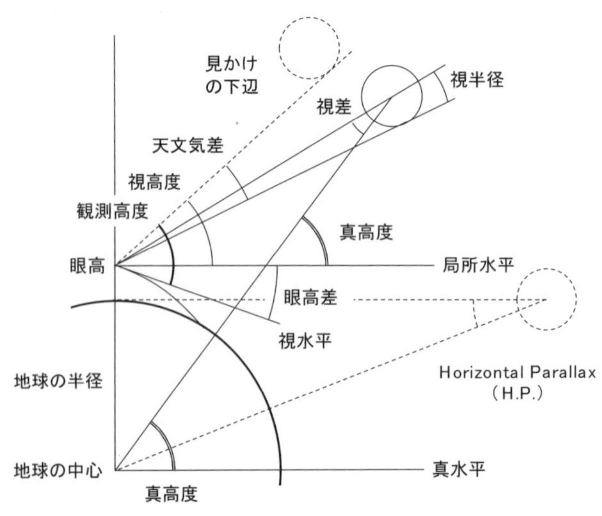

図 4.22　高度改正の諸要素の整理

4.3 天測計算表による高度改正の実際

高度改正の要素は、眼高差、気差、視半径、および視差である。天測計算表では、各要素について個別に修正を進めるのではなく、第一改正として一括して修正を加え、第二改正以降で微修正を加える方針となっている。

（1）天測計算表・第２表

天測計算表・第２表は、太陽に対する高度改正を与えている。第２表のＡは、観測高度が 0°～6°までの低高度の場合を、第２表のＢは、観測高度が６°以上の場合の改正となっている。

第２表のＡにおける第一改正は、標準大気（気温 10℃、気圧 1013.25 hPa）で、気温と水温が同じ状況における眼高差、気差、視半径、視差をそれぞれ計算の上、合算した値を示している。なお、眼高差は 1.776 $\sqrt{(眼高\ m)}$ に基づき、気差は観測高度から眼高差を減じた視高度に対するラドーの平均気差の値を用いている。視半径については、下辺を対象に観測することを前提とし、年間を通じての最小値である 15′ 45″を加えている。また、視差については、地平視差（H.P.）を 9″とし、視高度の関数（cos）として計算している。

第二改正は標準大気と実際の気温との違いに由来する微修正の値を与えている。気温が高くなると空気密度が小さくなり、屈折する量は減る。第一改正にて気温 10℃のときの気差では過分に減じてしまっているので、微修正の値は正（＋）となっている。

第三改正は標準大気と実際の気圧との違いに由来する微修正の値を与えている。気圧が高くなると空気密度は大きくなるので、屈折する量は増える。第一改正において 1013.25 hPa のときの気差では、引くべき量が不足しているので、微修正の値は負（－）となっている。

なお、この第２表のＡの第二改正（気温）と第三改正（気圧）については、観測高度が 30°より低く、気温あるいは気圧が標準大気と異なる場合にはその他の天体にも適用する。

第四改正は、視半径についての微修正の値を与えている。第一改正において既に視半径の最小値を加えているので、年間を通じて、視半径がこれよりも大きくなる場合は、差分を加えて太陽の中心の高度になるようにしている。すなわち、視半径が最小となる遠日点付近では、微修正の値は 0.0′ であるが、近日点付近で大きくなる場合は（視半径の最大 16′ 18″－ 最小 15′ 45″＝ 33″（0.5′））を加えることになる。太陽の上辺を観測する場合は、先に加えてしまっている最小値（15′ 45″）を引き、さらにそのときの視半径を減じる必要がある。視半径が最小となっている場合は、さらに 15′ 45″を減じるので、都合－ 31.5′となる。近日点付近では、15.75′と視半径 16′ 18″（16.3′）を引くので、－ 32.05′（≒ 32.0′）となる。

第五改正は、水温と気温に差がある場合の微修正の値を与えている。この微修正は光学的眼高差に対するものである。水温が気温よりも低い場合は、空気が冷やされて密度が大きくなり、屈折する量が増える。光学的眼高差は標準大気のときより大きくなるので、結果、眼高差は小さくなる。標準大気としての眼高差では観測高度から過分に引きすぎているので、実際の眼高差の差分を加える必要がある。

第 2 表の B においては、A と同じく第一改正を加え、視半径に対する微修正を第二改正とし、気温と水温との差についての第三改正を施す。第 2 表の A と B において改正のナンバリングは統一されていないので、注意が必要である。

また、高度が 30°よりも低く、気温あるいは気圧が標準大気に比べて異なっている場合は、天文気差の影響の程度が変化するので、第 2 表の A における第二改正あるいは第三改正を施す必要がある。

（2）天測計算表・第 3 表

天測計算表・第 3 表は、惑星・恒星に対する高度改正を与えている。第一改正では、眼高差と気差を合算した値を示していて、観測高度からこの値を引くことになる。

第二改正は惑星に対する視差についての修正である。天測暦にて当日の地平視差（H.P.）を求め、この値と観測高度を元に修正値を特定する。

第三改正は、気温と水温に差がある場合の修正であり、第 2 表の A での第五改正、第 2 表の B での第三改正と同じである。

なお、気温あるいは気圧が標準大気と異なり、高度が 30°よりも低い天体を観測する場合は、気温あるいは気圧についての改正（第 2 表 A の第二改正、あるいは第三改正）を施す。

（3）天測計算表・第 4 表

天測計算表・第 4 表は、月に対する高度改正を与えている。第 4 表の A は月の下辺を、第 4 表の B は上辺を観測した場合の改正となっている。

第一改正は、当日の視半径を天測暦から特定し、これと観測高度に基づいて値を特定する。第一改正では、眼高を 36m として計算をしているため、第二改正として、36m 以外の場合での補正を与えている。

第三改正は、気温と水温に差がある場合の修正である。

また、観測高度が低く、気温あるいは気圧が標準大気を異なる場合は、第 2 表の A の第二改正と第三改正を施す。

第5章 測位の実際

5.1 天測の全体の流れ

実際の天測には、図 5.1 に示すように「準備」、「高度の測定」、「位置の決定」の 3 つの段階がある。

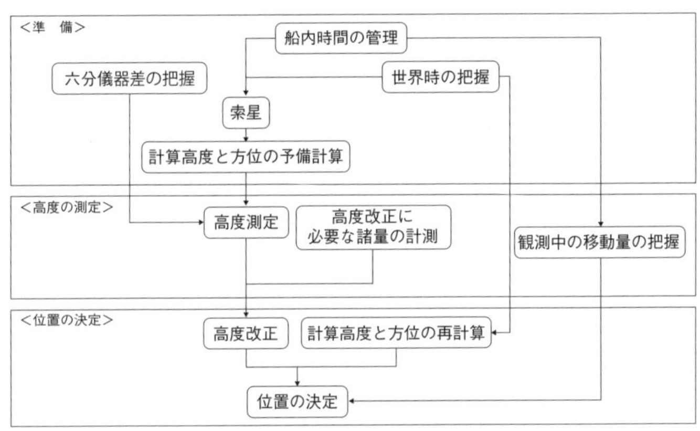

図 5.1 位置決定までの流れ

(1) 準備の段階

① 世界時の把握

天体の計算高度を求めるためには、天球における天体の位置が必要となる。天体の位置はモデルに従ってあらかじめ求められており、日々刻々の値として「天測暦(Almanac)」に記されている。計算高度を求めるときの世界時(UT 時刻)の時刻に基づいて対象とする天体の位置を検索することになる。したがって、天測を行う船舶にあっては、世界時を把握できていなければならず、この時刻を刻む時計を専用に用意している。この時計を「船用基準時計」というが、慣例として「時辰儀・クロノメータ (Chronometer)」とも呼ばれている。

機械なので、この時計には誤差が生じる可能性がある。この誤差は「クロノメータ・エラー (Chronometer Error : C.E.)」と呼ぶことが一般的であるため、本書では、船用基準時計のことをクロノメータと表記する。天測の準備のひとつとして、クロノメータ・エラーが把握されていることが求められる。また、クロノメータの時刻表示が12時式の場合は、UT時刻について午前・午後の判定が必要となる。

② 六分儀の器差の把握

天測を行うための準備の一つとして、器差（インデックス・エラー）が把握されていることが求められる。

③ 船内時間の管理

六分儀を用いる天体の高度の測定には、水平線も視認できることが条件となっている。太陽を対象とする場合（つまり昼間）以外では、いわゆる薄明時にしか観測をする機会がない。観測時機の選定には、日出没の時刻と薄明の時間帯を考慮することになる。

天測の時機（時刻）は、船内使用時の時刻である。船内使用時は業務と生活の基準となっていて、その日の正午前後に太陽が正中（子午線を通過する瞬間）するように時刻改正が加えられている。

④ 索星

続いて、観測する天体を特定する。太陽の他には、恒星、惑星、月が候補となるが、観測するタイミングでの天頂から真水平までの90°の範囲内にある天体だけが視野の内にあるので、この中から観測の対象を選ぶことになる。このとき、「位置の線」どうしの交差角を考慮しながら、天体の等級による発見のしやすさや見やすさ、高度による光線の屈折の程度を総合的に勘案する。

一方で、実際に観測するときにあらかじめ選定していた天体がすべて視認できるとは限らない。観測のときに雲間に見える天体がどの天体であるかを特定して、「位置の線」を得ることも求められる。このように、天測で利用する天体を特定することを「索星」という。

⑤ 計算高度と方位の予備計算

ここまでで、観測する時機とその時の推測位置が定まるので、あらかじめ各天体の方位と計算高度を求めることができる。観測の際には、本船の構造物が邪魔になる可能性があるため、方位と本船の針路を勘案して、索星した天体が本船のどちら側に見えるのかを確認しておくことも重要である。あらかじめ求めた高度にインデックス・バーを合わせておき、その方位を望むと望遠鏡の視野内に天体を認められることが理想である。

(2) 高度の測定の段階

① 高度改正に必要な諸量の計測

測定した高度の改正（高度改正）をより適切に行うため、大気の状態（気圧、気温と海水温度）を観測する必要がある。あわせて、眼高も高度改正に必要な要素なので、観測する甲板上における目線の高さを確認しておく。

② 高度測定の実際

六分儀の望遠鏡内において天体（もしくは天体の下辺あるいは上辺）と水平線が一線になった時の示度（六分儀高度）とUT時刻を記録する。実際には、望遠鏡内で天体の高度は刻々と変化するので、示度を操作して高度の変化を追いかけようとすると、六分儀自体がぶれて望遠鏡から天体が外れてしまう。高度が変化する先の値に示度を合わせておいて、望遠鏡内に天体をとらえながら、水平線に接した（合わせておいた高度になった）瞬間のUT時刻を得るほうが現実的である。

観測のために露天にいる測者が、その都度、船橋内に設置されているクロノメータを読み取るのは効率的ではなく、また、肉眼の順応の観点からも不利となる。したがって、UT時刻の記録は、同じ当直に入っている甲板手に依頼をするのがよい。測者は天体と水平線が一線になった瞬間にホイッスルを吹き、クロノメータの前に構える甲板手がその時刻を読み取るのである。

③ 観測中の移動量の把握

薄明時の観測においては、複数の天体につき、それぞれの六分儀高度とUT時刻を得る。このとき、数分程度であるが一つ一つの観測の間に本船は移動している。各「位置の線」には、この間の距離についての微調整が必要となる。したがって、観測時の針路と速力も確認しておく必要がある。

(3) 位置の決定の段階

① 計算高度の再計算

高度を測定したときの船内使用時とそのときのUT時刻から、改めて推測位置と天体の位置を求め、これらを元に計算高度と方位を再計算する。準備の段階において予備計算した計算高度は、概略の時刻に基づいており、実際に測定した時刻とずれがある。時刻のずれが大きいほど、推測位置もずれるので、修正差が大きくなる。修正差が大きくなると、推測位置から離れたところに「位置の線」の交点が現れることになる。本来は円である「位置の圏」を直線で近似していることから、交点と推測位置の間が離れるほど、直線で近似する際の誤差の影響が現れてくる。結果、位置決定について不利になるため、これを避けるための再計算であると理解してほしい。

② 高度改正

高度を測定した際の六分儀の読み取り値が六分儀高度である。これに器差（I.E.）を加減して、「観測高度（Observed Altitude）」を得る。この値に種々の高度改正を加えて真高度を得る。

③ 位置の決定

真高度から計算高度を減じて、修正差を得る。

修正差と方位から「位置の線」を特定し、作図あるいは計算により、真の位置としての緯度と経度を確定する。

（4）高度緯度法の併用

北半球における薄明時の観測では北極星高度緯度法を、また太陽の観測においては、子午線高度緯度法を併用して、「位置の線」としての緯線を得ることができることも考慮する。

5.2 船内時間の管理

5.2.1 経帯時（標準時）と時差

太陽は、朝に東から昇り、子午線を通過する時が12時（正午）となり、夕に西に没する。人間の生活・活動は、この時間の体系に従うことが順当であり、素直である。経度が大きく異なる国（地域）に住んでいる人々にとって、それぞれの朝・昼・晩の時間の体系が存在している。なぜなら、経度からみて東に位置する地域では、その地よりも西側に位置する地域より早くに太陽を迎えることになるからである。厳密にいうと経度ごとに生活に適した時間体系が存在することになるが、国や地域という行政単位で時刻を同じとしておく方が便利なので、経度にある程度の幅（1時間単位、つまり、経度の差15°）を設けて、この経度の範囲内においては同じ時間体系を用いることとしている。この経度の幅を時刻帯（Time Zone）という。また、この体系に基づく時刻を経帯時（Zone Time）という。各時刻帯には代表する標準の子午線（標準経度）が定められていて、その子午線に平均太陽が正中する瞬間が経帯時の12時となっている。経帯時は標準時（Standard Time）とも呼ばれている。グリニッジの平時と各経帯時（標準時）との差が「時差」である。

例えば、英国のグリニッジが昼の12時を迎えた時、東経135°を標準の子午線とする日本は、自転の方向に9時間先行しているので、すでに夜の21時となっている。一方、同じ瞬間であっても西経 75°の地にある米国のニューヨークはグリニッジから 5 時間遅れているので、同日の朝の 7 時である。つまり、ニューヨークと日本には 14 時間の時差がある。

日常の生活や業務が国や地域内に限られているのであれば、対応する時刻帯を超えることはなく、日常で利用している時計を調整する必要はない。しかし、海外旅行をする場合や、海外の相手との取引やビジネスにおいては、相手の当地との時差を考慮することが求められる。

5.2.2 時刻改正

(1) 時刻改正の意味

図 5.2 に示すように、グリニッジを中心に時刻帯が設定されているが、船舶の航海とは、ある日数をかけて、出発港の時刻帯から目的港の時刻帯に移動すること、と捉えることができる。この間、船内の生活、就労、その他業務の管理などが合理的に行えるようにするため、視太陽が正中する時刻が正午になるように船内の標準時（船内使用時）を毎日改正する必要がある。言い換えれば、時刻改正とは、毎日、本船だけの時刻帯を用意し、その標準子午線を設定することである。

大洋を航行する船舶は、一般に経度の変化を伴うので、その日の正午と次の正午との間隔が 24 時間とはならない。東に向かう船舶にとって、経度が大きくなるぶんだけ早く太陽が昇る（正中する）ことになるので 24 時間よりも短くする、すなわち時計を進ませる必要がある。また、西航する船舶にとっては、前日にいた経度より西にいるので、そのぶん遅れて太陽が正中する。このときは時計を遅らせて視正午に針が 12 時を指すようにするので、1 日は 24 時間よりも長くなる。

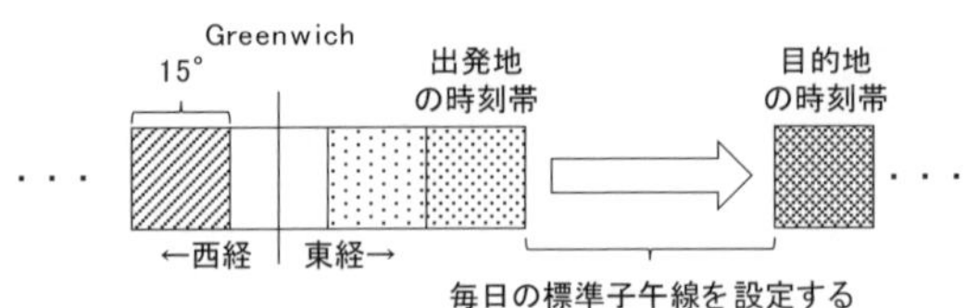

図 5.2 時刻改正の意味

(2) Correction for UT と時刻改正の手順

いつ時刻改正を行うのかは、本船の慣例により異なる。図 5.3 に船内の当直（0-4 直）で実施する例を示す。東航する場合であれば、当直時間は短くなり、西航であれば当直時間は長くなる。

この時間の差を「改正量」という。また、本船の船内使用時（本船の標準時）

とグリニッジとの時差を「Correction for UT」という。

改正量は、当日の Correction for UT と前日の Correction UT との差である。東航の場合は進めることになるので（+）、西航の場合は遅らせることになるので（−）と定義する。すなわち、

東航している場合 → 経度の値は増加 → Correction for UT も増加
西航している場合 → 経度の値は減少 → Correction for UT も減少

なので、毎日の時刻改正量は、当日と前日の Correction for UT の差である。

この Correction for UT は、「当日の標準子午線」を示している。ここで視正午の経度時をそのまま平時（M.T.）として扱い、これに求めた均時差（= A.T. − M.T.）を加えて視時（A.T.）を得る。この値が Correction for UT である。

ただし、均時差は常に変化しているので、その日の本船の視正午での均時差を特定しなければならない。そのためには本船の視正午が UT 時刻で何時なのかを求める必要がある。ここで、グリニッジ平時はほぼグリニッジ視時と同じであるとみなして、

本船の視正午でのグリニッジ視時（G.A.T.）
＝本船の 12 時（L.A.T.）− 本船の正午での経度時（L. in T.）

として、この時刻をもとに天測暦あるいは Nautical Almanac を検索して、均時差を得る。

例えば、日本を含む時刻帯の標準子午線は 135° E であり、経度時は 09h00m00s である。日本の港に滞在中は日本標準時（J.S.T.）で運用されるが、仮に 2019 年 11 月 8 日に出航し、翌日（9 日）には正午位置（経度）が 140° E にいたるとする。このときの正午位置の経度時は、09h20m00s であり、UT 時刻（G.A.T. ）は 02h40m00s（= 12h − 09h20m00s）となる。天測

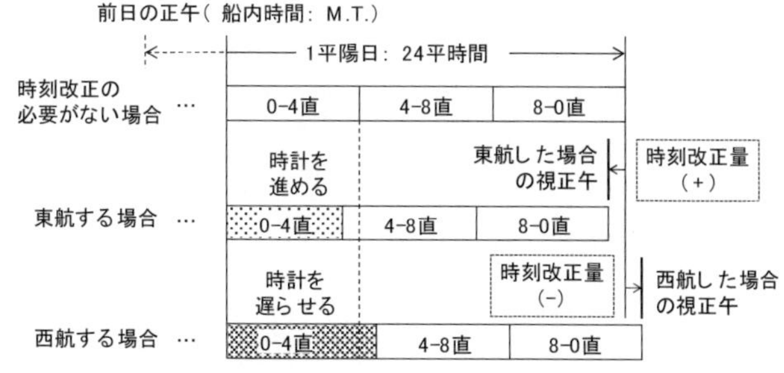

図 5.3 時刻改正と視正午（0 − 4 直の場合）

暦から当日時刻の均時差は、＋ 16m15s となり、したがって、09h36m15s（＝ 09h20m00s ＋ 16m15s）が 9 日の Correction for UT である。

前日 8 日の Correction for UT は、日本標準時であったので、＋ 09h00m00s であり、9 日は＋ 09h36m15s となる。前日との差である 36m15s が 9 日に施す必要がある改正量である。すなわち、船内の時計を 36 分 15 秒進めることにより、船内使用時の 12 時付近に正中を迎えることができる。ただし、秒単位の改正は運用上難しいので、改正量はきりのよい分単位とされる。

翌日以降も、仮の正午の経度を与え、均時差を考慮して、視時としての Correction for UT を求め、前日との差を当日の改正量とする。また別途、出航後の改正量を積算しておく。

5.3 索星

5.3.1 索星とは

天球上の天体（恒星・惑星）がどの天体であるのか識別すること、あるいは、天体が天球上のどこにあるのかを特定することを「索星」という。

天球には無数の天体が存在している。しかしながら、これらの天体のすべてを天測に用いることはない。天測に用いるためには、真高度と比較するための計算高度を求めることができるよう、その天体の赤緯と赤経があらかじめ推定できていなければならならないからである。

地球上の任意の場所において、「位置の線」が交差する角度（方位角の差）を、誤差を少なくする観点で適切にするためには、利用できる天体が天球上に適当にばらついている必要がある。また、それらの天体が視認しやすい光度を有していることが望ましい。これらの条件を考慮して天測の対象として利用できる恒星を選抜し、天測暦では「常用恒星」として 45 個の恒星を、Nautical Almanac では 57 個の恒星を指定している。

表 5.1 に天測暦と Nautical Almanac に指定されている恒星を示す。表中の値は天測暦（平成 31 年版）の「常用恒星概略位置表」と Nautical Almanac の「Index to Selected Stars, 2019」を参照している。なお、赤経に関する情報のうち、経度時は天測暦により、S.H.A. は Nautical Almanac によるものである。ちなみに（赤経（R.A.）＝ 360°－ S.H.A.）であるので、これを時間換算したものは経度時と同等になっている。

天測暦においては、赤緯の降順（N から S）に準じて番号が与えられている。一方、Nautical Almanac では、S.H.A.（春分点からみた時角）の降順、すなわち、赤経の昇順に準じて番号が振られている。なお、Nautical Almanacでは、北極星（Polaris）は常用恒星としての扱いとなっていない。これは、別途、北極星高度緯度法用の表が用意されているためである。

表5.1 天測に用いる恒星（その1）

Ⅰ：天測暦での番号、Ⅱ：Nautical Almanacでの番号

Ⅰ	名称		星座名	赤緯	赤経に関する情報		Ⅱ
	学術名	通称と読み			経度時	S.H.A	
1	α Ursae Minoris	Polaris ポラリス	こぐま	N 89.3°	02h56m		
2	β Ursae Minoris	Kochab コカブ	こぐま	N 74.1°	14h51m	137°	40
3	α Ursae Majoris	Dubhe ドゥーベ	おおぐま	N 61.6°	11h05m	194°	27
4	β Cassiopeiae	Caph カフ	カシオペア	N 59.3°	00h10h		
5	β Ursae Majoris	Merak メラク	おおぐま	N 56.3°	11h03m		
6	ε Ursae Majoris	Alioth アリオス	おおぐま	N 55.9°	12h55m	166°	32
7	α Cassiopeiae	Schedir シェダ	カシオペア	N 56.6°	00h42m	350°	3
8	ζ Ursae Majoris	Mizar ミザール	おおぐま	N 54.8°	13h25m		
9	α Persei	Mirfak ミルファク	ペルセウス	N 49.9°	03h26m	309°	9
10	η Ursae Majoris	Benetnasch (Alkaid) ベネトナッシュ（アルカイド）	おおぐま	N 49.2°	13h48m	153°	34
11	α Aurigae	Capella カペラ	ぎょしゃ	N 46.0°	05h18m	280°	12
12	α Cygni	Deneb デネブ	はくちょう	N 45.4°	20h42m	049°	53
13	α Lyrae	Vega ヴェガ	こと	N 38.8°	18h38m	081°	49
14	α Geminorum	Castor カストル	ふたご	N 31.8°	07h36m		
15	α Andromedae	Alpheratz アルフェラッツ	アンドロメダ	N 29.2°	00h09m	358°	1
16	β Geminorum	Pollux ポルックス	ふたご	N 28.0°	07h47m	243°	21
17	α Coronae Borealis	Alphecca アルフェッカ	かんむり	N 26.7°	15h36m	126°	41
18	α Bootis	Arcturus アークツルス	うしかい	N 19.1°	14h17m	146°	37
19	α Tauri	Aldebaran アルデバラン	おうし	N 16.5°	04h37m	291°	10
20	α Pegasi	Markab マルカブ	ペガサス	N 15.3°	23h06m	014°	57
21	β Leonis	Denebola デネボラ	しし	N 14.5°	11h50m	182°	28
22	α Ophiuchi	Rasalhague ラサルハグェ	へびつかい	N 12.5°	17h36m	096°	46
23	α Leonis	Regulus レグルス	しし	N 11.9°	10h09m	208°	26
24	α Aquilae	Altair アルタイル	わし	N 8.9°	19h52m	062°	51

表5.1　天測に用いる恒星（その2）

Ⅰ：天測暦での番号、Ⅱ：Nautical Almanac での番号

I	名称		星座名	赤緯	赤経に関する情報		II
	学術名	通称と読み			経度時	S.H.A	
25	α Orionis	Betelgeuse ベテルギゥス	オリオン	N 7.4°	05h56m	271°	16
26	γ Orionis	Bellatrix ベラトリックス	オリオン	N 6.4°	05h26m	278°	13
27	α Canis Minoris	Procyon プロキオン	こいぬ	N 5.2°	07h40m	245°	20
28	β Orionis	Rigel リゲル	オリオン	S 8.2°	05h15m	281°	11
29	α Hydrae	Alphard アルファード	うみへび	S 8.7°	09h29m	218°	25
30	α Virginis	Spica スピカ	おとめ	S 11.3°	13h26m	158°	33
31	α Canis Majoris	Sirius シリウス	おおいぬ	S 16.7°	06h46m	259°	18
32	β Ceti	Diphda ディフダ	くじら	S 17.9°	00h45m	349°	4
33	α Scorpii	Antares アンタレス	さそり	S 26.5°	16h31m	112°	42
34	σ Sagittarii	Nunki ヌンキ	いて	S 26.3°	18h56m	76°	50
35	α Piscis Austrinus	Fomalhaut フォーマルハウト	みなみのうお	S 29.5°	22h59m	15°	56
36	λ Scorpii	Shaula シャウラ	さそり	S 37.1°	17h35m	96°	45
37	α Carinae	Canopus カノープス	りゅうこつ	S 52.7°	06h24m	264°	17
38	α Pavonis	Peacock ピーコック	くじゃく	S 56.7°	20h27m	53°	52
39	α Eridani	Achernar アカーナー	エリダヌス	S 57.1°	01h38m	335°	5
40	β Crucis	Mimosa ミモザ	みなみじゅうじ	S 59.8°	12h49m		
41	β Centauri	Hadar ハダル、アゲナ	ケンタウルス	S 60.5°	14h05m	149°	35
42	α Centauri	Rigil Kentaurus リギル ケンタウルス	ケンタウルス	S 60.9°	14h41m	140°	38
43	α Crucis	Acrux アクルックス	みなみじゅうじ	S 63.2°	12h28m	173°	30
44	α Trianguli Australis	Atria アトリア	みなみのさんかく	S 69.1°	16h51m	107°	43
45	β Carinae	miaplacidus ミアプラキドゥス	りゅうこつ	S 69.8°	09h13m	222°	24
	α Phoenics	Ankaa アンカア	ほうおう	S 42°		353°	2
	α Arietis	Hamal ハマル	おひつじ	N 24°		328°	6
	θ Eridani	Acamar アカマル	エリダヌス	S 40°		315°	7
	α Ceti	Menkar メンカル	くじら	N 4°		314°	8
	β Tauri	Elnath エルナト	おうし	N 29°		278°	14
	ε Orionis	Alnilam アルニラム	オリオン	S 1°		276°	15
	ε Canis Majoris	Adhara アダラ	おおいぬ	S 29°		255°	19

表 5.1　天測に用いる恒星（その 3）

Ⅰ：天測暦での番号、Ⅱ：Nautical Almanac での番号

I	名称		星座名	赤緯	赤経に関する情報		II
	学術名	通称と読み			経度時	S.H.A	
	ε Carinae	Avoir アヴィオール	りゅうこつ	S 60°		234°	22
	λ Velorum	Suhail スハイル	ほ	S 44°		223°	23
	γ Corvi	Geinah ギェナー	からす	S 18°		176°	29
	γ Crucis	Gacrux ガクルックス	みなみじゅうじ	S 57°		172°	31
	θ Centauri	Menkent メンケント	ケンタウルス	N 56°		166°	36
	α Librae	Zubenelgenubi ズベン・エル・ゲヌビ	てんびん	S 16°		137°	39
	η Ophiuchi	Sabik サビク	へびつかい	S 16°		102°	44
	γ Draconis	Eltanin エルタニン	りゅう	N 51°		91°	47
	ε Sagittarii	Kaus Australis カウス・アウストラリス	いて	S 34°		84°	48
	ε Pegasi	Enif エニフ	ペガサス	N 10°		34°	54
	α Gruis	Alnair アルナイル	つる	S 47°		28°	55

5.3.2 事前に観測する天体の選定

恒星略図あるいは Star Charts を利用してあらかじめ高度の観測に用いる天体（恒星）を選定する。いずれの図を用いるにしても、観測する時刻における視認範囲を特定することになる。詳細は第 2 章で解説しているが、ここではその手順を以下に再整理する。

（1）測者の天の子午線の特定

図中に当日の太陽の位置（赤経）を特定する。当地がその太陽に正中するときが正午（12 時）なので、観測する時刻との差を太陽の赤経に加減して当地の「測者の天の子午線」を得る。朝方の場合は、正午に迎える太陽を東にみるので、当地は太陽の赤経より西にいる。したがって赤経が減る方向に差をとる。逆に、夕方の場合ではすでに太陽に正中し、西に太陽をみている。当地は太陽より東にいるので、赤経が増える方向に差をとる。

このようにして得た赤経が「測者の天の子午線」であり、当地での北と南を結んでいる。

(2) 天頂の特定と南点あるいは北点の特定

天頂は「測者の天の子午線」上にある。その位置は「天の赤道」から「天の極」に向けて緯度の値に相当するところ、あるいは「天の極」から「天の赤道」に向けて、余緯度(90°－緯度)の値に相当するところである。

そして「測者の天の子午線」上において天頂から90°に相当する長さを北側と南側にとる。それぞれの点が北点と南点である。

(3) 六時の圏と東点西点の特定

測者と同名の「天の極」(図の中心)を通り「測者の天の子午線」に直交する直線を想定する。

この直線は「測者の天の子午線」から左右に90°(＝6時間)の角度をなす赤経である。この直線は「六時の圏」を表している。この直線「六時の圏」が「天の赤道」と直交する点が東点であり、西点である。赤経の値は東に向かうほど大きくなるので、「測者の天の子午線」の赤経よりも値の大きな交点が東点であり、小さいほうが西点である。

(4) 真水平の特定

二つの半球図にわたるとしても、天頂、北点、南点、東点、および西点の5要素を特定することができた。東西南北の各点は天頂を中心として90°の離隔となっている。東→南→西→北→東の順で各点を結んだ曲線が真水平である。

天頂を中心として真水平が取り囲む範囲が視認できる範囲である。

(5) 東西圏の特定

測者の天頂において「測者の天の子午線」に直交する大圏を一意に特定できる。この圏は東西圏であった。東西圏は図中では直線とならない。東西圏を表す曲線は天頂から「測者の天の子午線」に直交しながら東点あるいは西点に向かう。また、東点あるいは西点にいたるときには真水平と直交する。

(6) 天体の選定

天頂を中心として、東西南北の4方位の目安を得た(「測者の天の子午線」が南北、東西圏が東西)。二つの方位で挟まれる区画(象限)の中で、天体を吟味する。天頂からその天体を通り真水平にいたる曲線を想定する。この曲線は「高度の圏」であるので必ず真水平と直交する。したがって、この曲線上において真水平からその天体までの長さが高度を示している。

この曲線「高度の圏」が天頂において「測者の天の子午線」と交わる角度を確認する。この角度が方位角となっている。

この天頂を中心とした 4 方位内に本船の針路を重ねることができる。したがって、どの天体が針路上のどの方向にみえるのかを特定することができる。

天体の明るさ、高度、天体の方位角の交差、観測のしやすさなどを総合的に勘案して複数の候補を選出する。

5.3.3 視認した天体の特定

(1) 特定に用いる要素の算出

当然のことながら、スターサイトをする際の天候は必ずしも晴天とは限らない。したがって、予定していた天体のすべてを観測することができずに、さらには、予定していなかった天体しか視認できない場合もあり得る。一隅の機会として視認できた天体の高度と方位を観測し、後にどの天体であったのかを特定することで、「位置の線」を得ることができる。

図 5.4 に示すように、ある天体の高度を得て、そのときの方位角と UT 時刻（G.M.T.）を確認できたとする。方位角の対辺が天体の極距であり、方位角を挟む二つの辺が天体の頂距と余緯度であるので、これらに着目した球面三角形の余弦定理の関係を得る。すなわち、

cos(極距) ＝ cos(頂距) cos(余緯度) ＋ sin(頂距) sin(余緯度) cos(方位角)
sin(赤緯) ＝ sin(高度) sin(緯度) ＋ cos(高度) cos(緯度) cos(方位角)

となり、観測した天体の赤緯を求めることができる。

次に、この天体の地方時角と対辺となる頂距に着目した余弦定理の関係を与える。すなわち、

cos(頂距) ＝ cos(余緯度) cos(極距) ＋ sin(余緯度) sin(極距) cos(地方時角)
sin(高度) ＝ sin(緯度) sin(赤緯) ＋ cos(緯度) cos(赤緯) cos(地方時角)

となり、地方時角を

cos(地方時角) ＝ {sin(高度) − sin(緯度) sin(赤緯)} / {cos(緯度) cos(赤緯)}

として求める。

このときの地方時角は 180°式になる（左辺が負の場合は、90°＜ 地方時角 ≦ 180°）。ここで、方位角が 0°から 180°の場合は、「東方時角」なので、計算で得た地方時角は、負（－）の値として扱うか、360°から減じた値とする必要が

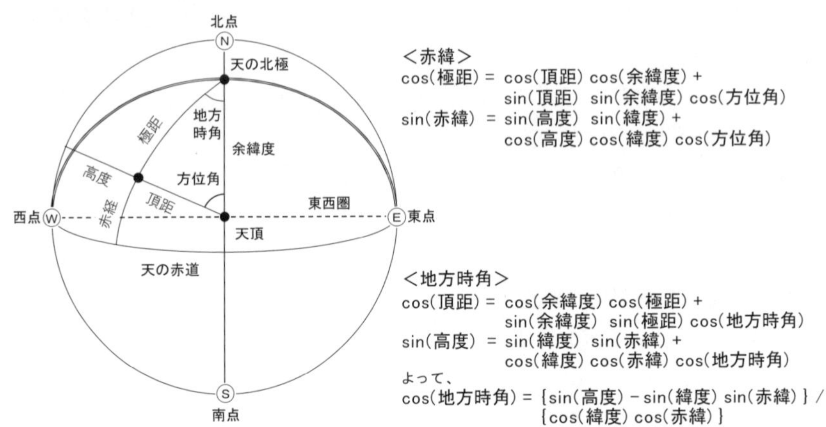

図 5.4　観測した高度と方位角に基づいた赤緯と地方時角の計算

あることに注意する。

ここで、地方時角は、グリニッジ時角に測者の経度を加減算して得られたものなので、この天体についてのグリニッジ時角は、この逆算をすればよい。すなわち、

観測した天体のグリニッジ時角 ＝ 地方時角 ∓ 経度（経度時）

ただし、東経の場合は（−）、西経の場合は（＋）

例えば、2 月 4 日の夕刻において、推測位置が 18° 50′ S、177° 30′ E、UT 時刻 07h10m20s G.M.T. に、方位 263°に望むある天体（Unknown 1）の高度を 44° 35.1′ に観測した。また、07h14m41s G.M.T. に、方位 303°に望むある天体（Unknown 2）の高度を 42° 26.8′ に観測した（図 5.5)。眼高 10m における

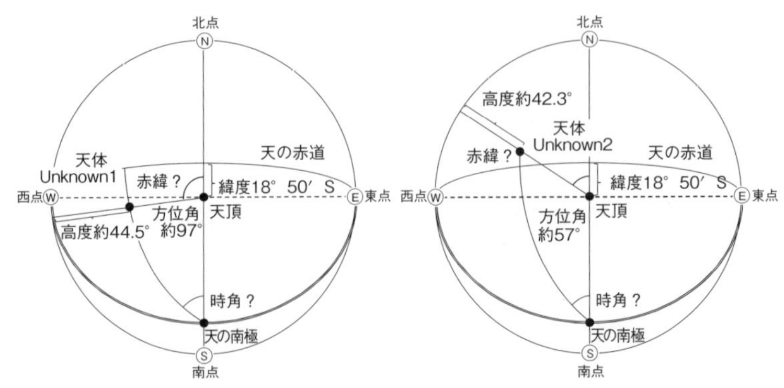

図 5.5　特定できていない天体の高度と方位角の例

表 5.2　観測した高度と方位角に基づいた赤緯と地方時角の計算例

天体と観測した UT 時刻	高度	方位角	赤緯	地方時角 L.H.A.	グリニッジ時角 G.H.A.
Unknown 1 07h10m20s	44° 28.5′	263°	S 17° 58′	48° 07.2′	L.H.A. −177° 30′ =−129° 22.8′ = 230° 37.2′
Unknown 2 07h14m41s	42° 20.2′	303°	N 09° 25′	38° 56.0′	L.H.A. −177° 30′ = −138° 34.0′ = 221° 26.0′

（測者の経度：177°30′E）

観測高度が 42°あるいは 45°程度の場合の高度改正量（第一改正）を（−）6.6′と見積もると、それぞれの計算高度は Unknown 1 が 44° 28.5′、Unknown 2 が 42° 20.2′となる。これらの条件から、各天体の赤緯と地方時角を求め、さらに測者の経度を加減して、グリニッジ時角を求める（表 5.2）。

ここで、赤緯とグリニッジ時角を根拠として天測暦、あるいは Nautical Almanac を検索して天体を特定する。ただし、ここでの赤緯とグリニッジ時角を求める計算には、実際に観測した真高度と推測位置の条件を組合わせているので、天測暦あるいは Nautical Almanac に記載されている値と厳密には一致しない。概略の合致をもってその天体と特定して、観測した UT 時刻に基づいて記載されている値を改めて参照して計算高度を求めることになる。

(2) 天測暦の検索

天測暦には、赤経に関連する情報として「E」の値が掲載されている。「E」に UT 時刻を加算することでグリニッジ時角を求めることができる。したがって、グリニッジ時角から UT 時刻を減じれば「E」の値を特定することができる。

天体 Unknown 1 についてのグリニッジ時角（230° 37.2′）は、15h22m29s であり、これを観測した UT 時刻は、07h10m20s であった。したがって、このときの「E」は、

E_* Unknown 1 = 15h22m29s − 07h10m20s = 08h12m09s

となる。あわせて、この UT 時刻での E_* の比例部分 P.P. は 01m11s なので、2 月 4 日の UT 時刻 0h の「E」は 08h10m58s となる。この値と赤緯 S 17° 58′をもって恒星の欄を検索すると、天体 Unknown 1 は「32 β Ceti」であると特定することができる。

同様に天体 Unknown 2 についても「E」の値を求める。グリニッジ時角（221°

2019 2月 4日

No.	E_*	d
恒星 U＝0h の値		
	h m s	° ′
1 Polaris	5 59 42	N89 20.9
2 Kochab	18 04 49	N74 04.4
⋮	⋮	⋮
31 Sirius	2 09 29	S16 44.8
32 βCeti	8 10 57	S17 53.2
33 Antares	16 24 55	S26 28.2
34 σSagittarii	13 59 04	S26 16.3
35 Fomalhaut	9 56 49	S29 31.5
⋮	⋮	⋮
45 β Carinae	23 42 00	S69 47.7

a. 恒星の欄

2019 2月 4日

U	E_P	d
P 惑星		
♂ 火星		
h	h m s	° ′
0	7 31 09	N 9 13.5
2	7 31 16	N 9 14.9
4	7 31 23	N 9 16.2
6	7 31 30	N 9 17.5
8	7 31 37	N 9 18.8
10	7 31 44	N 9 20.2
	⋮	⋮

b. 惑星（火星）の欄

図 5.6 天測暦（2 月 4 日）の抜粋

26.0′）は 14h45m44s、観測した UT 時刻は 07h14m41s であるので、

E＊ Unknown 2 ＝ 14h45m44s － 07h14m41s ＝ 07h31m03s

となる。E＊の比例部分 P.P. を考慮すると UT 時刻 0h の E＊は 07h29m52s となるが、赤緯 N09° 25′ とあわせて参照しても恒星の欄には適当な組み合わせの星が存在しない。そこで惑星の欄において UT 時刻 07h G.M.T. での E＊と赤緯の値を参照する。結果、「火星（Mars）」が該当すると判断できる。

(3) Nautical Almanac の検索

Nautical Almanac では、恒星のグリニッジ時角を求めるにあたり、Aries の値（グリニッジの恒星時）に春分点からの時角（S.H.A.）を加える。したがって、恒星の S.H.A. は、グリニッジ時角から Aries を減じた値となっている。

天体 Unknown 1 を観測した 2 月 4 日 UT 時刻 07h10m20s の Aries は、07h の値（検索して、239° 09.4′）と 08h の値（同じく、254° 11.9′）を、1 時間（3600 秒）に対する 10m20s（620 秒）で按分して、

Aries（07h10m20s）＝ 239° 09.4′ ＋（254° 11.9′ － 239° 09.4′）× 620 / 3600
＝ 239° 09.4′ ＋ 15° 02.5′ × 620 / 3600 ＝ 241° 44.8′

を得る（図 5.7）。あるいは、Increments and Corrections の 10m の表にて 20s についての Aries の増加量として 2° 35.4′ を得て、これを 07h の値である 239° 09.4′ に加算しても、同じく 241° 44.8′ となる。

グリニッジ時角（230° 37.2′）から Aries（241° 44.8′）を減じて S.H.A. を得る。

2019 Feb. 3, 4, 5

	UT	Aries	Venus	Mars	
		GHA		GHA	Dec
	d h	° ′		° ′	° ′
SUN DAY	3 00	132 53.0		112 25.9	N 8 57.6
	⋮	⋮		⋮	⋮
	23	118 49.7		97 46.3	N 9 12.9
MONDAY	4 00	133 52.1		112 47.2	N 9 13.5
	⋮	⋮		⋮	⋮
	06	224 06.9		202 52.5	N 9 17.5
	07	239 09.4		217 53.3	18.2
	08	254 11.9		232 54.2	18.8
	09	269 14.3		247 55.1	19.5
	⋮	⋮		⋮	⋮
TUES DAY	5 00	134 51.3		113 08.4	N 9 29.4
	⋮	⋮		⋮	⋮
	23	120 48.0		98 28.6	44.6

Stars		
Name	SHA	Dec
	° ′	° ′
Acamar	315 15.4	S40 14.1
⋮	⋮	⋮
Canopus	263 54.0	S52 42.7
Capella	280 28.5	N46 01.0
Deneb	49 29.3	N45 20.9
Denebola	182 29.5	N14 27.9
Diphda	348 52.2	S17 53.2
⋮	⋮	⋮
Zuben'ubi	137 01.2	S16 07.1

図 5.7　Nautical Almanac（2 月 4 日）の抜粋

すなわち、

S.H.A. Unknown 1 ＝ 230° 37.2′ − 241° 44.8′ ＝− 11° 07.6 ＝ 348° 52.4′

この値と赤緯 S 17° 58′ を根拠として「Diphda（β Ceti）」を特定することができる。

天体 Unknown 2 についても S.H.A. を求める。観測した UT 時刻（07h14m41s G.M.T.）の Areis は、14m41s（881 秒）に対する 3600 秒の按分であるから、

Areis（07h14m41s）＝ 239° 09.4′ ＋ 15° 02.5′ × 881 / 3600 ＝ 242° 50.3′

であり、グリニッジ時角は（221° 26.0′）であるので、S.H.A. は、

S.H.A. Unknown 2 ＝ 221° 26.0′ − 242° 50.3′ ＝− 21° 24.3′ ＝ 338° 35.7′

となるが、赤緯 N 09° 25′ とあわせて恒星の欄を検索しても該当する天体が存在しない。そこで、この天体は惑星であると推測する。

惑星については、UT 時刻ごとのグリニッジ時角と赤緯が記載されているので、07h のグリニッジ時角と赤緯がそれぞれ、221° 26.0′、N 09° 25′ に近い Mars であると特定することができる。

実際に、Mars の 07h でのグリニッジ時角が 217° 53.3′、赤緯が N09° 18.2′ であり、08h では、232° 54.2′、N09° 18.8′ である。したがって、

G.H.A. Mars = 217° 53.3′ +（232° 54.2′ − 217° 53.3′）× 881 / 3600
= 217° 53.3′ + 15° 0.9′ × 881 / 3600 = 221° 33.8′
Dec. Mars = N09° 18.2′ +（N09° 18.8′ − N09° 18.2′）× 881 / 3600
= N09° 18.4′

となる。

14m41s における Increments and Corrections を参照すると Sun Planets の増加量として 3° 40.3′ を得る。また Mars の v は 0.9、d は 0.7 なので、14m での修正量はともに 0.2′ である。結果、

G.H.A. Mars = 217° 53.3′ + 3° 40.3′ + 0.2′ = 221° 33.8′
Dec. Mars = N09° 18.2′ + 0.2′ = N09° 18.4′

となり、同じ値となっていることがわかる。

5.4 観測時期の選定

5.4.1 薄明

薄明（Twilight）とは、太陽は水平線上になくても、大気による光の散乱により、空が明るくなっている状態をいう。正子（Mid Night）から次の正子までの 1 日の間には日の出（Sunrize：日出）に伴う薄明（Dawn：払暁）と日の入り（Sunset：日没）に伴う薄明（Dusk：黄昏）があり、特に恒星・惑星の高度観測の機会としてとらえることができる。

朝方の場合は、夜から昼へ移行するので、見えていた星は次第に太陽光の明るさにかき消されていく。等級の低い暗い星から見えなくなり、ついには明るい星も見えなくなる。一方で、暗い空は徐々に明るくなり、水平線が見え始め、徐々にコントラストを強めていく。つまり、朝方の高度観測は、水平線が見え始めてから、星が見えなくなるまでの間に行うことになる。

夕方の場合は、太陽が水平線下に沈み、徐々に空が暗くなっていく。すると等級の高い明るい星から見え始める。一方、空が暗くなっていくので水平線とのコントラストが曖昧になっていき、ついにはぼやけて空と海との境界の識別ができなくなる。つまり、夕方の高度観測は、星が見え始めてから、水平線が見えなくなるまでの間で行うことになる。

太陽の上辺が（視）水平にかかった瞬間は「常用（Civil）」の日出あるいは日没とされている。ここで、真水平に太陽の中心がかかった瞬間を「真（True）」

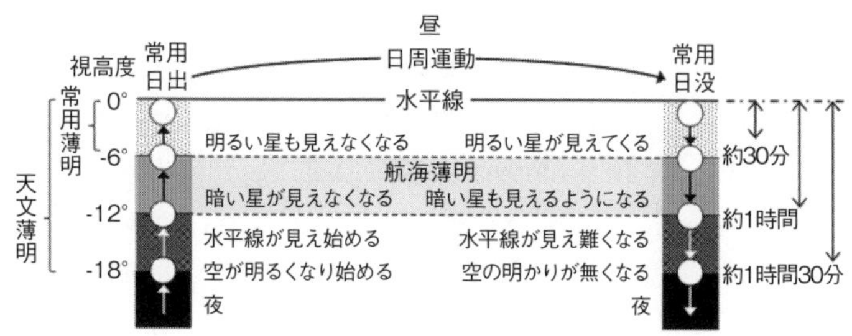

図 5.8 薄明の定義

の日出・日没としていることを区別する。

常用日出没から太陽の中心の頂距が 96°（つまり、視高度が－ 6°）までの間は「常用薄明（Civil Twilight)」、同じく頂距が 108°（視高度が－ 18°）までの間は「天文薄明（Astronomical Twilight)」と定義されている。さらに、天文航法では、視高度が－ 12°付近が最も高度観測に適している（星と水平線がともに明瞭に見える）との理由から、常用薄明までの（からの）間を「航海薄明（Nautical Twilight)」と呼んでいる。天文薄明の長さは平均で約 1 時間 30 分であり、それぞれ視高度が－ 18°、－ 12°、－ 6°であるので、航海薄明と常用薄明の長さは、ともに 30 分程度を目安としている。

5.4.2 薄明時間の変化

図 5.9 に示すように太陽の赤緯が同じ（同日）であっても、測者の緯度によって薄明の長さが異なる。同図の例は夏至の太陽（N23.4°）に対する、北緯 15°

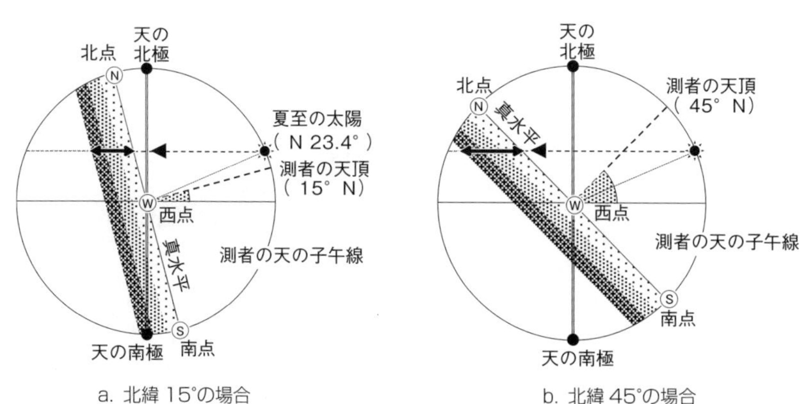

図 5.9 緯度による薄明時間の長さの違い（子午線面図）

と北緯45°の地におけるそれぞれの長さを模式的に示している。

天測暦では、「北緯日出（没）時と薄明時間」、「南緯日出（没）時と薄明時間」のページに日出時刻、日没時刻、およびそれぞれについての「天文薄明」の長さが記載されている。Nautical Almanac では、Daily Pages の見開き右側のページに中日（なかび：見開きで3日分を記載している）の日出時刻、日没時刻、それぞれについての「常用薄明（Civil Twilight）」時刻、および「航海薄明（Nautical Twilight）」時刻がG.M.T. として記載されている。

表5.3に2019年を例にして、夏至（6月22日）の緯度の違いによる薄明時間の長さを比較する。

また、図5.10に高緯度（北緯60°、北緯75°）の地における太陽の日周運動を示す。同図は夏至における北緯の例であるが、冬至において南緯の高緯度の地でも同じ状況となる。

表5.3 緯度による薄明時間の長さの違い（2019年6月22日・夏至を例とした日没後）

緯度	日没時刻		薄明		
	Nautical Almanac	天測暦	Nautical Almanac		天測暦
			常用（Civil）薄明時刻	航海（Nautical）薄明時刻	天文薄明の長さ
15°	18h32.5m	18h32.4m	18h56.5m（日没から24m）	19h24.5m（日没から52m）	（日没から）1h20m
45°	19h50m	19h51m	20h28m（日没から38m）	21h18m（日没から1h28m）	（日没から）2h33.5m

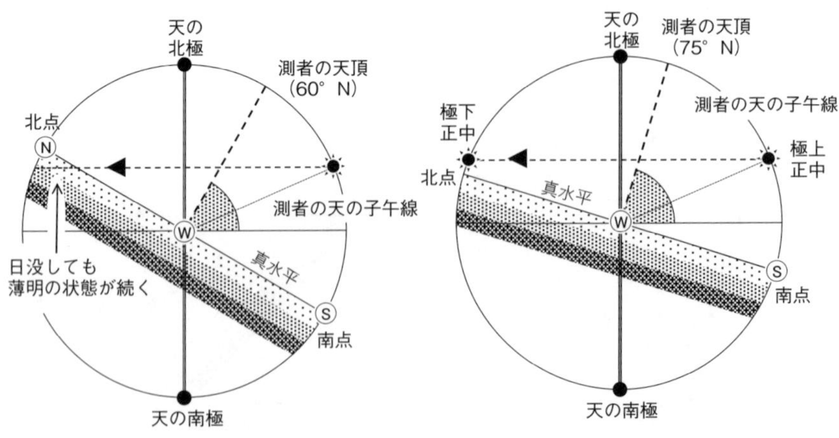

a. 北緯60°の場合（薄明のまま夜が明ける）　b. 北緯75°の場合（太陽が沈まない）

図5.10 高緯度における太陽の日周運動：白夜

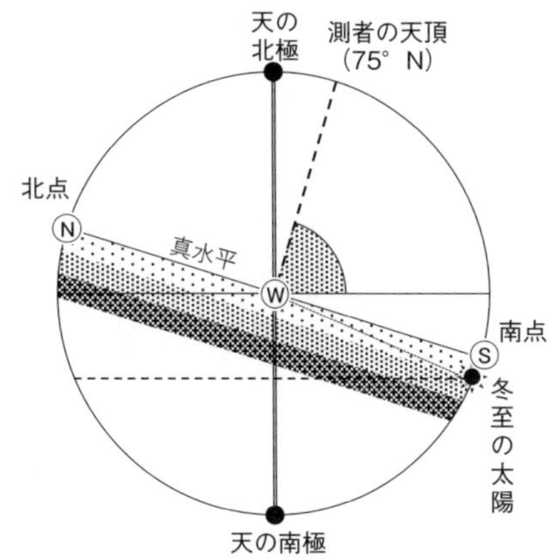

図 5.11　高緯度における太陽の日周運動：極夜

太陽が水平線下に沈まない、あるいは、沈んでも薄明が継続したまま日出を迎える状況を白夜（White Night）という。

冬至の時機に北緯の高緯度にいる場合（図 5.11）は、水平線から太陽が昇らない状況もあり得る。これを極夜（Polar Night）という。

なお、Nautical Almanac の「Sunrise」、「Sunset」の欄において、太陽が常に水平線上にある場合は（□）、水平線下にある場合は（■）の記号が付されている。

また、薄明が継続したまま夜が明ける場合は、(////) の記号が付されている。

5.4.3　航海薄明時刻の推定

天測暦においては、「北緯日出（没）時と薄明時間」もしくは「南緯日出（没）時と薄明時間」を参照する。年間の月日（10 日ごと）と緯度における日出時刻、日没時刻が記載されている。この時刻は L.M.T. となっている。

この時刻は、その日の太陽の赤緯と緯度から出没時角を求め、日出の場合は視正午（12h A.T.）からこの時角を減じた時刻を、また、日没の場合は視正午（12h A.T.）にこの時角を加えた時刻とし、さらに、そのときの均時差（Eq. of T.）を減じて日出あるいは日没の平時（M.T.）としている。この計算過程での日出（没）時刻は真の日出（没）を意味しているが、「常用日出（没）」は太陽の上辺が視水平にかかった瞬間とされているので、この間には数分の隔たりがあることに留意する。

したがって、これらの表の値は厳密には、区切りのよい数値で時刻改正を加えている船内使用時での時刻とは異なり、また、真の日出没時刻を示しているのではないことに注意する。

天測暦に記載されている薄明時間は「天文薄明」であるので、日出前あるいは日没後の1/3の期間が「常用薄明」であり、1/3～2/3の期間が「航海薄明」として、スターサイトを開始する時機の目安をつけることになる。

Nautical Almanacにおいては、Daily Pagesの見開き右ページにGreenwich（Longitude 0°）での常用日出没と常用薄明、および航海薄明の平時M.T.（G.M.T.）が記載されている。

この値は見開きの対象とする3日間の中日の太陽の赤緯と各緯度から求められている。

どの経度の地においてもこのG.M.T.で示された時刻を、それぞれのL.M.Tと読み替えて利用することができるが（天測暦と同じ）、2分程度の3日間における変化を無視できない場合は、その地の経度を根拠にページ間の値を補間する。

すなわち、測者の緯度を根拠に検索して得た時刻（航海薄明、常用薄明、日出没）から、測者の経度時を加減して、グリニッジとしての日時刻を得る。その日時刻の「日」が中日よりも前であれば、見開いているページの前のページの3日間の値との差を確認する。後であれば後ろのページの値との差を確認する。

例えば、12月24日に北緯35°、東経135°の地にいる測者にとっての日出は、24•25•26日のページから07h06mと検索できるが、経度時を加減して、グリニッジの日時を求めれば、23日22h06mとなる。そこで、前のページ（21•22•23日）を参照し、該当する欄は07h04mとなっている。つまり、3日間で＋2mとなっている。

東経135°の地にいる測者の24日はグリニッジでは（24日－135°/360°（＝23.6日））と考えて、中日である25日からは（25－23.6＝1.4日）のぶん前の隔たりがある。ページ間の日数の開きは3日間なので、補正係数として1.4/3という過程を経て、0.5という数値を得る。

結果、22日を代表とするページと25日を代表とするページでの値の差は＋2mであったので、0.5を乗じて得た1mを25日の値から減じて、当地における24日の日出時刻は07h05mとなる。

5.5 位置の決定

5.5.1 観測位置の緯度と経度

天体についての修正差と方位角をもって「位置の線」を得るにあたり、図 5.12 に示すような原点に推測位置をおく直交座標系を用意する。慣例にしたがい、上方を北、右方を東とする場合、方位角は、子午線（経線）を基準にして定まり、この方位の線の延長に天体を認めていることになる。修正差が正（＋）の場合は天体側の、負(−)の場合は天体と反対側の線上に修正差の距離をとり、「位置の線」の基点とする。この基点を通り方位の線に直交する直線がこの天体についての「位置の線」である。複数の「位置の線」の交点が観測位置（Observed Position）となる。ここでは、説明の便宜上、2 天体についての「位置の線」の交点を観測位置とおく。

原点の推測位置からみて、縦方向のずれは変緯（D. lat.）であり、横方向のずれは変経（D. Long.）あるいは東西距（Dep.）である。推測位置の緯度と経度に、変緯と変経をそれぞれ加減し、観測位置の緯度と経度とする。

多くの場合「位置の線」の交点は作図により特定される。縦方向と横方向のずれの量は作図ごとに定義される距離を適用する。海上保安庁による「位置決定用図」では、横方向のずれをそのまま変経として扱うが、同心円方格図法や天測方位高度差儀（分度器）を使用する方法では、横方向のずれを東西距（Dep.）として扱っている。この違いについては特に注意が必要である。

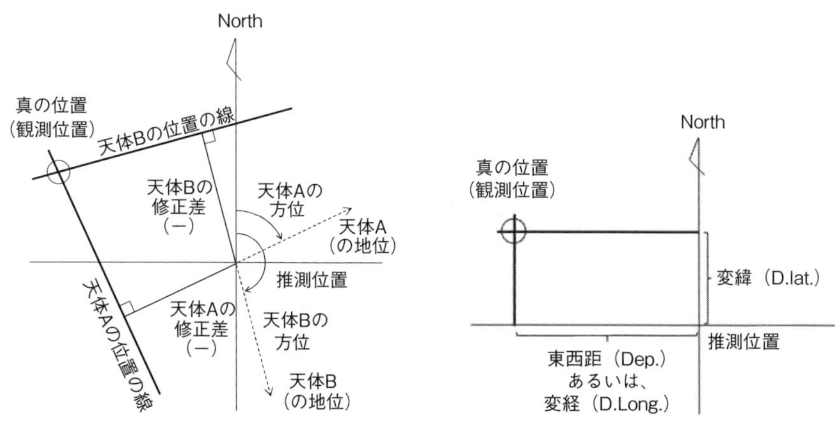

a. 推測位置と観測位置　　b. 縦方向のずれと横方向のずれ

図 5.12　観測位置の緯度と経度

5.5.2 位置決定用図の利用

「位置決定用図」は一般の海図と同じように漸長図法を適用する方針で変緯と変経を特定できるようになっている。つまり、横方向のずれは、そのまま変経を示しているので、横軸におかれている経度（1′間隔）の目盛をそのまま読み取る（図 5.13）。

一方、縦方向のずれについては、図 5.14 に示すような「漸長緯度差の尺度」が用意されているので、推測位置における緯度に該当する尺度をもって、修正差と変緯（の長さ）を特定する。この尺度は、横軸の緯度における 1 / cos(緯度)を係数として、縦軸の長さに乗じた値を示している。例えば、緯度 60°における変緯 30′は、赤道における変緯 60′に相当する距離に拡大されている（1 / cos(60°) 倍 = 1 / 0.5 = 2 倍)。

位置決定用図においては、修正差に相当する図面上の距離(長さ)を求める場合、「漸長緯度差の尺度」の横軸に推測位置の緯度を特定し、その緯度の縦方向に求める値をとる(図 5.15)。また、図 5.16 に示すように作図として得た変緯量は、「漸長緯度差の尺度」の横軸上の推測位置の緯度に対応する縦方向の目盛を読み取る。

図 5.15 と図 5.16 は推測位置の緯度が 35°の例である。修正差 − 6′を得た場合の図面上の長さが特定でき、また、作図として得た図面上の長さをもって変緯量を 4′と特定している。

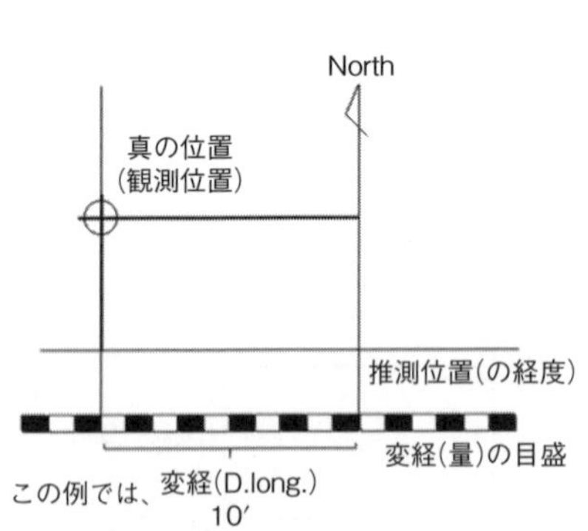

図 5.13 位置決定用図における変経量の読み取り

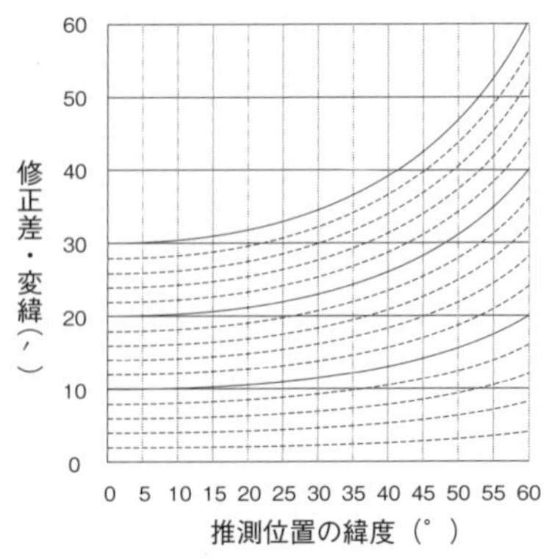

図 5.14 位置決定用図の「漸長緯度差の尺度」（修正差・変緯の 1/cos（緯度）倍）

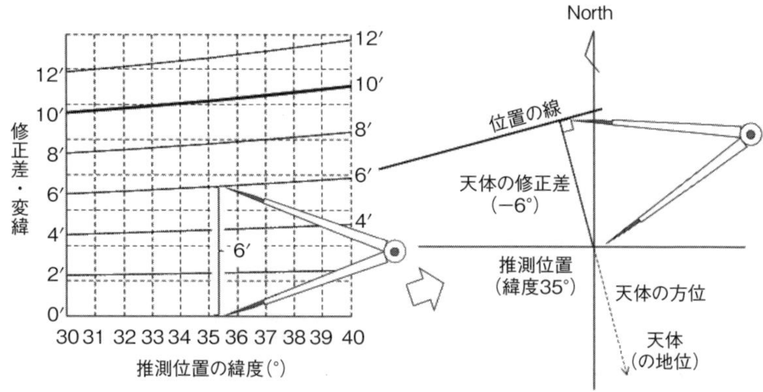

図 5.15　修正差を与える図面上の長さの特定

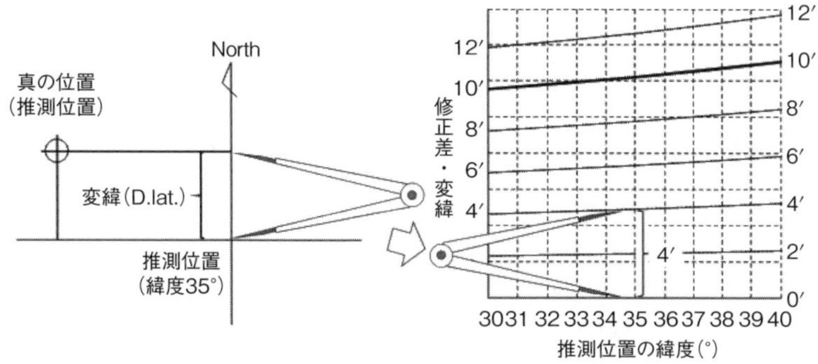

図 5.16　図面上の長さからの変緯量の特定

5.5.3　同心円方格図法・天測方位高度差儀の利用

ここで紹介する二つの方法は、ともに推測位置の周辺海域を平面航法の座標系として扱う。すなわち、横方向のずれは東西距であり、最終的に、これに 1 / cos(推測位置の緯度) を乗じて変経量を得る。縦方向のずれは、そのまま変緯量とする。

図 5.17 に同心円方格図の例を示す。方格とは正方形の格子（Grid）との意味である。また、図 5.18 に天測方位高度差儀の概略を示す。通常の分度器であっても、直径方向に沿って与えられている目盛（mm）と作図上の単位（′）との対応をとることで代用できる。

図 5.17 に示すように、同心円方格図では、図の中心に推測位置をおき、修正差をそのまま中心からの距離（半径）としてとる。天測方位高度差儀（分度器）ではその直径に沿った目盛上に修正差をとる。同心円方格図も天測方位高度差儀も角度を明示的に与えているので、天体の方位を簡便に特定することができるよ

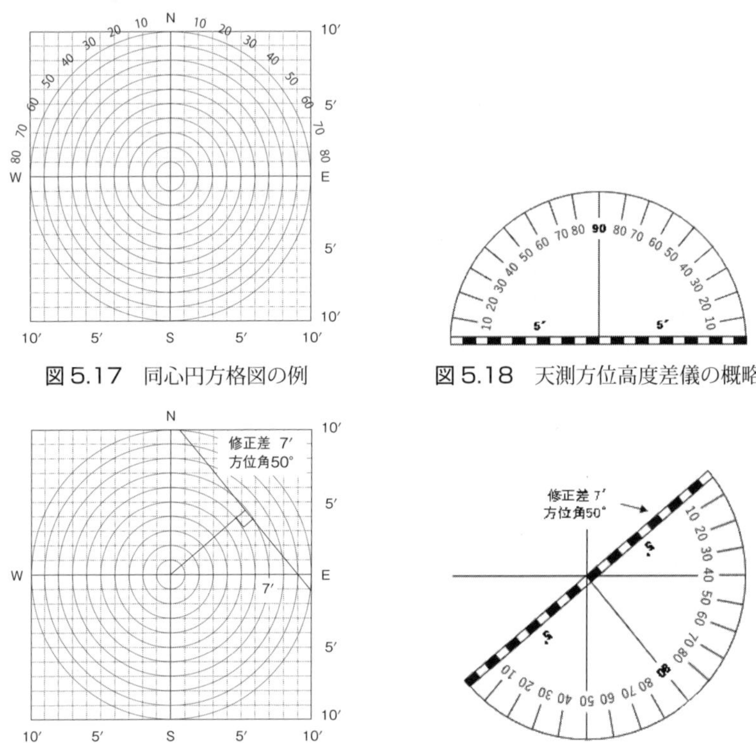

図 5.17　同心円方格図の例

図 5.18　天測方位高度差儀の概略

図 5.19　同心円方格図あるいは天測方位高度差儀（分度器）の利用

うになっている。複数の位置の線の交点を求める過程は「位置決定用図」と同じ要領である。

図 5.20 に示すように、複数の「位置の線」の交点を観測位置として決定した後、変緯量については、同心円方格図の格子あるいは天測方位高度差儀（分度器）の直径に沿った目盛を目安にして特定する。

一方、横方向のずれは東西距であるので、この距離（長さ）から変経量を特定する必要がある。二つの方法とも、作図により東西距から変経量を求めることができるようになっている。すなわち、横軸を基準にして推測位置の緯度に相当する角度を与える直線を引き、東西距を通る縦軸に平行な補助線との交点を特定する。得られた原点からこの交点までの距離が変経量に相当する。なぜなら、作図上において、原点からこの交点までの距離× cos(推測位置の緯度) が 東西距となっているからである。

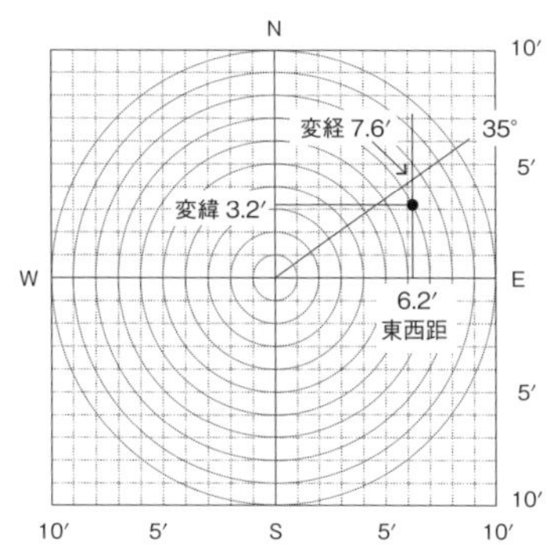

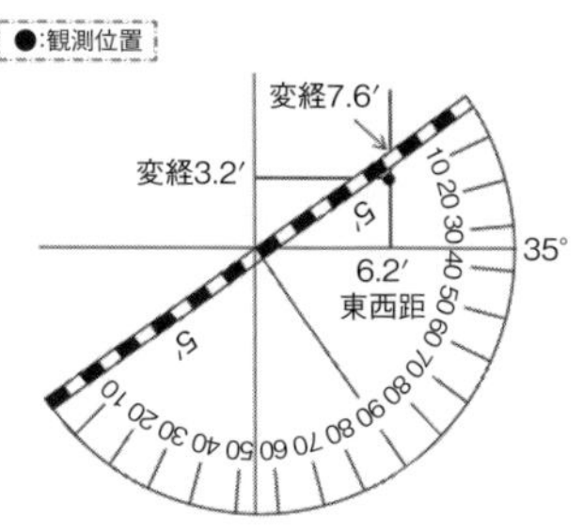

推測位置の緯度の余弦（cos）で東西距を与える距離が変経となっている。
この図では、推測位置の緯度を35°としている。
つまり、変経×cos（緯度）＝東西距　→　6.2′/cos（35°）＝7.6′

図 5.20　同心円方格図・天測方位高度差儀（分度器）による変経（量）の特定

5.6　隔時観測と同時観測

5.6.1　隔時観測

観測位置を求めるためには、「位置の線」の交点を得る必要がある。交点を得るためには方位の異なる複数の天体を観測する必要がある。太陽は日周運動により、方位と高度がともに変化する。ある時刻において太陽についての「位置の線」を得た後、ある時間を経て、改めて「位置の線」を得る。すると、二つの「位置の線」は方位の変化に相当する角度で交差する。太陽は一つであるが、時間間隔をとって観測することで、複数の天体を観測した場合と同じ扱いをすることができる。これを太陽の「隔時観測」という。

図 5.21 の a. に示すように、午前中のある時刻に太陽の高度を観測し、その時の「位置の線」を得たとする（便宜上、第 1 とする）。時間が経過し、ある時刻（この例では視正午）にいたるまでの間、本船は第 1 の推測位置から、その間の針路・速力による航行によって第 2 の推測位置に移動している（同図の b.）。同図の c. に示すように、第 1 の時刻において本船は、その「位置の線」のどこかにいたはずであり、どの位置（点）からであっても、第 1 と第 2 の推測位置の間の航程を経ている。結果、この航程の先端（点）を連ねた軌跡は、第 2 の推測位置に対しても、第 1 の「位置の線」と同じ位置関係を形成する。

したがって、第 2 の「位置の線」を得ることで、第 1 の「位置の線」との交点、すなわち観測位置を得ることができる（同図の d.）。

隔時観測においては、推測位置と「位置の線」は一対となっていて、本船の航

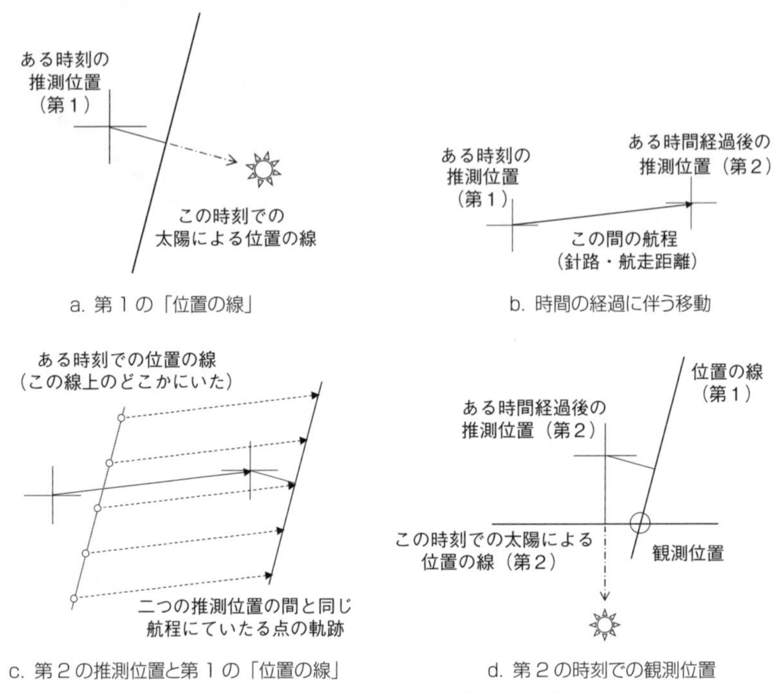

図 5.21　隔時観測による位置の決定

行に伴い推測位置は異なっていても、それぞれについて求めた「位置の線」は、重畳（重ね描き）できる。

5.6.2　同時観測

朝夕の薄明時において複数の天体（恒星・惑星・月）を連続して観測する場合を「同時観測」という。同時観測では隔時観測と異なり、いずれの天体であっても、同じ推測位置を根拠として、それぞれの計算高度を求める。ただし、一つの天体の観測には、最低でも３分から５分の時間を要するので、各天体の観測時刻は異なっている。例えば、12 ノットで航行中の本船にて、三つの天体の高度を連続して観測した場合に、第１と第２の時間間隔が３分、第２と第３との間隔が５分であったとする。その間の本船の航行距離はそれぞれ 0.6 海里、1 海里であり、これは位置の精度として無視できる量ではない。同時観測において複数の「位置の線」の交点を求める際には、各観測時刻の間の本船の移動量を加味しなければならない。これを「位置の線」の「微小転位」という。

例えば、図 5.22 の a. に示すように、時刻 1、時刻 2、および時刻 3 において

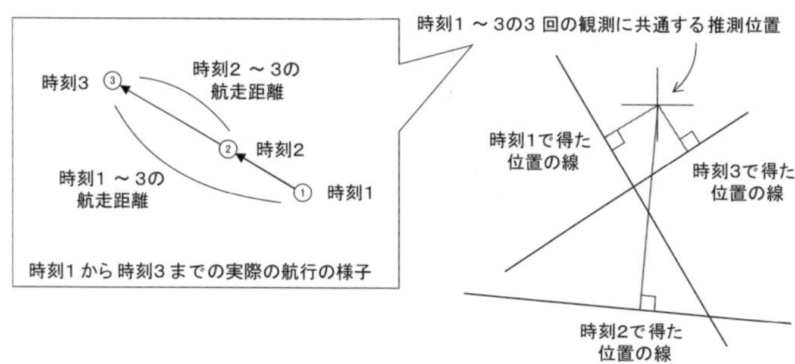

a. 複数の高度観測と共通する推測位置

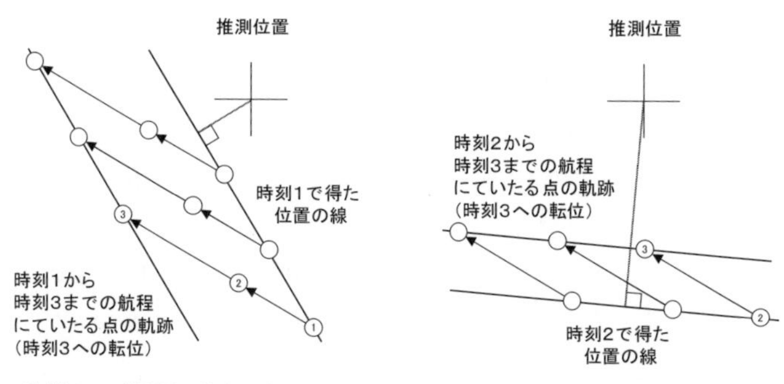

b. 時刻 1 の「位置の線」の転位

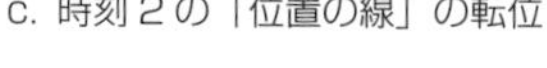

c. 時刻 2 の「位置の線」の転位

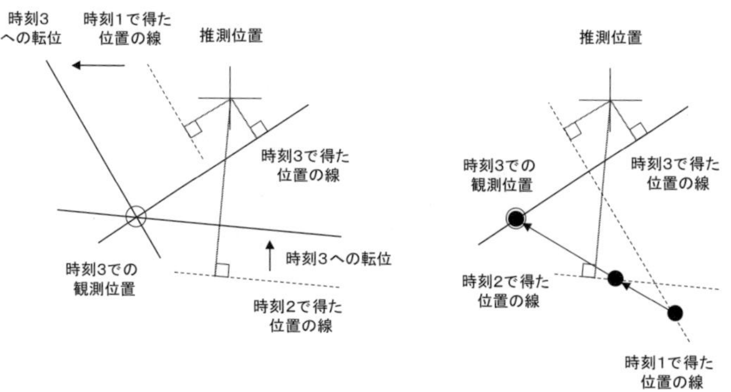

d. 時刻 3 における観測位置

e. 推測位置と実際の位置の推移

図 5.22 同時観測における微小転位

それぞれ別の天体についての「位置の線」を得たとする。実際には、時刻 1 から時刻 3 までの間、本船は航行をしているが、計算高度の根拠となる推測位置は共通している。

本船は時刻 1 において、そのときに得た「位置の線」上のどこかにいたはずである。同図の b. に示すように、時刻 2 を経て時刻 3 まで、本船は実際には航行しているので、この間の航程に応じて平行移動させた線を描くことができる。これを「転位線」という。この際、「位置の線」上の任意の点から、時刻 1 から時刻 3 までの航程（針路と航走距離）をとり、その点を通って「位置の線」と平行な線を描けば転位線となる。

時刻 2 において得た「位置の線」についても、時刻 3 までの航程のぶんを平行移動させて転位線を得る（同図の c.）。これら二つの転位線と時刻 3 における「位置の線」の交点が、時刻 3 における観測位置となる（同図の d.）。

この例では、3 回の観測で得た「位置の線」を最後の時刻において合致させた。このようにして得た位置を「後測時」の位置といい、逆に最初の時刻に後の「位置の線」を転位させて得る位置を「前測時」の位置という。最新の状態を把握したい、とするのが常であるので、後測時の位置を得ることになる。なお、同図の e. に示すように、本船の実際に航行した位置は、各時刻の「位置の線」上のそれぞれの 1 点であったことがわかる。

また、図 5.23 に示すように、「位置の線」の原点となる推測位置自体を転位してから「位置の線」を描く方法もある。この場合、最後の観測については、転位をさせる必要はないので通常通りの方法で「位置の線」を描く。これ以前の各

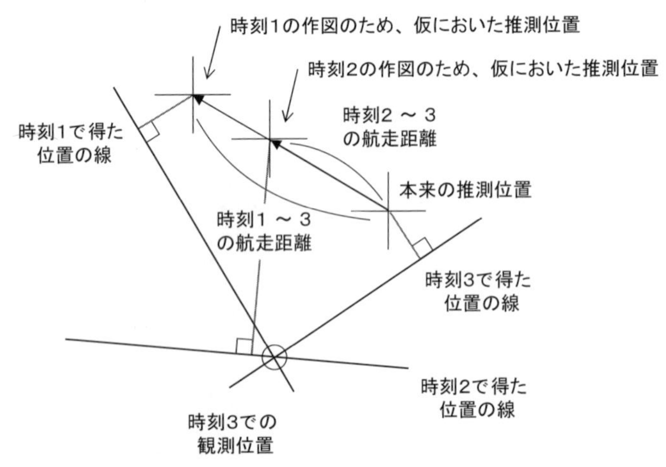

図 5.23　推測位置を先に転位させる作図法

観測時刻については、最後の観測時刻までのそれぞれの航程に相応する位置に推測位置を仮において、その位置から「位置の線」を描く。「位置の線」を描いてから転位させるのではなく、転位させてから「位置の線」を描く方法といえる。

Column 5-1 「位置の線」の交点の計算

従来の作図により交点を求める方法は、アナログではあるものの「位置の線」の関係を「目」で確認しながら作業を進めることになるので、確実な方法であるといえる。もし、この作業を機械化するのであれば、作図を代替するロジックを改めて構築することになる。

「位置の線」は修正差と方位角の二つの変数で定義される。あわせて微小転位に必要な方向と移動量も変数として求められる。隔時観測であれば、これらは「0」とすればよい。

「位置の線」は推測位置（あるいは微小転位させた位置）から方位角の方向に修正差をとり、この「基点」を通り方位角に直交する直線である。つまり、一つの「位置の線」は二次元空間上において、ある基点（x, y）を通り、ある方向ベクトル $(\Delta x\ \Delta y)^T$ をもつ直線と表現することができる（T は転置を表す）。

二つの位置の線 α と位置の線 β があるとき、位置の線 α の基点（xα，yα）から位置の線 β の上にある点に延びるベクトルを想定する。これを $(\Delta x\alpha\beta\ \ \Delta y\alpha\beta)^T$ と表現することにする。ここで、位置の線 α 自身の方向ベクトルを $(\Delta x\alpha\ \ \Delta y\alpha)^T$ とおくと、二つベクトルの「内積」を求めることができる。すなわち、

$$\text{二つのベクトルの内積} = \Delta x\alpha \times \Delta x\alpha\beta + \Delta y\alpha \times \Delta y\alpha\beta$$

であり、これら二つのベクトルの成す角度を θ とするとき、内積との間には、

$$\cos(\theta) = \text{二つのベクトルの内積} / \{\text{ベクトル}\ (\Delta x\alpha\ \ \Delta y\alpha)^T \text{の長さ} \times \text{ベクトル}\ (\Delta x\alpha\beta\ \ \Delta y\alpha\beta)^T \text{の長さ}\}$$

との関係がある。このとき、θ が 0° あるいは 180° となる場合、二つのベクトルは重なっている（同方向）か、反方向になっている。これらの条件を与えるときには位置の線 β 上にとった位置が位置の線 α のどこかに存在していることになる。つまり、その点が交点である。

$$\cos(\theta) = (\Delta x\alpha \times \Delta x\alpha\beta + \Delta y\alpha \times \Delta y\alpha\beta) / \{\sqrt{(\Delta x\alpha^2 + \Delta y\alpha^2)} \times \sqrt{(\Delta x\alpha\beta^2 + \Delta y\alpha\beta^2)}\}$$

計算ロジックとして、cos(θ) の値が 1（θ＝0°）あるいは－1（θ＝180°）となる点を位置の線 β の上に辿る計算ループを与えればよい。

図 C5.1 には、三つの「位置の線」について相互に交点を求めた例を示す。これら交点を根拠に平均位置を観測位置とする（図 C5.2 の a）。また、各「位置の線」

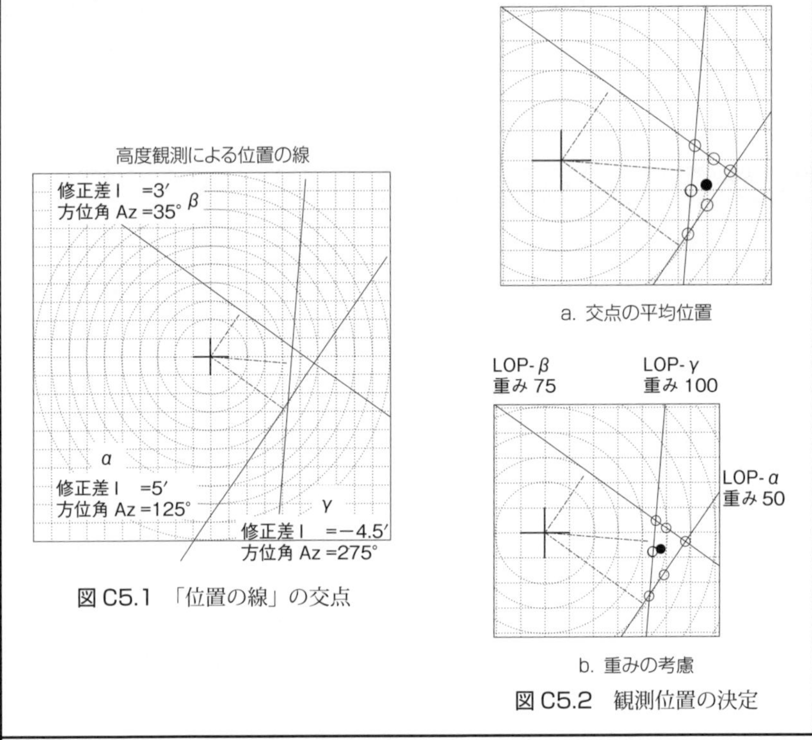

図 C5.1 「位置の線」の交点

a. 交点の平均位置

b. 重みの考慮

図 C5.2 観測位置の決定

5.7 正午位置

5.7.1 正午位置に関係する算法

正午位置(Noon Position)は複数日にわたる航海で 1 日 1 日を区切る重要な「位置」となっている。

航海が経度の変化を伴うとき、視太陽に正中する時間間隔も変化するので、船内で使用する標準時（船内使用時）を調整することになる。この時刻改正は、視太陽が「測者の天の子午線」を通過する瞬間（視時 12 時）に船内使用時も 12 時を指すように調整されるが、数分の差異は許容している。

船内使用時の正午前後に視太陽の正中を迎えることになるが、このとき「位置の三角形」における視太陽の地方時角が「0」となる。つまり、測者の緯度、太陽の赤緯、太陽の頂距（＝ 90° －高度）が「測者の天の子午線」の一線（厳密には、一つの圏）上に存在することになる。このとき、太陽の高度を観測し頂距を得て、単純な加減算で測者の緯度を求めることができる。この緯度の値を与える点の軌跡は、海図あるいは位置決定用図などの北を紙面上方におく図において、平行な直線（緯線）となる。これを「子午線高度緯度法」という。

正午に太陽の高度から得た緯線も「位置の線」であることに変わりはないので、午前中に観測して得た太陽の「位置の線」と重畳し、両者の交点をもって正午位置とする。

また、太陽の子午線の通過は高度を連続して観測し、高度の変化が無くなった瞬間をもって判定する。しかし、この高度の変化には本船の動きなどが反映されているので、高度の変化が0となった時点が必ずしも太陽が子午線を通過した瞬間ではない。厳密に緯度を特定しようとする場合には、この差異を補正することになる。

さらに、太陽が子午線を通過しようとしている時点で天候等により高度が観測できない場合がある。子午線通過にある程度近ければ、ある程度の誤差を許容しながら「子午線高度緯度法」のように緯線を特定する方法がある。これを「傍（近）子午線高度緯度法」という。

5.7.2 子午線通過と子午線高度

地球上にいる測者の天頂は、天球上に一意に定められる。地球の両極を通る無数の大圏の内、測者を通るものが測者の子午線であり、同様に天の両極を通る無数の大圏の内、天頂を通るものが「測者の天の子午線」である。測者の子午線と「測者の天の子午線」は一対一に対応していて、ある測者について、ただ一つ与えられる。ここで、子午線は極から上方、すなわち天頂側へ延びる部分を「極上子午線」、一方、極から下方、すなわち真水平へ延びる部分を「極下子午線」として区別する（図 5.24）。

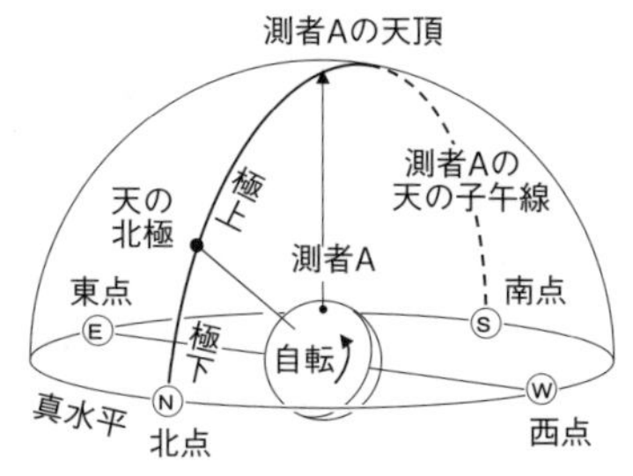

a. 北緯の地にいる測者の例

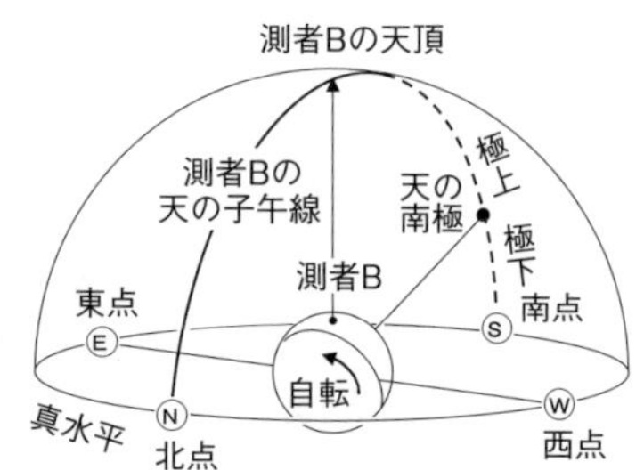

b. 南緯の地にいる測者の例

図 5.24　子午線の「極上」と「極下」

測者は自転する地球上に存在しているので、天球上にある天体は、測者からみると地球の自転が相対的に反映された運行をする。すなわち、天体は東から昇り、西に沈む。これを天体の日周運動といった。図 5.25 に北緯の地（35° N の例）における夏至および冬至の太陽の日周運動の概要を示す。また、図 5.26 に南緯の地（15° S の例）における夏至および冬至の太陽の日周運動の概要を示す。同じ赤緯にある天体（夏至の太陽では N23.4°、冬至の太陽では赤緯 S23.4°）であっても、測者の緯度が異なると天球上の運行（日周運動）の軌跡は異なってみえる。

日周運動の間において、天体が「測者の天の子午線」を通過する瞬間が存在する。この状況が「正中」であり、特に、極上子午線上を通過する瞬間を「極上正中」という。この日周運動と「極上正中」の瞬間を、水平面図を用いて表現する

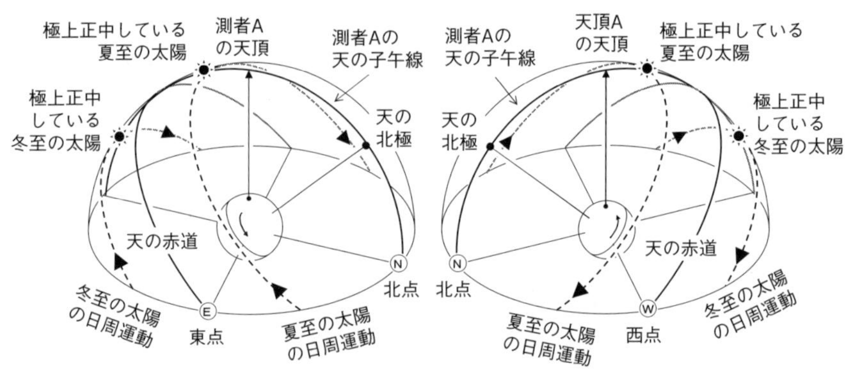

図 5.25　北緯の地にいる測者からみた太陽の日周運動

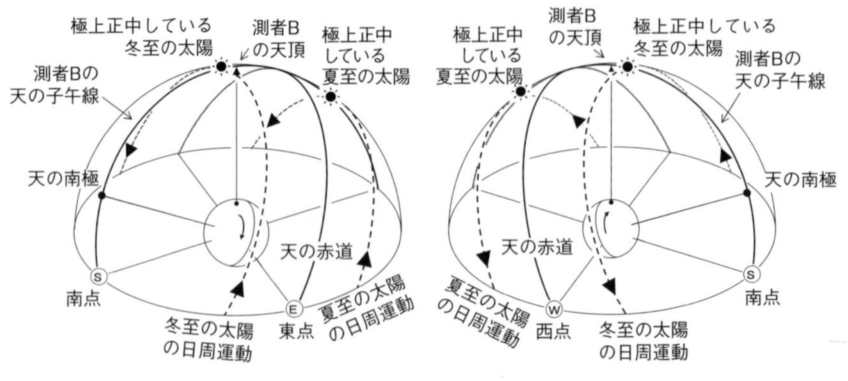

図 5.26　南緯の地にいる測者からみた太陽の日周運動

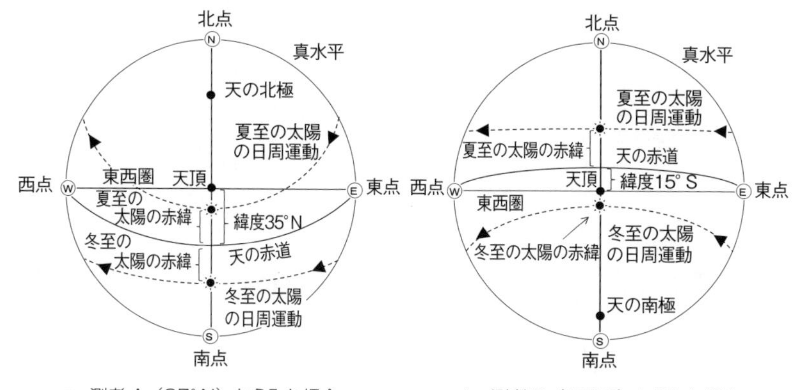

a. 測者 A（35° N）からみた場合　　b. 測者 B（15° S）からみた場合

図 5.27 太陽の日周運動（水平面図）

と図 5.27 のように表すことができる。

北緯 35°の地にいる測者 A から極上正中する冬至の太陽（赤緯 S 23.4°）は、当然ながら天頂よりも南にある。また、このときの緯度と赤緯の関係は「異名」である。夏至の太陽（赤緯 N 23.4°）は、測者 A と「同名」であっても、赤緯の値は測者 A の緯度よりも小さいので、天頂よりも南にみることになる。一方、南緯 15°の地にいる測者 B から、極上正中する夏至の太陽は「異名」であり、北に望むことになる。ところが、極上正中する冬至の太陽は測者 B と「同名」であっても、赤緯の値は測者 B の緯度より大きいので南に望むことになる。

水平面図の中心は天頂であり、天頂から天体に向けて伸びる半直線は頂距（90° －高度）である。円周にまで伸びる半直線、すなわち半径は 90°であるので、その先端、すなわち、真水平にある天体の高度は 0°であることを示している。図 5.28、図 5.29 に示すように、太陽の日周運動の途上に延ばした半直線の長さ（頂距）は、日出から正中にいたるまでの間では短くなり、正中の瞬間が最短となっている。また、正中した後から日没にいたるまでの間は長くなっていき、日没で最長、すなわち、90°（真高度が 0°）となる。

このように、極上正中の瞬間において頂距が最も小さく、すなわち、高度が最も大きくなる。これを「子午線高度」という。なお、極下正中[1]の場合においては、正中の瞬間には高度は最も低くなることに留意する。

1 太陽の極下正中は、太陽の赤緯と測者の緯度が同名であり、測者が高緯度（90° － 赤緯）<緯度の場合しか現れない。

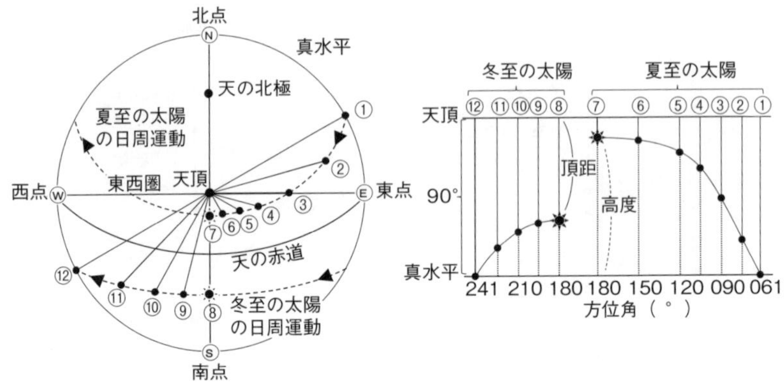

a. 日周運動に伴う方位と頂距の変化　　b. 頂距と高度の変化

図 5.28　頂距の変化の一例（35° N にいる測者 A からみた場合）

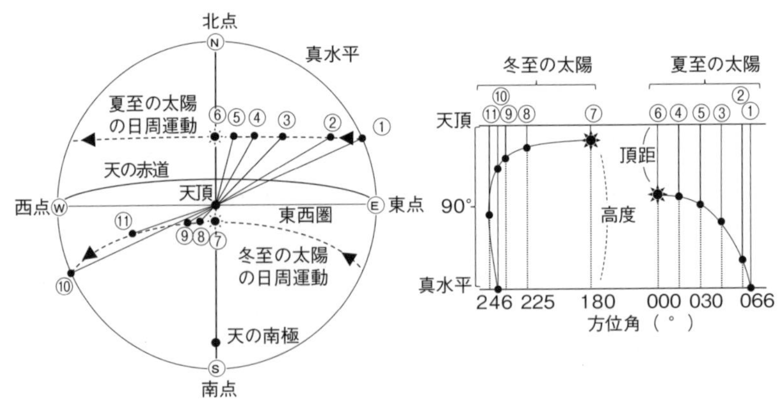

a. 日周運動に伴う方位と頂距の変化　　b. 頂距と高度の変化

図 5.29　頂距の変化の一例（15° S にいる測者 B からみた場合）

5.7.3　子午線高度緯度法

極上正中では、太陽の地方時角は 0°となる。このとき「位置の三角形」の余弦定理の式において cos(地方時角＝0°）＝1 なので、以下の関係が成立する。このときの頂距を特に「子午線頂距」という。

cos(子午線頂距）＝sin(緯度）sin(赤緯）＋cos(緯度）cos(赤緯）

となる。ここで、右辺は余弦の加法定理の関係になっていることに着目すると、この式は、

cos(子午線頂距) ＝ cos(緯度−赤緯)

と書き換えることができる。つまり、

子午線頂距 ＝ 緯度 − 赤緯，緯度 ＝ 子午線頂距 ＋ 赤緯

との関係式に集約することができる。この関係を利用して、極上正中したときの緯度を、そのときの太陽の赤緯と子午線頂距から加減算して求めることを「子午線高度緯度法」という。

(1) 正算法

太陽の極上正中の瞬間における子午線面図を図 5.30、図 5.31 に示す。この瞬間に太陽の高度を観測し、器差の修正と高度改正を施して真高度を得る。この真高度の値を 90°から減じて子午線頂距を求める。

頂距は（90°－高度）であり、高度は 90°以下[2]であるので、頂距が「負」の値をとることはないが、ここでは、測者の緯度と天体（太陽）の赤緯との計算を統一的に扱うことができるよう、太陽を南に向かって高度を得た場合に「正（＋)」、北に向かって得た場合を「負（－)」として扱うとする。

図 5.30 に示すように北緯(35° N)にいる測者 A からみた太陽は、夏至の太陽(同図の a.) であっても、南側に望むので、そのときの子午線頂距は「正（＋)」となる。

測者 A が太陽の極大高度を観測し、高度改正を経て真の子午線高度を得たとする。このときの測者 A の緯度は、

測者 A の緯度 ＝ 子午線頂距（南へ測るので「＋」）＋太陽の赤緯（夏至なので「＋」）

として得ることができる。冬至の太陽（同図の b.）の場合でも、南側に測る子午線頂距は「正（＋)」であり、太陽の赤緯は「南（－)」となるので、同じ関係式を適用することができる。

図 5.31 の a. に示すように、南緯（15° S）にいる測者 B からみた夏至の太陽は北側に向かって高度を測るので子午線頂距には「負（－)」の符号をつけることになる。このときの測者 B の緯度も、

測者 B の緯度＝子午線頂距（北へ測るので「－」）＋太陽の赤緯（夏至なので「＋」）

2 太陽の反方位を向いてそちらの方向の水平線を利用する場合を除く。このときの高度は天頂を超えての計測になるので 90°を超える。

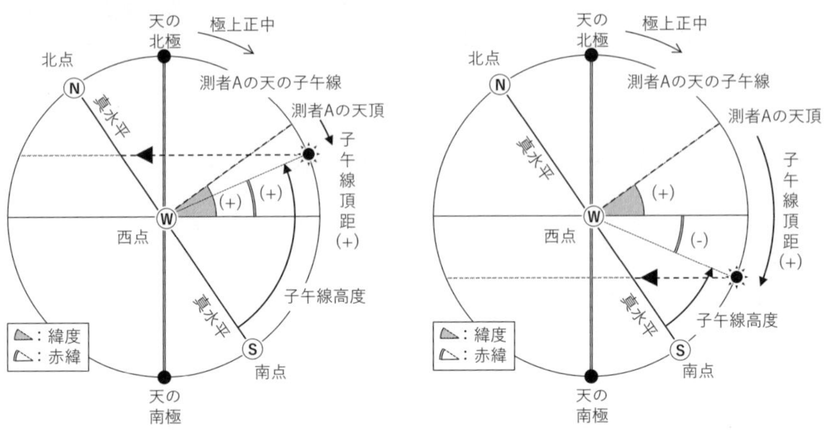

a. 夏至の太陽の極上正中　　b. 冬至の太陽の極上正中

図 5.30　太陽の極上正中（35° N にいる測者 A からみた場合）

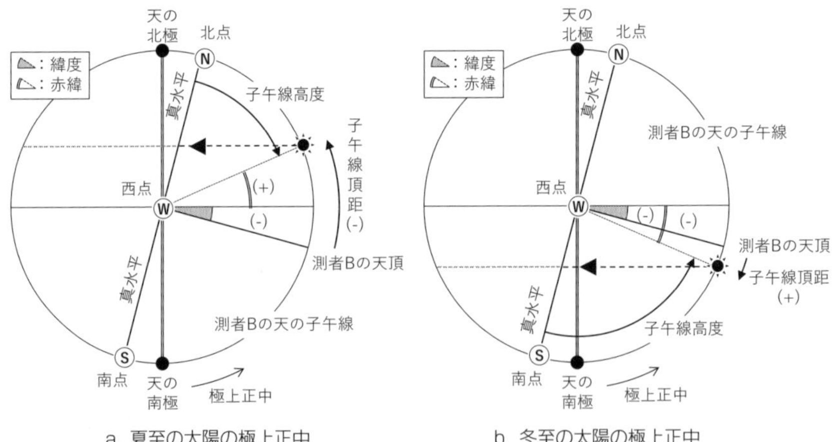

a. 夏至の太陽の極上正中　　b. 冬至の太陽の極上正中

図 5.31　太陽の極上正中（15° S にいる測者 B からみた場合）

との関係式で表現することができる。図 5.31 の b. の場合であっても、冬至の太陽を南へ測ることになるので、子午線頂距を「＋」として扱い、このときの太陽の赤緯は「－」なので、

測者 B の緯度 ＝子午線頂距（南へ測るので「＋」）＋太陽の赤緯（冬至なので「－」）

との関係性を踏襲できる。

以下に子午線高度緯度法の正算法による計算過程を総括する。

① 六分儀により子午線高度を得て、これに器差の修正と高度改正を施して、「子午線高度についての真高度」を求める。あわせて、このときの太陽の赤緯を求める。

② 90°から「子午線高度についての真高度」を減じて「子午線頂距」を得る。

③ 天頂（推測位置の緯度）と太陽の赤緯を比較し「子午線頂距」の符号を定める。すなわち、太陽を南にみる場合は「正（＋）」、北にみる場合は「負（−）」とする。

④ 緯度 ＝ ±子午線頂距 ＋太陽の赤緯

との手順となる。

(2) 逆算法

子午線高度緯度法の逆算法とは、視正午において観測することになる子午線高度についての「六分儀高度」をあらかじめ求めておき、実際に観測して得た六分儀高度との比較により、「測者の天の子午線」上での「差」を求めて子午線通過時の緯度を特定する方法である。

まず、正午（視太陽の子午線通過）の推測位置を求める。この推測位置の緯度と太陽の赤緯から予測される子午線頂距を求める（子午線頂距 ＝推測位置の緯度 − 太陽の赤緯）。この計算結果は「正」、「負」の両方になりえるが、「正」の場合は太陽を南に、「負」の場合は北にみると理解しておけばよい。

子午線頂距（厳密にいえば、この絶対値）の余角が子午線高度であり、これに高度改正を逆に施して、観測することが予測される子午線高度を求めておく。仮に、これを「六分儀高度（予測）」とする。また、実際に観測した六分儀高度を「六分儀高度（実際）」とする。

a)「六分儀高度（予測）」＜「六分儀高度（実際）」の場合

予測の根拠となっている推測位置よりも、実際には太陽に近づいて正中を迎えたことになる。

このとき、子午線頂距の符号（正・負）を参照すれば、太陽を南にみているのか、北にみているのかを判別できるので、これに則って推測位置の緯度に加えるのか、減じるのかを決定する。つまり、子午線頂距の符号が「正」であれば、太陽を南にみている。このときに、推測位置よりも太陽側に近づいているので、推測位置の緯度からは差を「減じる」つまり「南に寄る」ことになる。子午線頂距の符号が「負」であれば、太陽を北にみている。このときに、推測位置よりも太陽側に近づいているので、推測位置の緯度に差を「加える」つまり「北に寄る」ことになる。

b)「六分儀高度（予測）」＞「六分儀高度（実際）」の場合

予測の根拠となっている推測位置よりも、実際には太陽から遠ざかって正中を迎えたことになる。

やはり、子午線頂距の符号を参照して、差の加減を判断する。子午線頂距の符号が「正」であれば、太陽を南にみている。このときに、遠ざかっているので、推測位置よりも北にいることになる。子午線頂距の符号が「負」であれば、太陽を北にみている。このときに、太陽から遠ざかっているので、推測位置よりも南にいることになる。

以下に子午線高度緯度法の逆算法による計算過程を総括する。

① 正午の推測位置を求める。そのときの太陽の赤緯を求める。
② 推測位置の緯度から太陽の赤緯を減じて「予測の子午線頂距」を得る。
③ 「予測の子午線頂距」の符号から太陽を望む方向を確認しておく。すなわち、「正（＋）」であれば太陽を南にみる。「負（－）」であれば北にみる。
④ 「予測の子午線頂距」の絶対値の余角として「予測の子午線高度」を得る。
⑤ これに、高度改正と器差の修正を逆に施し、「六分儀高度（予測）」とする。
⑥ 実際に高度を観測し、「六分儀高度（実際）」とする。
⑦ 「六分儀高度（実際）」－「六分儀高度（予測）」の値（差）を求める。
⑧ 表 5.4 に従い、推測位置の緯度に高度の差を加減し、緯度とする。

逆算法では、高度の観測に先立って子午線高度（予測）を求めておき、実際の子午線高度の観測は緯度を求める過程の最終段階におくことができる。言い換えれば、子午線高度を観測しさえすれば、差を求めるステップを伴うだけで緯度を特定することができるので、簡便で効率的な方法であるといえる。

表 5.4　逆算法における推測位置の緯度に対する「差」の加減

六分儀高度の比較 ＼ 子午線頂距の符号	実際 ＞ 予測 ＋：太陽に近づいている	実際 ＜ 予測 －：太陽から遠ざかっている
＋：太陽が南	南へ修正（差を減算）	北へ修正（差を加算）
－：太陽が北	北へ修正（差を加算）	南へ修正（差を減算）

(3) 子午線通過時における太陽の赤緯

子午線頂距（子午線高度）を求めるためには、そのときの太陽の赤緯が必要である。この値は天測暦あるいは Nautical Almanac を参照して得るが、天測暦と Nautical Almanac は平時の体系となっているので、視時の正午 12 時における視太陽の赤緯の値を得るためには、そのときが UT 時刻（G.M.T.）で何時であるのかを特定しなければならない。

まず、測者の視時 12 時がグリニッジの視時（G.A.T.）として何時であるかを確認する。これは、正午の推測位置の経度を加減すればよい。東経の地にいる場合は、グリニッジよりも先に視正午となる。したがって、このときのグリニッジの視時は、視時 12 時よりも経度時（L. in T.）のぶん早い時刻となっている。西経の地にいる場合は、グリニッジが先に視正午を迎える。したがって、測者が視正午のときには、視時 12 時よりも経度時のぶん遅い時刻になっている。つまり、測者の視時 12 時のとき、グリニッジの視時（G.A.T.）は、東経の場合は（12h − L. in T.）、西経の場合は（12h ＋ L. in T.）となる。

ここで、視時と平時の差が均時差（Eq. of T.）であった。つまり、視時に均時差を加減すれば子午線通過時の平時を求めることができる。（Eq. of T. ＝ A.T. − M.T.）と定義されているので、（M.T. ＝ A.T. − Eq. of T.）の関係を用いて、測者の視正午の G.M.T. を求めることができる。この UT 時刻から太陽の赤緯の値を検索する。

ちなみに、このときの均時差の値は、天測暦では G.A.T. に近い UT 時刻の $E_{\odot}$ を参照してかまわない。なぜなら、Nautical Almanac では半日ごとの数値として提供されていることからもわかる通り、1 時間程度での均時差の変化は微量であるからである。

以下に子午線通過時における太陽の赤緯を求める手順を総括する。

① 太陽の極上正中は視時 12 時である。　L.A.T. 12h00m00s
② 経度時を加減（東経 −、西経 ＋）して、　∓ L. in T.
③ グリニッジ視時を得る。　G.A.T.
④ G.A.T. に近い $E_{\odot}$ から Eq. of T. を求める（天測暦）。あるいは、G.A.T. に近い欄の Eq. of T. を求める（Nautical Almanac）。
⑤ G.A.T. から Eq. of T. を減じる。　− Eq. of T.
⑥ グリニッジ平時を得る。　G.M.T.
⑦ グリニッジ平時から太陽の赤緯を求める。

ちなみに、ここで、船内使用時についての改正量（Correction for UT）を、ここで求めたグリニッジ平時に加減をすれば、船内時計で何時に子午線通過したのかを求めることができる。すなわち、

太陽が極上正中したときの船内使用時刻
＝グリニッジ平時 ± 船内使用時の改正量（Correction for UT）（東経：＋、西経：−）

5.7.4 正午位置の決定

子午線高度緯度法により太陽が極上正中したときの緯度を得たとする。図5.32に示すように、得られた緯度は視正午の推測位置の近傍にある。「隔時観測」の考え方に従い、午前中に観測して得た太陽の修正差と方位角によって同図の上に「位置の線」を描くことができる。極上正中したときの緯度（の圏）と午前中の観測によって得た「位置の線」の交点が視正午の位置となる。

子午線高度緯度法により、視正午の緯度が確定するのであれば、位置決定用図などの作図により交点の座標を求める方法によらずとも、午前に観測して得た「位置の線」との交点の横方向、すなわち、経度のずれを計算により特定することができる。これを推測位置の経度に加減すれば、視正午の経度となる。これを経度改正という。

この計算は2段階の過程を経る。すなわち、同図のb.に示すように、まず、視正午の推測位置の緯線上に「経度改正その1」を求め、続いて極上正中時の緯線上に「経度改正その2」を求める。二つの改正値は、異なる緯線上にあるのだが、緯線は平行なので、「経度改正その1」でずらした経度から、「経度方向その2」のずれをさらに加える、あるいは、戻すことになる。

なお、図における横方向の長さは東西距（Dep.）なので、経度差とするためには、1 / cos(緯度）を倍する必要がある。この緯度は視正午の推測位置の緯度でかまわない。

(1) 経度改正その1

子午線高度緯度法を用いた正午位置の決定においては、午前中に得た太陽の修正差を高度差（Δa：単位は同じく ′）と表すのが慣例であるので、ここではこ

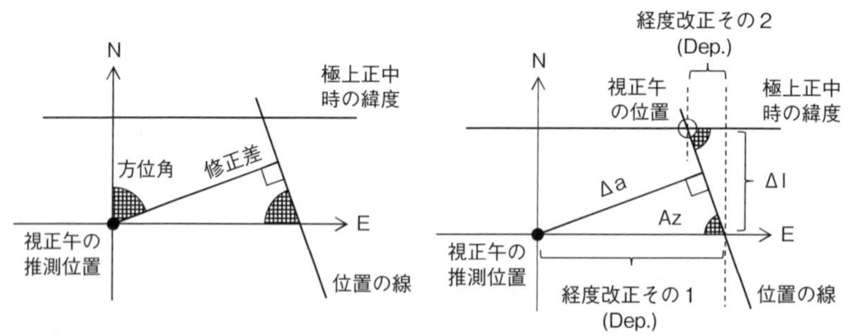

a. 午前に得た位置の線と視正午（極上正中時）の緯度　　b. 経度改正の与え方

図5.32 子午線高度緯度法による正午位置の決定

れを踏襲する。図 5.32 の b. に示すように「経度改正その 1 」と高度差とは、方位角（Az）についての正弦の関係となっている。

高度差（Δa）＝経度改正その 1 （Dep.）× sin(Az)
経度改正その 1 （Dep.）＝Δa / sin(Az)
経度改正その 1 （変経）＝Δa / sin(Az) / cos(視正午の推測位置の緯度)
＝cosec(Az) sec(視正午の推測位置の緯度) Δa …（′）

となる。ここで、cosec(Az)sec(視正午の推測位置の緯度)を「高度差係数」という。

午前から正午にいたるまでの間、太陽は東側に望むので、360°式で与える方位角（Az）は、0°から 180°までの範囲となる。ここで、sin(Az)、cosec(Az)は常に「正（＋）」なので、「経度改正その 1 」が正（＋）（東：Easterly、E'ly）になるのか、負（－）（西：Westerly、W'ly）になるのかは、高度差（修正差）の「正負」に依存している。

また、「経度改正その 1 」は、午前の観測をした時点でΔa、Az が確定するので、視正午の推測位置の緯度とあわせて、あらかじめ計算しておくことができる。

(2) 経度改正その２

視正午の推測位置の緯度と、極上正中時の緯度の差を「緯度差（Δl: 単位は′）」とする。Δlが「正（＋）」の場合は、視正午の推測位置より北側、「負（－）」であれば南側を意味する。図 5.32 の b. から、緯度差と経度改正その 2 とは、方位角（Az）についての正接の関係になっていることがわかる。つまり、

緯度差（Δl）/ 経度改正その 2（Dep.）＝ tan(Az)
経度改正その 2（Dep.）＝Δl / tan(Az)
経度改正その 2（経度）＝Δl / tan(Az) / cos(視正午の推測位置の緯度)
＝cot(Az)sec(視正午の推測位置の緯度) Δl …（′）

となる。ここで、cot (Az) sec (視正午の推測位置の緯度) を「緯度差係数」という。

0°≦ Az ＜ 90°の範囲では、tan(Az)、cot(Az)は「正（＋）」であり、90°＜ Az ≦ 180°では「負（－）」となる。一方、Δlについても正負の双方となる可能性がある。ここで「経度改正その 2」の正負と改正する方向との関連について確認しておこう。

表 5.5 に示すように、「経度改正その 2（Dep.)」は、高度差（Δa）の正負には関係なく、cot(Az) Δlの符号が「正」の場合は、西へとることになり、負の場合は、東へとることになる。したがって、「経度改正その 2」の計算式に「－ 1」

を乗じることで、「経度改正その1」と整合性をとることができる。つまり、子午線高度緯度法による視正午位置の経度は、

視正午の経度 ＝ 視正午の推測経度 ＋「経度改正その1」＋「経度改正その2」

ただし、

「経度改正その1」＝ cosec(Az)sec(視正午の推測位置の緯度) Δa (′)

（cosec(Az)sec(視正午の推測位置の緯度)：**高度差係数**）

「経度改正その2」＝ − cot(Az)sec(視正午の推測位置の緯度) Δl (′)

（cot(Az)sec(視正午の推測位置の緯度)：**緯度差係数**）

として改正することができる。なお、「航海表（積成会編）」の「高度改正係数（表）」には、緯度と方位角の組合せから「高度差係数」と「緯度差係数」の両方を同時に検索できるようになっている。この表では、各係数をそれぞれΔa、Δlと表記しているので、実際に求めた高度差（修正差）と緯度差を混同しないように注意する。それぞれを「Δa用」「Δl用」と解釈する。

なお、方位角（Az）の象限が、180°≦ Az ＜ 270°、あるいは、270°＜ Az ≦ 360°の場合では、sin(Az)、cosec(Az)が「負」となる。このとき、Δaが「正」の場合であれば「経度改正その1」は「西（−）」への改正となり、Δaが「負」であれば「東（＋）」への改正となるので、「経度改正その1」を求める式に矛盾は生じない。

「経度改正その2」における tan(Az)、cot(Az) は、180°≦ Az ＜ 270°では「正」、270°＜ Az ≦ 360°では「負」となるが、これら場合でも高度差の正負は影響せず、緯度差Δlの符号との組み合わせとして「負」になる場合では「東（＋）」への改正、「正」では「西（−）」への改正となるので、これも「−1」を乗じることで統一的に扱うことができる。式として破綻しないので、午後の太陽の観測（経度改正その1）、傍子午線高度緯度法、薄明時における北極星高度緯度法にも応用することができる。

表 5.5　経度改正その２（緯度差に基ずく改正）の方向

		方位角（Az）の象限（午前の観測なので 0°≦Az≦180° の範囲とした）	
		0°≦Az＜90°	90°＜Az≦180°
Δl (+)	Δa (+)	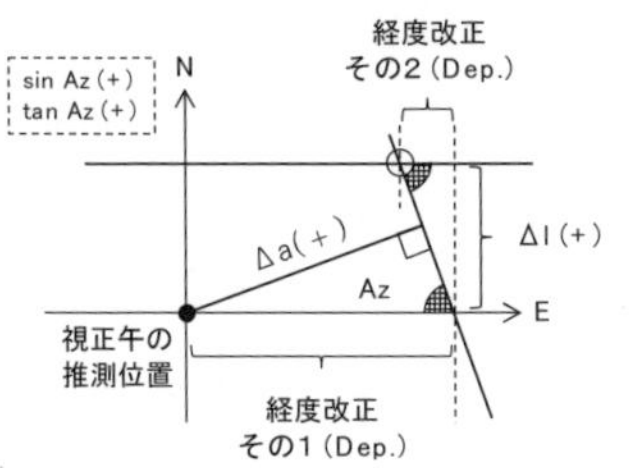 sin Az (+) tan Az (+) N 経度改正 その2 (Dep.) Δa(+) Δl (+) Az E 視正午の 推測位置 経度改正 その1 (Dep.) cot(Az) Δl：正、経度改正その２：西	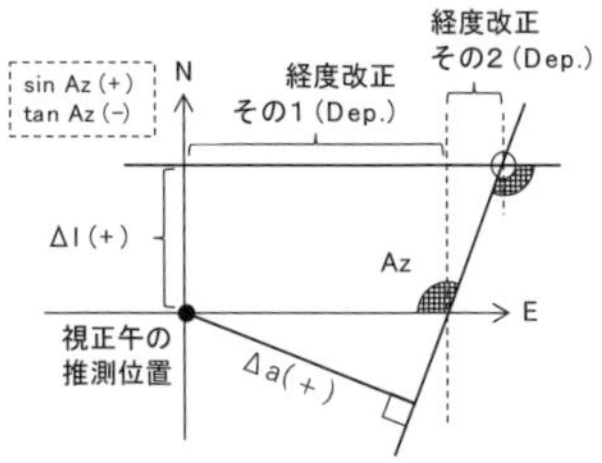 sin Az (+) tan Az (−) N 経度改正 その1 (Dep.) 経度改正 その2 (Dep.) Δl (+) Az E 視正午の 推測位置 Δa(+) cot(Az) Δl：負、経度改正その２：東
	Δa (−)	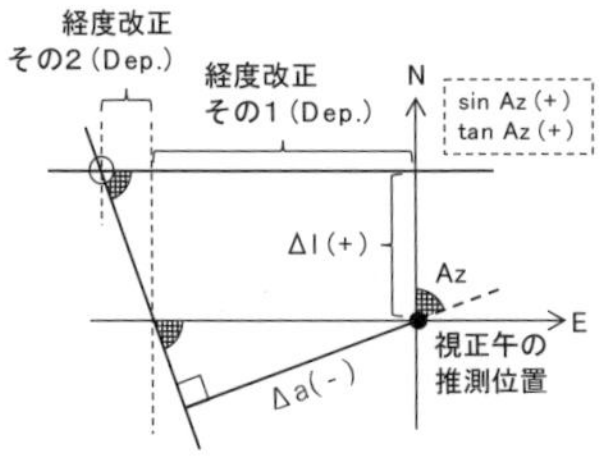 経度改正 その2 (Dep.) 経度改正 その1 (Dep.) N sin Az (+) tan Az (+) Δl (+) Az E 視正午の 推測位置 Δa(−) cot(Az) Δl：正、経度改正その２：西	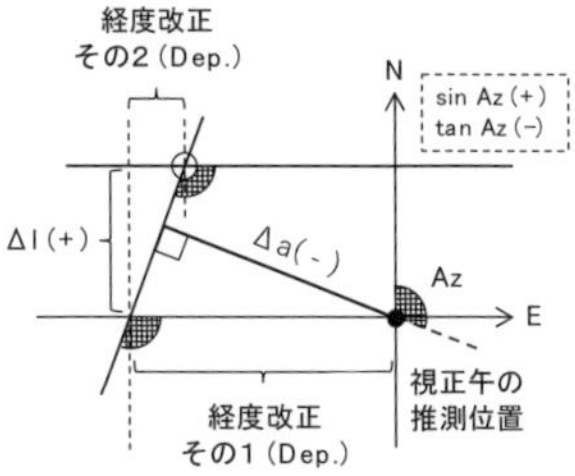 経度改正 その2 (Dep.) N sin Az (+) tan Az (−) Δl (+) Δa(−) Az E 経度改正 その1 (Dep.) 視正午の 推測位置 cot(Az) Δl：負、経度改正その２：東
Δl (−)	Δa (+)	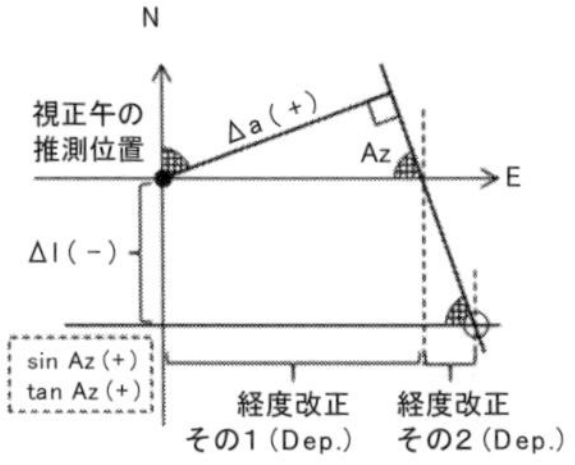 N 視正午の 推測位置 Δa(+) Az E Δl (−) sin Az (+) tan Az (+) 経度改正 その1 (Dep.) 経度改正 その2 (Dep.) cot(Az) Δl：負、経度改正その２：東	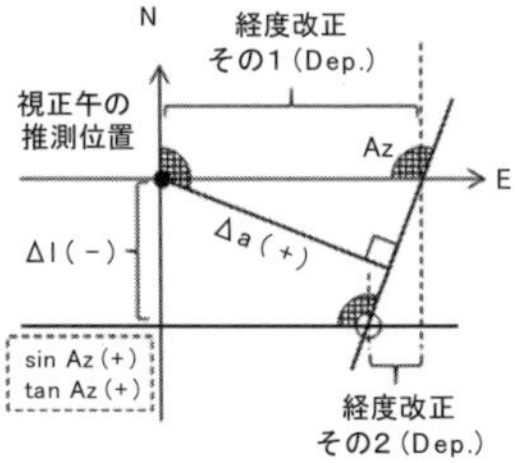 N 経度改正 その1 (Dep.) 視正午の 推測位置 Az E Δl (−) Δa(+) sin Az (+) tan Az (+) 経度改正 その2 (Dep.) cot(Az) Δl：正、経度改正その２：西
	Δa (−)	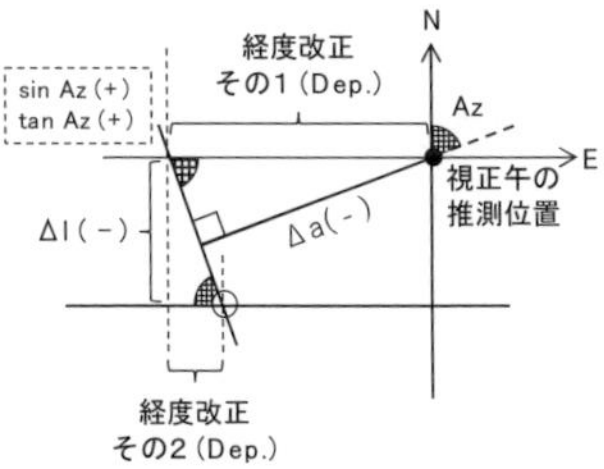 経度改正 その1 (Dep.) N sin Az (+) tan Az (+) Az E 視正午の 推測位置 Δl (−) Δa(−) 経度改正 その2 (Dep.) cot(Az) Δl：負、経度改正その２：東	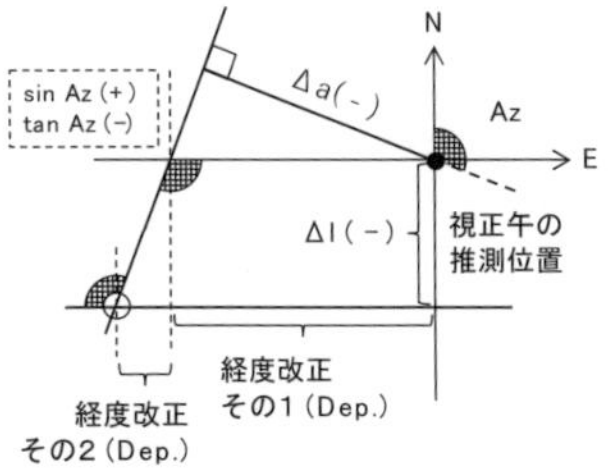 N sin Az (+) tan Az (−) Δa(−) Az E Δl (−) 視正午の 推測位置 経度改正 その1 (Dep.) 経度改正 その2 (Dep.) cot(Az) Δl：正、経度改正その２：西

5.7.5 （視）極大高度から子午線高度への改正

（1）高度の観測

実際に極上正中の高度を得るためには、六分儀よる連続的な高度観測が求められる。すなわち、六分儀の視野に太陽と水平線を収めたまま、太陽の上昇に合わせてマイクロメータを調整する。マイクロメータをわずかに回転させて高度の指標を大きく（高く）すると、太陽はそのぶん、視野の下方に移動する。水平線の下側に太陽の下辺（上辺）がくるようにして、しばらくの間、下辺（上辺）が水平線に接近する様子を観察する。下辺（上辺）が水平線を超えるようであれば、さらにマイクロメータをわずかに回転させて水平線の下にくるようにする。下辺（上辺）が上昇する（水平線に接近する）程度が徐々に遅くなっていくので、微量の回転もこれにあわせると、いよいよ上昇が止まってみえる。次の瞬間から下辺（上辺）の下降が始まる。

上昇が止まってみえるときに水平線と下辺（上辺）が重なっているように努める。これには、ある程度の習熟を要する。

（2）（視）極大高度

上昇しきった際の高度は「（視）極大高度」と呼ばれ、厳密には「子午線高度」と区別される。なぜなら、（視）極大高度の判断は、高度の変化（変化量 ＝0）を基準にしているが、高度の変化には、日周運動（地球の自転）だけではなく、天体（太陽）の赤緯の変化と測者（本船）の移動が反映されるので、厳密には、天体（太陽）の子午線通過の瞬間ではないときに（視）極大高度となる。

本船が太陽に向かって航行している場合では、本船の動きは測者が観測している高度を相対的に大きくする作用となっている。日周運動による高度の上昇にこの作用が加味されているので、子午線が通過する瞬間に太陽の上昇は停止したとしても、本船の移動による高度の上昇作用が残っている。その後、太陽が下降し始め、高度が下降する程度が徐々に大きくなっていく過程で、この下降の程度と本船の移動に伴う上昇させる作用が釣り合う瞬間がある。このときに測者にとって太陽の上昇が止まってみえる。つまり、太陽に向かって航行している場合では、子午線を通過した後に（視）極大高度を観測することになる。

一方、太陽から離れる方向に航行している場合では、本船の動きは相対的に太陽の高度を下げる作用をする。日周運動によって太陽の高度が上昇する程度は子午線を通過する瞬間にむけて徐々に小さくなっていく。この過程で、本船の移動に伴う高度を下げる作用と釣り合う瞬間がある。太陽が子午線を通過する前であり、日周運動による上昇は継続しているものの、本船の下降の作用の方が勝るので、この瞬間に測者にとって太陽の上昇は止まってみえる。以降、太陽の高度は下降し続ける。つまり、太陽から離れる方向に航行している場合では、子午線を通過する前に（視）極大高度を観測することになる。

(3)（視）極大高度から子午線高度への改正

（視）極大高度を観測し、適切に高度改正を施した真高度について、これを修正して子午線高度を得るために改正量を求める。前項で考察したように、（視）極大高度は、実際には最大となる子午線高度にいたる前、もしくは後に観測するので、子午線高度よりも小さい値となっている。したがって、改正量は、常に、（視）極大高度に加えることになる。また、子午線通過の時刻を特定するためには、（視）極大高度の観測時刻とのずれを把握する必要がある。

ここで、Δl、Δd、ΔL は 1 時間当たりの変化量（′）である。Δl、Δd については北方向への変化を正（+）とする。ΔL については東方向への変化を正（+）とする。

ただし、緯度と赤緯の組み合わせによっては計算結果が「負」になる場合があるが、改正は常に（視）極大高度に加えるので高度改正値は絶対値として扱う。

高度改正値＜′＞

$$= \left| 0.002\,122 \{\tan(\text{緯度}) - \tan(\text{赤緯})\} (\Delta l - \Delta d)^2 (1 - 2\Delta L / 900) \right|$$

また、（視）極大高度を得た時刻と実際に太陽が子午線を通過した時刻とのずれを t 分とするとき、

t <minute ＞

$$= -0.254\,647 \{\tan(\text{緯度}) - \tan(\text{赤緯})\} (\Delta l - \Delta d) (1 - 2\,\Delta L / 900)$$

となる。t の値が「負」であれば、太陽の子午線通過の前であり、「正」であれば子午線通過の後となる。これらの導出については巻末にまとめる（「（視）極大高度から子午線高度への高度改正値を導く過程」を参照）。

5.7.6 傍子午線高度緯度法

(1) 傍子午線高度緯度法の扱い

傍子午線高度（Ex - Meridian Altitude）の「傍」とは「ほぼ、近い」という意味であり、「近子午線高度」ともいわれる。（視）極大高度を観測しようとするものの、太陽あるいは水平線が視認できない状況がありえる。このとき、視正午の高度観測を断念し、その前、もしくは後の機会をとらえて高度を観測し、ほぼ視

正午とみなして子午線高度緯度法に準じた位置の決定をする手法を「傍子午線高度緯度法」という。

地方時角が「0」という特異な条件について「位置の三角形」を展開し、地方時角が「0」に近い範囲に限って高度改正値を導く近似式を得る（導出については、「（視）極大高度から子午線高度への高度改正値を導く過程」を参照）。

高度改正値 ＜′＞
＝ 0.032 724 92 ×（地方時角 ＜ miunte ＞）^{2} /｛tan(緯度) － tan(赤緯)｝

この近似式が使える範囲内、すなわち、ある程度の大きさまでの地方時角であれば、子午線高度緯度法と同じように、求めた緯線を「位置の線」として利用できる。しかしながら、地方時角が大きくなる、すなわち、極上正中から時間が経過すればするほど、太陽の方位は 180°あるいは 0°からずれていくので、「位置の線」を緯線方向と平行にみなすのが難しくなる。子午線頂距（90°－子午線高度）の値（°数）を分の単位として読み替えた時間が限界であるとされている。例えば、子午線高度が 75°、すなわち子午線頂距が 15°であるとき、視正午から前後 15 分までの間でしか、この傍子午線高度緯度法は適用できないということになる。

この視正午の目安は時刻改正をした船内使用時であり、必ずしも、船内時計の正午と視正午とが合致しているとは限らない。つまり、真の視正午からのずれは船内使用時では正確に計測できないので、傍子午線高度緯度法が適用できる範囲は、より狭いと考えていた方が妥当である。視正午近傍で太陽の観測ができなれば、緯線としての「位置の線」の利用にこだわらず、通常の隔時観測としてその時刻での位置を求めた方が合理的である。

(2) 傍子午線高度緯度法の計算手順

傍子午線高度緯度法と子午線高度緯度法の大きな違いは、太陽の高度の観測方法にある。すなわち、子午線高度緯度法では、（視）極大高度を得るために、ある程度の時間経過を伴いながら、六分儀で高度の変化を連続的に監視するが、傍子午線高度緯度法では、（視）極大高度の観測、すなわち、高度変化が「0」となる瞬間を観測する必要がない（観測できない）ので、視正午の前で上昇する太陽、あるいは視正午の後で下降する太陽の高度を任意のタイミングで観測すればよい。そのときの UT 時刻から太陽のグリニッジ時角を求め、経度時を加味して地方時角を得て、上記の高度改正値を求める。

このとき、観測した高度に高度改正を加えて真高度に改め、計算で得られた高

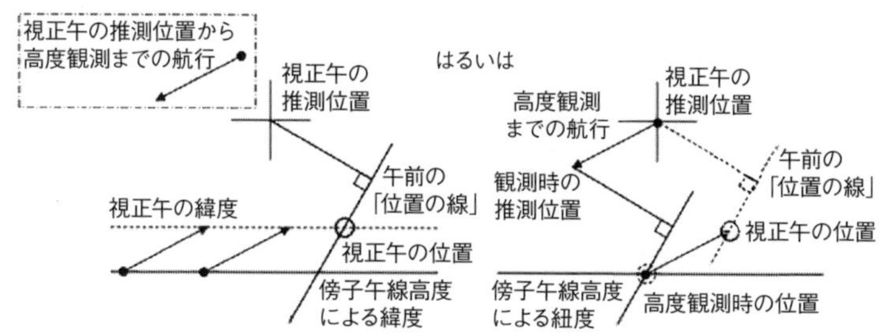

図 5.33　傍子午線高度緯度法による正午位置の推定

度改正値を「常に」加算して、その地（高度を観測した地点）での高度として、「正算法」により緯度を求めることになる。ここで得られた緯度は、この高度を観測したときの緯度である。このときの船内使用時での時刻と視正午との時間差は特定できるので、視正午からあるいは正午までの航行に伴う変緯を求めることができる。結果、船内時刻の視正午での緯度とすることができるので、これをもって正午での位置を推定する。あるいは、傍子午線高度を観測したときの推定位置を別途定めて、午前中に得た「位置の線」を描けばその交点が高度を観測した時点での位置となる。このときの正午から観測時刻までの航行のぶんを逆にたどれば正午位置を推定することができる。

5.7.7　経度の算定（等高度経度法）

極上正中するとき太陽の高度は最大になる。しかしながら、太陽の方向における本船の移動速度がある場合は、その速度の成分が太陽の高度を上昇させる働き（太陽に接近する場合）、あるいは下降させる働き（太陽から遠ざかる場合）が作用している。図 5.34 の a. 示すように、縦軸に高度の変化を、横軸に時間経過をとる場合、子午線通過の瞬間にむけて実際の高度は、上昇する程度が徐々に小さくなり、ついには「0」になって下降を始める。これに本船の移動に伴う上昇させる作用（図の例は、太陽に近づき常に高度を上昇させる）が働くので、子午線の通過の後に上昇がとまってみえる。実際に高度の変化が「0」なった時刻と見かけ上、とまってみえた時刻の差が地方時角となっている。

太陽に向かっていて真の子午線高度にいたった後に計測した場合、その太陽は真の子午線から西にみているので、時角は「正（＋）」である。逆に、太陽から遠ざかりながら真の子午線高度に達するより前に計測した場合は、真の子午線より東にいるので、時角は「負（－）：東方時角」となる。

この時角を与えた UT 時刻（G.M.T.）を得ることができれば、同図の b. に示す

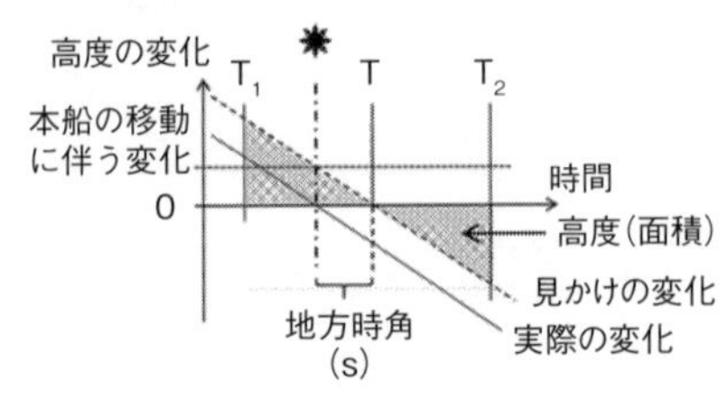

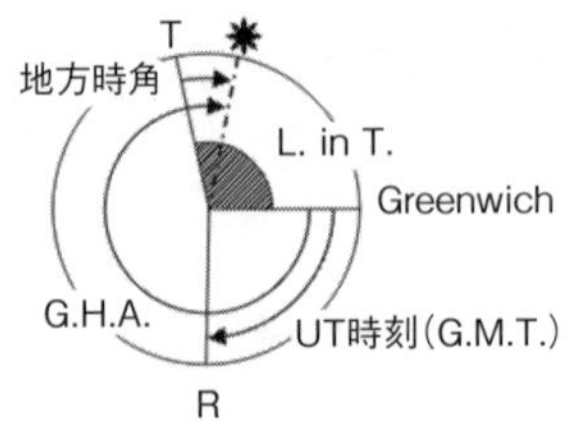

a. 高度の変化と高度（面積）　b. UT 時刻 T における経度

図 5.34　等高度経度法の考え方

ような関係から、そのときの経度を求めることができる。このUT時刻をTとおくとき、その前後では、高度の上昇と下降が同じ程度で起きているので、子午線通過前のあるUT時刻（T_1）における高度と、同じ高度となる子午線通過後のUT時刻（T_2）の平均を、Tとみなすことができる。

同図のa.の縦軸は高度の変化であり、時々刻々の値を積算した値（積分）が高度となっていることに注意する。高度が最大になるまでは、面積の加算が継続し、最大となった後は減算が始まる。視正午となる数十分前の任意の時刻T1にて高度を観測する。T_1からTまでの面積（上昇ぶん）と同じ面積（下降ぶん）となるときにT_1の高度と同じになるので、その時刻T_2を厳密に求める。

T ＝（T_1 ＋ T_2）/ 2 …（G.M.T.）

同図から、

UT時刻T（G.M.T.）のL. in T. ＝ 24h －「Tでの太陽のG.H.A.」＋「地方時角」

なので、まず、UT時刻T（G.M.T.）のときのG.H.A.を求める。天測暦であれば、E◎＋Tであるし、Nautical Alamanacであれば、Tを根拠に「Sun」と「Increments」を参照すればよい。

続いて、地方時角は先に求めた実際の太陽の子午線通過の時刻と（視）極大高度を得た際の地方時角と同じであるので、Δl、Δd、ΔLを1時間当たりの緯度、赤緯、および経度の変化量（′）とし、Δl、Δdについては北方向への変化を正（+）、ΔLについては東方向への変化を正（+）とすると、

地方時角 < minute >
＝ － 0.254 648 {tan(緯度)－ tan(赤緯)}（Δl － Δd）（1 － ΔL / 900）

となる。この単位を「秒（s）」とするためには、60を乗じればよく、

地方時角 < second >

$= -15.279\ \{\tan(緯度) - \tan(赤緯)\}\ (\Delta l - \Delta d)\ (1 - \Delta L / 900)$

となる。この方法によれば、経度改正によらず直接的に（視）極大高度を観測した際の経度を求めることができる。

5.7.8 正午計算の流れ

正午位置（Noon Position）には、1 日の航海の区切りとして重要な位置づけが与えられている。正午位置は目的地までの残りの航程、向けるべき針路の根拠となり、かつ、昨日の正午位置からの 1 日ぶんの航海を集約し、公式な記録に追加される実績を確定するからである。

（1）午前中の太陽の観測

① 観測時機

視正午の太陽の方位は、180°あるいは 0°になり、子午線高度緯度法を用いる場合、観測した子午線高度から求めた緯度の緯線を「位置の線」として用いる。このときに交点を与えるもうひとつの「位置の線」は午前中の観測により得ることになる。二つの「位置の線」が交差する角度（交差角とする）は、緯線の方向は一定であるので、午前の「位置の線」の方向（天体の方位角）が決定することになる。図 5.35 にある視時（9 時、10 時、11 時）における太陽の「位置の線」と緯線との交差角を示す。ここでは夏至（赤緯 N23.4°）、冬至（赤緯 S23.4°）、および春分・秋分（赤緯 0°）をもって赤緯を代表し、60° S から 60° N までの緯度における太陽の方位角を求めた。交差角は、太陽の方位角が 90°までは、方位角の値とし、90°を超える場合は補角（180°－方位角）の値とした。

同図の b. は地方時角を－ 45°とした場合、c. は－ 30°、d. は－ 15°とした場合である。つまり、視正午の 3 時間前（視時 9 時）、2 時間前（10 時）および 1 時間前（11 時）の交差角をそれぞれ示している。

なお、交差角 90°ではその視時において太陽を真東に望んでいることを示している（東西圏通過）。

同図の b. によれば、測者の緯度南北 60°の範囲で、視時 9 時に観測すれば、40°以上の交差角が得られることがわかる。一方で、正午までの時間が長くなるので、転位する際の誤差が大きくなる可能性があることに留意する。

視時 10 時での観測（同図の c.）では、緯度が高くなると異名の太陽は

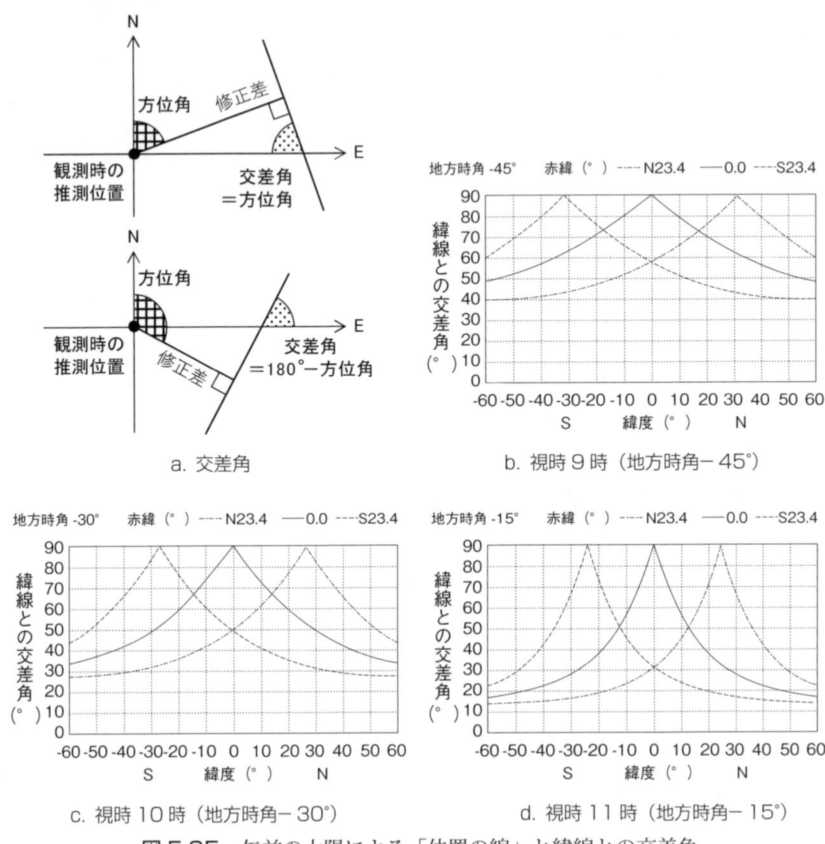

図5.35　午前の太陽による「位置の線」と緯線との交差角

30°の交差角にならない場合が出てくる。同名の太陽であれば、交差角30°は確保できている。視時11時（同図のd.）では、同名の太陽でも交差角30°を得ることができない高緯度の域がある。逆に、太陽と同名で、かつ、低緯度にいる場合は、15°の地方時角であっても交差角30°以上をとることができる。これは、子午線通過に向けて太陽の方位変化が大きくなっていくからで、頂距が小さければ短い時間間隔であっても方位の差（交差角）を得ることができる。

② 午前の観測と視正午に備えた準備

直近の観測位置（望むべくは朝方の観測、あるいは、前日の夕方の観測、最低でも前日の正午位置）を根拠に観測時の推測位置を設定する。太陽を観測する際、数秒程度の短い間隔で、高度を数回測る。それぞれの時間間隔を地方時角に加味しながら、各計算高度を求める。測定時の状況等から各観測高度の信頼性を評価し、高度改正を伴いながら最終的な修正差の値を確定する。この短い時間経過については、方位角には大きな変化は無いので、最初の計算高度に基づいて得た方位角を用いて構わない。

確定した修正差と方位角および視正午の推測位置（緯度）から、高度差係数を求め、「経度改正その 1」の値を計算しておく。また、同時に、緯度差係数も確認できるので、覚えておく。

(2) 正午位置の決定

① 船内使用時での視正午時刻の推定

船内使用時はその日の視正午で 12 時を示すように調整されている（時刻改正）。ただし、運用のしやすさから厳密に視正午に船内時計の針が 12 時をさすまでの改正はされていない。視正午の目安を得るため、視正午の推測位置（経度）をもとに、船内使用時刻では何時になるかを計算し、把握しておく。すなわち、

視正午は、地方の視時として 12 時であるので、	**L.A.T. 12h00m00s**			
推測位置の経度時を加減算して（東経：−、西経：+）、	**∓ L. in T.**	**h**	**m**	**s**
グリニッジ視時を得る。	**G.A.T.**	**h**	**m**	**s**
これをおおよその UT 時刻とみなして均時差を求める。				
グリニッジ視時から均時差（Eq. of T. = A.T. − M .T.）を減じて、	**− Eq. of T.**		**m**	**s**
グリニッジ平時を得る。	**G.M.T.**	**h**	**m**	**s**
船内の時刻改正量（ Correction for UT ）を加減算して				
（東経：+、西経：−）、	**± Corr.**	**h**	**m**	
船内使用時（Ship's Time）を得る。	**Ship's T.**	**h**	**m**	**s**

との過程を経て、視正午についての船内使用時刻を得る。同時に、太陽の赤緯の値を確認しておく。

② （視）極大高度の観測

正午での天候等の条件を勘案し、傍子午線高度緯度法によるしかないのか、の判断をする。

子午線高度緯度法の運用ができるのであれば、（視）極大高度の観測を実施するのか、つまり本船の航行速力や求める位置の精度により、子午線高度まで厳密に求める、すなわち高度改正値を得るのか、の判断をする。

③ 視正午位置の船内時刻の確認

①における船内使用時の求め方に準じて、確定した経度をもとに改めて計算する方法があるが、推測位置の経度の値を変えるだけで、他の数値は同じであるので、この経度の差を考慮すればよい。

視正午の推測位置の経度と確定した視正午の位置（観測位置）の差（′単位）を確認する。併せて、時間差としておく（1 時間は 15°の変化を与えるので、1°は 4 分に相当し、1′は 4 秒に相当する、であった）。

観測位置が推測位置よりも東になった場合、推測位置よりも早く太陽に極上正中したので、子午線通過の時刻は、推測した船内使用時よりも経度差（′）の時間差（秒）だけ前の（すなわち小さい）値となる。

逆に、観測位置が推測位置よりも西側になった場合は、推測位置に遅れて極上正中したことになる。子午線通過の時刻は、推測した船内使用時よりも、時間差のぶんだけ後の（大きい）値となる。

④ 1 日の航海の集計

前日の正午位置を参照し、求めた視正午の観測位置（当日の正午位置）との変緯、変経から 1 日の航行における距離（Distance Made Good）と針路（Course Made Good）を求める。これらは、二つの正午位置の間を直航したとして場合の距離、針路である。実際には、1 日の内に何回か針路を変えていた（連針路）としても、正午と正午を結んだ航程としてこれらを総括・代表する。

また、視正午の推測位置についても観測位置との差異を確認する。変経量については、船内使用時での子午線通過時刻を得る際に求めているが、変緯量についても差を求め、ベクトルとして確認する。これには、推測位置をずらした要因を、1 日の過程で受けた外力の影響として、複数日の経過の中でこの影響の傾向（トレンド）を確認しようとする意図がある。特に、海流との相対的な関係を、このベクトルの変化から類推して効率的な針路を検討することになる。慣例として、このベクトルの方向は「流向：Current Set」、長さは「流程：Current Drift」と呼ばれている。

引き続き二つの正午位置について、それぞれの船内使用時刻がわかっているので、この差が航走時間となる。ただし、この間に時刻改正が行われているので、当日の改正量を加減する必要がある。すなわち、東航している際の時刻改正では、船内時計を進めているので、実時間として短縮されている。したがって、二つの船内使用時刻の差からは、時刻改正量を差し引かなければならない。逆に、西航の場合は時計を遅らせるので、時刻改正量のぶんが

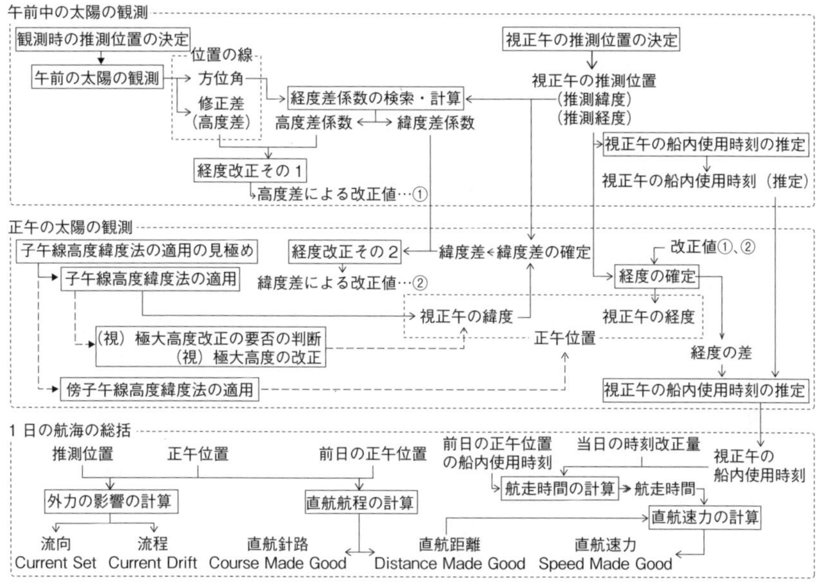

図 5.36　正午における諸計算

延長されており、船内使用時の差にはこれを加えておかなければならない。

5.8 北極星高度緯度法

5.8.1 北極星高度緯度法の根拠

北半球において認めることのできる北極星（Polaris、Polar Star）は、「天の北極」の近傍にあるため、その高度を観測することにより、測者の緯度を導くことができる。これを「北極星高度緯度法」という。高度を観測するためには、同時に水平線が視認できることが必須なので、この方法は朝夕の薄明時に限られる。

Nautical Almanac では、北極星の特殊性を鑑み「Polaris（Polar Star）Tables」が用意されており、Daily Pages の恒星として扱っていない。一方、天測暦では、常用恒星の筆頭であり、E_*が用意されている。別途、「北極星緯度表」と「北極星方位角表」が用意されているが、ともに、北極星の地方時角を変数とするので、E_*を元にこれを求める必要がある。

いずれの暦であっても、「天の北極」からの北極星までの微小な極距 p（＝90°－赤緯）を変数とした以下の関係式を原式としている。

緯度 ＝ 高度 － p cos(地方時角) ＋ 1 / (2 × 3437.7) p^2 $\sin^2$(地方時角)tan(緯度[注])

注 天測暦では、tan(緯度)≒ tan(高度)を根拠として、高度に置き換えている。

この式では、緯度、高度、および極距 p の単位は（′）である（導出については巻末の「北極星高度緯度法の原式」を参照）。

5.8.2 天測暦における北極星緯度表

北極星緯度表は第 1 表から第 3 表による構成となっていて、第 1 表は「－ p cos(地方時角) － 1′」を示している。第 2 表は「1 / 6876 p^2 $\sin^2$（地方時角）tan(高度)」を示している。

極距 p の値は年間を通じて変動するので、1 年を代表する値（平均）をもって第 1 表と第 2 表の計算に用いている。極距の平均によって計算をするので、年間を通じてその変動ぶんを補正しなければならない。第 3 表は月ごとの補正値を示している。平均値を用いた計算を補正するので、本来は「負」の値がでるが、表の運用の利便性を考慮し、1′を加算して、年間を通じて常に「正」の値となるようにしている。ここで余計に加えた 1′を第 1 表での計算結果から減じている。

なお、その年の極距の平均極距の値は、天測歴巻末の「表の説明」内に示されている。2019 年版では、39.3′である。

5.8.3 Nautical Almanac における Polaris（Polar Star）Tables

地方時角に関する計算結果を「a0」とし、地方時角と緯度に関して「a1」、年間の極距の変動に関して「a2」として与えている。ただし、地方時角については、春分点(Aries)までの地方時角を与えるようになっている(北極星までの S.H.A. は表内の計算で対応している)。

Polaris Tables では、極距だけではなく S.H.A.（春分点からの時角）も年間の平均を「a0」と「a1」の計算に用いている。特に「a0」に負の値がでることを嫌い、あらかじめ 1°を加えた値としている。

その年の S.H.A. と極距の平均値は Nautical Almanac の「Explanation」に示されている。2019 年版では、S.H.A. は 315° 56′、赤緯として N89° 20.7′である(極距は 39.3′)。

5.8.4 北極星高度緯度法の計算例（天測暦と Nautical Almanac の比較）

表 5.6 に天測暦と Nautical Almanac、それぞれの緯度の計算例を示す。

表 5.6 北極星高度緯度法の計算例

<table>
<tr><td colspan="2">2019 年 11 月 18 日、UT 時刻 06h14m47s のとき、北極星の高度を観測し、真高度として 35° 43.2′ を得た。推測位置の経度は 140° 51.6′E である。</td></tr>
<tr><td>天測暦の場合</td><td>Nautical Almanac の場合</td></tr>
<tr><td>当日の Plaris の E＊から地方時角を求める。
11 月 18 日
E＊（U = 0h）　00h48m33s
E＊の P.P.　+）01m01s
E＊　00h49m34s
UT（G.M.T.）　+）06h14m47s
G.H.A.　07h04m21s
L. in T.（140°51.6′E）　+）09h23m26s
L.H.A.　16h27m47s
第 1 表（地方時角 16h28m の値）　+ 14.4′
第 2 表（地方時角 16h、高度 35° の値）　+ 0.1′
第 3 表（地方時角 16h、11 月 17 日の値）+ 0.9′
改正の値の合計は、　+ 15.4′
観測した真高度　35°43.2′
観測時の緯度　35°58.6′</td><td>同時刻の Local の「Aries」を求める。
18th Nov.
06h の Aries への G.H.A.　146° 59.7′
14m47s の Increments　+）3° 42.4′
06h14m47s での G.H.A.　150° 42.1′
Longitude（140°51.6′E）　+）140° 51.6′
Aries への L.H.A.　291° 33.7′
a0（290° ～ 299° の欄）
1° → 1°14.4′、2° → 1°13.8′ なので、
1° 33.7′ は、1° 14.1′
a1（290° ～ 299° の欄）
緯度 30° → 0.5′、緯度 40° → 0.5′ なので、
緯度 35° は、0.5′
a2（290° ～ 299° の欄）
Nov. なので、0.9′
Latitude = Apparent(True) Altitude
−1° + a0 + a1 + a2
= 35° 43.2′ + 15.5′ = 35° 58.7′</td></tr>
</table>

5.9 位置決定に影響する誤差

「位置の線」の交点により位置を決定する過程において種々の誤差が存在する。これらの誤差による影響が最終的な位置の誤差として現れる。ここで、誤差の種別として、交点を与えるための『複数の「位置の線」の関係による誤差』と『個々の「位置の線」自体に含まれる誤差』とに大別する。

5.9.1 複数の位置の線の関係による誤差

図 5.37 に示すように「隔時観測」での後測時の推測位置には、前測からの間において船体に働いた外力や、針路のふらつきなどが原因となり、航程と針路の双方に誤差が入り込んでいる。

針路の誤差による転位誤差 ＝航程 $\sin(\Delta\theta)\ \cos(\theta)$

航程の誤差による転位誤差 ＝ $\Delta d \sin(\theta)$

θ：前測の「位置の線」と針路の交差角、$\Delta\theta$：針路の誤差、Δd：航程の誤差

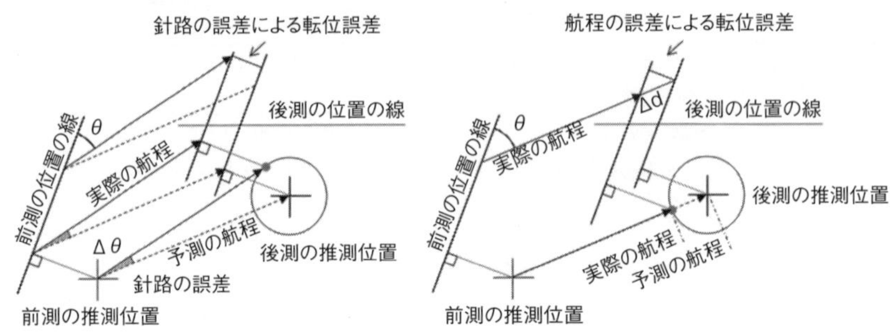

a. 針路の誤差による　　b. 航程の誤差による

図 5.37　転位誤差

前測の「位置の線」と針路の交差角θが大きい、すなわち、天体を船首尾に近い方向に測った場合、cos(θ)は小さくなのるので、針路の誤差があっても転位誤差は抑えられる。一方、sin(θ)は大きくなるので、航程の誤差がある場合、転位誤差は大きくなる。逆に、正横に近い方向に測った場合、針路の誤差は転位誤差に大きく影響し、一方で、航程の誤差の影響は少なくなる。

5.9.2　個々の位置の線自体に含まれる誤差

「位置の線」自体に含まれる誤差には、『大圏の一部を直線で近似することによる誤差』と『修正差に含まれる誤差』がある。

なお、「位置の線」の要素である方位角については計算高度とともに計算から求めるので、方位角の誤差は、変数として利用する緯度、赤緯、および地方時角の誤差に起因することになる。しかしながら、方位角の計算への影響は僅少であり、方位角の誤差は無視できるものと考えられる。

(1) 大圏の一部を直線で近似することによる誤差

① 実際は大圏である修正差を直線にとることによる誤差

修正差を与える方位の線は、直線で表現するとしているが、これは方位角が一定になるように考慮された漸長図上に描かれることを前提としているためである。厳密には、天体を望む方位の線は大圏であるので、修正差（距離）が大きくなるにつれて、方位の変化を伴うので曲線として表現しなければならない。図 5.38 の a. に示すように直線とした修正差と実際には曲がっている修正差との間には交差角（θ）が生じる。この交差角の 1 / 2 の量は「大

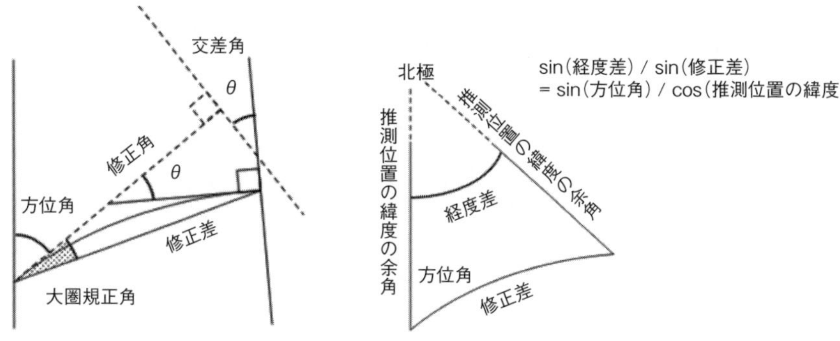

a. 大圏に沿った修正差（本来の「位置の線」）　b. 経度差・修正差・方位角・平均中分緯度の関係

図 5.38　修正差を直線で近似することによる誤差（交差角）

圏規正角」[3] と同等であるので、

交差角（θ） ＝ 経度差 sin(平均中分緯度)

となる（ここでの、平均中分緯度とは、推測位置と「位置の線」の基点とのものであるが、推測位置の緯度で代替する）。

ここで、別途、球面三角形の正弦定理を適用すると（図 5.38 の b.）、

sin(修正差) ＝ sin(経度差) cos(推測位置の緯度) / sin(方位角)

を得るが、修正差と経度差は角度としては微小なので、

修正差 ＝ 経度差 cos(推測位置の緯度) / sin(方位角)
経度差 ＝ 修正差 sin(方位角) / cos(推測位置の緯度)

との関係になる。これを、交差角（θ）を求める式に代入して、

交差角（θ） ＝ 修正差 sin(方位角) tan(推測位置の緯度)

を得る。

方位角が 90°あるいは 270°のとき、交差角が最大となる。また、漸長図法による差異なので、高緯度になるにつれて交差角が大きくなっていくことがわかる。

② 「位置の線」を直線で近似することによる誤差

天体を望む方位に高度を測り、真高度を求める。この値と計算高度との差

---

[3] 大圏規正角 ＝ 1 / 2 ×本船と無線局の経度差 × sin(本船と無線局の平均中分緯度)

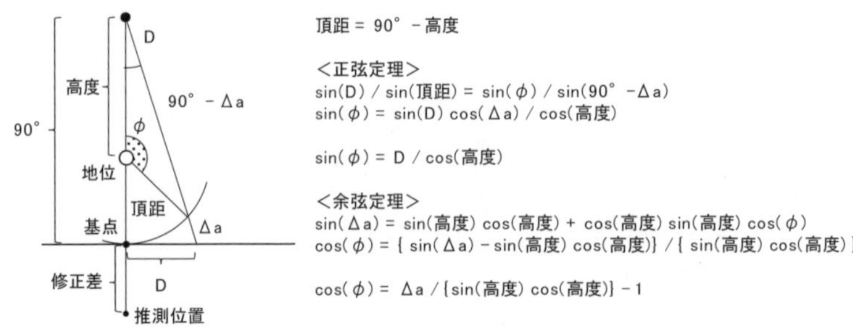

図 5.39 「位置の線」を直線で近似することによる誤差

（修正差）との関係が成立するのは、厳密にいえば、この方位の線上のみである。本来の「位置の線」は、天体の「地位」を中心にした「頂距」に相当する距離圏であり、「位置の線」の基点から離れるほど、真の位置は直線から離れていく（図 5.39）。

直線で近似した「位置の線」における基点からの離隔距離を「D」とおく。一方、基点から天体の地位の方向を延長し、地位から高度のぶんにあたる点をおく。この点と「位置の線」の基点との距離（角度）は 90°である。

この点から「位置の線」上の離隔距離 D を与える点にいたる大圏を考える（この長さも 90°になる）。すると、地位を中心とする「頂距」の圏との交点ができる。「位置の線」からこの交点までの差を「Δa」とするとき、このΔa が基点からの離れることに起因する（離隔距離 D による）誤差となる。

「基点から（地位の方向へ）90°の距離にある点」、「頂距との交点」および「地位」は球面三角形であり、地位の内角を仮に「φ」とおく。φに着目した球面三角形の正弦定理と余弦定理を展開すると、それぞれ、

$$\sin(\phi) = D / \cos(\text{高度})、\cos(\phi) = \Delta a / \{\cos(\text{高度})\ \sin(\text{高度})\} - 1$$

を得る。両式をそれぞれ二乗して、加えると（$\sin^2 + \cos^2 = 1$）となるので、

$$D^2 / \cos^2(\text{高度}) + \Delta a^2 / \{\cos^2(\text{高度}) \sin^2(\text{高度})\} - 2\Delta a / \{\cos(\text{高度}) \sin(\text{高度})\} = 0$$

との関係に整理することができる。ここでΔa は小さな値であるので、左辺の第二項を無視できるとすると、

$$\Delta a = 1/2\, D^2 \tan(\text{高度}) \quad \cdots \text{（ラジアン）}$$

となる。運用上Δa と D については、（′）単位での入力が求められるので、

ラジアンとしての式を成立させるためには、

$$\{\pi / (180^\circ \times 60')\} \ \Delta a = 1/2 \ \{\pi / (180^\circ \times 60')\}^2 D^2 \tan(\text{高度})$$

として、結果、

$$\Delta a = 1/2 \ (1/3437.7) \ D^2 \tan(\text{高度}) = 1/6876 \ D^2 \tan(\text{高度}) \ \cdots \ (')$$

を得る。

(2) 修正差に含まれる誤差

修正差は観測して得た真高度と計算高度の差として求める。したがって、『真高度に含まれる誤差』と『計算高度に含まれる誤差』に分けて考えることができる。

① 真高度に含まれる誤差

真高度は、観測高度に高度改正を行い求めた。したがって、観測高度と高度改正の双方について確認する必要がある。

まず、観測高度に含まれる誤差の要因には、以下のものがある。

a) 六分儀のそのものの誤差

器差の把握に努めても誤差が残っている可能性がある。

b) 天体と水平線の明瞭さ

天体と水平線の像をよりどころにしているので、双方が明瞭にみえていなければ、測定した高度には誤差が入っている。

c) 船体の動揺

望遠鏡を水平線に向け、かつ六分儀自体は鉛直に保持する必要がある。船体の動揺により姿勢の保持が難しい場合は、高度の測定に誤差を生じる。

d) 個人の技量

視力だけではなく、望遠鏡内の目線のとりかたなど六分儀の操作も含めてある程度の技量が求められる。また、天体と水平線の合致の判断に個人の癖が存在するので、それを定誤差として扱う。

e) 高度改正の地文気差と天文気差

これらの推定は過去の観測に基づいたモデル式に従っている。実際に高度観測をする際、そのモデル式が成立している大気の状態であるとは限らない。地文気差に関連する「眼高差」と「気差」の値については、できる限りの補正をしているが、自然環境である限り予測の通りではないことを常に注意しておく必要がある。

② 計算高度に含まれる誤差

計算高度を求めるために必要な値（変数）は、「測者の緯度」、「天体の赤緯」および「地方時角」の３変数である。計算高度の誤差を考えるとき、それぞれの微小な変化が計算高度の微小な変化にどのように関係しているのかを確認することになる。

sin(高度) ＝ sin(緯度) sin(赤緯) ＋ cos(緯度) cos(赤緯) cos(地方時角)

上式の左辺の高度と右辺の各変数について全微分をする。このとき、各微分量を微小な変化量で表す。すなわち、高度についてはΔa、緯度はΔl、赤緯はΔd、地方時角はΔhとすると、

cos(高度) Δa
＝｛cos(緯度) sin(赤緯) − sin(緯度) cos(赤緯) cos(地方時角)｝ Δl
＋｛sin(緯度) cos(赤緯) − cos(緯度) sin(赤緯) cos(地方時角)｝ Δd
− cos(緯度) cos(赤緯) sin(地方時角) Δh

との関係を得る。ここで、球面三角形における「正弦余弦の公式」である、

cos(緯度) sin(赤緯) − sin(緯度) cos(赤緯) cos(地方時角)
＝ cos(高度) cos(方位角)
cos(赤緯) sin(緯度) − sin(赤緯) cos(緯度) cos(地方時角)
＝ cos(高度) cos(位置角)

との各関係を用いて整理すると、

Δa ＝ cos(方位角) Δl ＋ cos(位置角) Δd
− cos(緯度) cos(赤緯) sin(地方時角) / cos(高度) Δh

を得る。

一方、球面三角形の正弦定理から、

sin(位置角) / cos(緯度) ＝ sin(方位角) / cos(赤緯) ＝ sin(地方時角) / cos(高度)
＝ K

とおくと、

Δa ＝ cos(方位角) Δl ＋ cos(位置角) Δd − K cos(緯度)cos(赤緯) Δh

となる。これは、天測計算表に「位置三角形の微分式 Ⅰ」として与えられ

ている。ここで、Δa、Δl、Δd、Δhはそれぞれ、高度、緯度、赤緯、地方時角の誤差として扱う。

a）緯度の誤差（Δl）の影響

推測位置を元に計算高度を求め、観測高度（真高度）から修正差を得る。緯度の誤差は推測位置に含まれているので、誤差のある緯度で計算高度を求めても、その影響は修正差に反映されることになる。そもそも緯度には誤差があることを前提としている、ともいえる。

b）赤緯の誤差（Δd）の影響

天体の赤緯は天測暦、Nautical Almanacを参照する。現在の媒体（紙面）の都合上、変化のある赤緯については、時間間隔を補間することになる。必要な精度で値が提供されているので、誤差は無視できる。ただし、検索あるいは補間の計算に間違いの可能性があり、この場合は計算高度が変わることに注意する。

c）地方時角の誤差（Δh）の影響

地方時角は、グリニッジ時角に経度時を加減算して求める。経度時の誤差は、緯度の誤差と同じように推測位置に含まれるので、修正差に反映されると考えてよい。一方のグリニッジ時角は、天測暦においては、UT時刻と「E」の加算にて、Nautical Almanacにおいては、UT時刻に基づく直接の参照（太陽、月、惑星）あるいは、「Aries」と「恒星時角：S.H.A.」との加算で求める。

天測暦あるいはNautical Almanacに記載されている数値には最低限の精度が保証されているとするとき、地方時角に誤差を与える主な要因は、UT時刻の誤差、すなわち、クロノメータ・エラーとなる。

③ 計算高度に与えるクロノメータ・エラーの影響

高度の誤差を与える微分式において、ΔlとΔdについては無視できる（それぞれが「0」）とすると、

$$\Delta a = -K \cos(\text{緯度}) \cos(\text{赤緯}) \Delta h$$

となり、ここで、K = sin(方位角)/ cos(赤緯)の関係を代入すると、

$$\Delta a = -\cos(\text{緯度}) \sin(\text{方位角}) \Delta h \cdots \text{（ラジアン、あるいは}'\text{）}$$

を得る。ここで、Δhは時間の単位とする方が運用上便利であるので、秒（s）で代入されたΔhを（′）に換算するため、経度時4sが1′であることから、

$$\Delta a < {}' > = -1/4\cos(\text{緯度})\ \sin(\text{方位角})\ \Delta h < s >$$

となる。修正差は、真高度から計算高度を減じて求めるので、修正差の誤差をΔI、真高度の誤差をΔaTrue、計算高度の誤差をΔaCalcとすると、

$$\Delta I = \Delta aTrue - \Delta aCalc$$

との関係も成り立つ。

クロノメータ・エラーの影響を確認するため、真高度の誤差はないものとする。ΔaCalcは前述のΔaであるとすると、

$$\Delta I < {}' > = 0 - \Delta a = 1/4\cos(\text{緯度})\ \sin(\text{方位角})\ \Delta h < s >$$

との関係を得る。ここで、図5.40に示すようにΔIは東西距を与えるが、

$$\Delta I = \text{東西距}\sin(\text{方位角}) = 1/4\cos(\text{緯度})\ \sin(\text{方位角})\ \Delta h < s >$$

との関係から、

$$\text{東西距} < {}' > = 1/4\cos(\text{緯度})\ \Delta h < s >$$

となり、東西距に方位角は影響しなくなる。また、東西距/cos(緯度)は経度差なので、

$$\text{経度差} < {}' > = 1/4\ \Delta h < s >$$

となる。

クロノメータが進んでいる場合(クロノメータ・エラーは「−」)、実際のUT時刻はその時刻に届いていないのにもかかわらず、エラーのぶん過大なグリニッジ時角、ひいては地方時角で計算高度を計算してしまう。地方時角が大きいということは、測者からみた天体は、正しい位置よりも西側にあるとみな

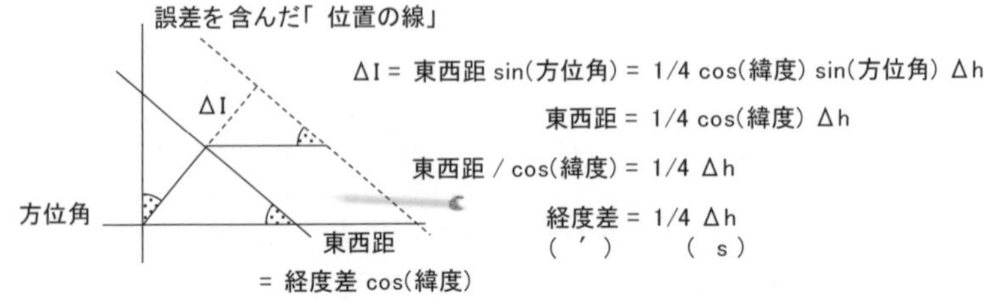

図5.40 クロノメータ・エラーによる経度差

していることになる。したがって、この天体の観測による「位置の線」は、西へずれることになる。

また、クロノメータが遅れている場合（クロノメータ・エラーは「＋」)、実際の時刻は、その時刻を過ぎているにもかかわらず、エラーのぶん過少な地方時角で計算をしてしまう。地方時角を小さくみる、すなわち天体をより東にあるものとしてしまうので、「位置の線」は東にずれる。

ここで、Δh が正（時計が進む)、経度差は西偏すなわち「負」となり、Δh が負（時計が遅れる)、経度差は東偏すなわち「正」となるので、計算の便宜上、Δh はクロノメータ・エラーとして扱うと混乱が少ない。つまり、クロノメータ・エラーの符号は、そのまま加減算をすれば正しいUT時刻を得ることができように設定するので、この符号を踏襲すれば、「位置の線」の偏りの方向（西：負、東：正）に対応できる。

第6章 コンパスエラーの測定

6.1 出没方位角法

測者の位置からみた天体の方位は理論的に求めることができるので、実際にレピータコンパスでその天体の方位を計測し、その差異を確認することができる。

天体の出没の瞬間の方位角を計測し、理論値との差異を求める方法を「出没方位角法」という。

6.1.1 出没方位角法の原理

天体の出没とは天体の中心が真水平にかかった瞬間をいう。図 6.1（水平面図）に示すように、この瞬間の真高度は 0°、頂距は 90°なので、「位置の三角形」についての特殊解を求めることになる。すなわち、方位角に着目した球面三角形の余弦定理の式において、sin(頂距) ＝ 1、cos(頂距) ＝ 0 であるので、

sin(赤緯) ＝ cos(頂距) sin(緯度) ＋ sin(頂距) cos(緯度) cos(方位角)
＝ cos(緯度) cos(方位角)
cos(方位角) ＝ sin(赤緯) / cos(緯度)

となる。すなわち、真の日出没の方位角は、そのときの天体の赤緯と観測者の緯度によって規定される。

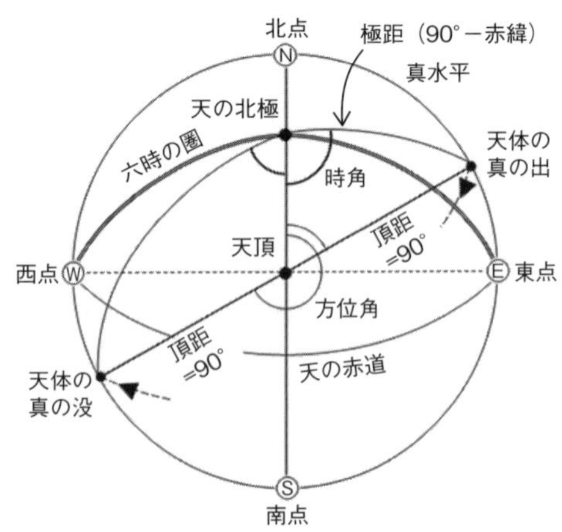

図 6.1　出没方位角法の原理

6.1.2 天体と方位角測定の判断

出没方位角法が成立するのは、真高度が 0°となる瞬間である。真高度 0°を与える観測高度を確認するため、真高度 0°に高度改正を逆に施すことになる。すなわち、

真高度 = 観測高度 − 眼高差 − 天文気差 ± 視半径（下辺 +、上辺 −）+ 視差

なので、真高度 0°を式から省略し、

観測高度 = 眼高差 + 天文気差 ∓ 視半径（下辺 −、上辺 +）− 視差

として、観測高度を求める。

ここで、天文気差は頂距（90° − 視高度）により変化する。また、視高度は（観測高度 − 眼高差）なので、上式はいわゆる非線形の形となっていて、一律に観測高度に対応する天文気差を特定することができない。

そこで、天文気差を与える観測高度および観測高度に反映される天文気差を試行錯誤的に求めることになる。表 6.1 はその他の条件として、眼高を 10m とし、太陽、恒星、月についての視半径と視差を与えて、観測高度を求めたものである。

太陽の場合は、5 / 6 に扁平しているとすると縦方向の直径は約 27′ である。目安として、水平線からほぼそのときの直径のぶんだけ離れているときが真水平にかかっている。

月の場合は、視差の影響が大きく、真水平にかかっているときの下辺は認めることができない。上辺についても、3′ 程度であり認めることは難しい。

また、惑星・恒星については、真水平にかかっている瞬間は水平線の上にあるものの、一般に高度が 5°以上でなければ視認できないとされているので、出没の観測には不適であるといわざるをえない。

結論として、出没方位角法は太陽のみを対象とすることになる。

表 6.1　真高度を与える観測高度（単位：′）

	太陽（下辺）	月（下辺）	月（上辺）	惑星[注1]	恒星
眼高差	5.6	5.6	5.6	5.6	5.6
天文気差	30.9	41.5	41.5	29.0	28.8
視半径[注2]	−13.3	−12.9	12.9	0.0	0.0
視差	−0.1	−57.0	−57.0	−0.2	0.0
観測高度	23.1	−22.8	3.0	34.4	34.4

注 1：2019 年 1 月 1 日の金星を例とした（等級 -4.5、S.D. は 13″とあるが、これは無視した）。
注 2：太陽の平均の視半径 16′、月の平均の視半径 15.5′を、それぞれ 5/6 に扁平した。

図 6.2　ほぼ「真の日出」

6.1.3　日出没時の把握と方位角の計算

図 6.1 において、頂距 ＝ 90°との条件のもと、地方時角についての球面三角形の余弦定理の式を展開すると、

cos(頂距) = sin(緯度) sin(赤緯) ＋ cos(緯度) cos(赤緯) cos(地方時角) = 0

となり、

cos(地方時角) ＝ － tan(緯度) tan(赤緯)

を得る。

この地方時角は日出あるいは日没の瞬間についての視正午からの時間の差を示している。日出の場合は 12h00m00s からこの値を減じて、朝の時刻（視時）を得る。日没の場合は 12h に加えて夕方の時刻（視時）を得る。ここでの緯度は日出没時の推測位置の緯度であるが、この値は直近の観測位置（前測位置）からの日出没までの経過時間を根拠に求めることになる。つまり、日出没の時刻が分からないと緯度の値が特定できず、緯度が分からないと地方時角が求められないという関係になっている。

本来であれば、繰り返し計算を行い、推測位置の緯度とこれを根拠に得た地方時角、ひいては日出没の視時、前測位置からの経過時間の一致をみるべきであるが、緯度と赤緯の変化に伴う地方時角の変化は大きくないので、前測位置から朝方あるいは夕方にいたるまでの経過時間をおおよその値として与えて、これを根拠に日出没時の緯度と経度を求める。あわせて、地方時角を求めるために別途必要な太陽の赤緯についても、おおよその値でかまわないので当日の UT 時刻 0 時における値を参照する。

例えば、2019 年 7 月 7 日 03° 19′ S、082° 13′ W の推測位置における日出時刻を求めてみよう。このときの当日の Correction for UT は－ 05h40m とし、時刻改正は済んでいるものとする。

① まず、おおよその目安として当日（2019 年 7 月 7 日）の UT 時刻 0 時の赤緯を参照する。ここでは、N 22° 38.0′である。緯度とともに地方時角を求める式に代入する。

cos(地方時角) ＝－ tan(緯度) tan(赤緯)
＝－ tan(－ 03° 19′) tan(22° 38.0′) ＝ 0.024 162
地方時角 ＝ $\cos^{-1}$(0.024 162) ＝ 88.615 5°→ 05h54m28s

なお天測暦の「天体出没時角表」では、この緯度と赤緯の値の組み合わせでは、06h05m となるが、緯度と赤緯が異名であるので 12h からこの値を減じることになり、05h55m となる。

② この時角は視正午までの時間を示しているので、(12h00m00s － 05h55m) から 06h05m が日出時刻である。ただし、これは視時（L.A.T.）である。
③ このときの経度が 82° 13′ W であるので経度時は 05h28m52s である。本船は西経にいるので、先行している G.A.T. は（06h05m ＋ 05h28m52s）から 11h33m52s となる。
④ これを UT 時刻とみなして均時差を求める。$E_{◎}$が 11h55m06s なので 12h を減じて、－ 04m54s を得る。
⑤ （M.T. ＝ A.T. － Eq. of T.）なので、(11h33m52s －（－ 04m54s)) から 11h38m46s G.M.T. となる。
⑥ 当日の Correction for UT は － 05h40m なので、(11h38m46s － 05h40m) から 05h58m46s L.M.T.（Ship's Time）が日出となる。
⑦ 11h38m46s G.M.T. における太陽の赤緯を改めて確認すると、N 22° 35.0′である。これを、方位角を求める式に緯度とともに代入する。

cos(方位角) ＝ sin(赤緯) / cos(緯度)
＝ sin(22° 35.0′) / cos(－ 03° 19′) ＝ 0.384 671
方位角 ＝ $\cos^{-1}$ (0.384 671) ＝ 67.4°

太陽の赤緯は北なので、N67.4° E と解釈する。

6.2 北極星方位角法

北極星は日周運動による方位変化が僅少であることから、その方位を観測することによりコンパスエラーの検知に用いることができる。これを「北極星方位角法」という。この場合は、水平線がみえている必要はないので、夜間の任意の時機に実施することができる。

北極星は「天の北極」に極めて近い位置にあるものの、2019 年を例にすると極距は 39.3′（0.7°程度）であり、コンパスエラーの検知の観点では、「天の北極」と同一視することはできない。そこで、実際に北極星の方位角を観測した UT 時刻から地方時角を求め、理論値としての方位角を得て、両者の比較からコンパスエラー（修正量）を求める。この方法を「北極星方位角法」という。

6.2.1　北極星方位角法の原理

図 6.3 に示すように、北極星は「天の北極」から、ある頂距だけ離れて日周運動をしている。北極星と「天の北極」と天頂の 3 点で形成される「位置の三角形」において、方位角の対辺である極距と地方時角の対辺である「頂距（Zenith Distance)」に着目すると、球面三角形の正弦定理を適用し、

sin(方位角）/ sin(極距）＝ sin(地方時角）/ sin(頂距)

との関係を得る。ここで、極距が小さい値であることから、頂距を余緯度と置き換えることができるとし、

sin(方位角）/ sin(極距）＝ sin(地方時角）/ sin(余緯度）＝ sin(地方時角）/ cos(緯度)
sin(方位角）＝ sin(極距）sin(地方時角）/ cos(緯度)

と整理する。ここで、方位角と極距はラジアンとして小さい値であるので、

方位角 ＝ 極距 sin(地方時角）/ cos(緯度）　…（ラジアン）または（′）

とおくことができる。ここで、方位角と極距を（′）単位で代入するためには、両辺に（′）をラジアンに変換する係数をかけることになるので、結果、この式は（′）単位としても利用することができる。

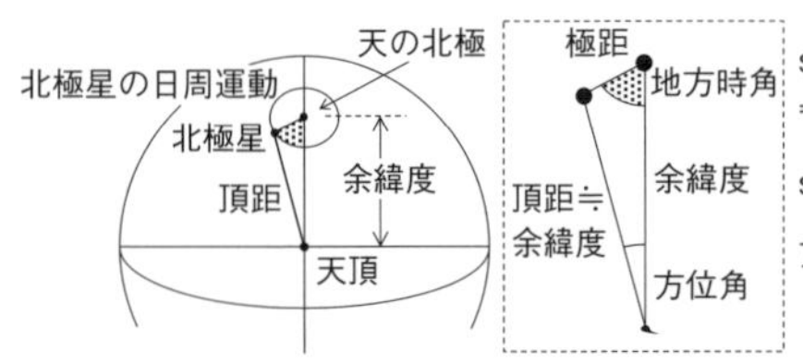

sin(方位角)/sin(極距)=sin(地方時角)/sin(頂距)
=sin(地方時角)/sin(余緯度)=sin(地方時角)/cos(緯度)

sin(方位角)=sin(極距) sin(地方時角)/cos(緯度)

方位角=極距 sin(地方時角)/cos(緯度)

図 6.3　北極星方位角法の考え方

6.2.2 暦の検索

北極星方位角法の原理に基づいて、天測暦では「北極星方位角表」が用意されている。同じく、Nautical Almanac では Polaris（Polar Star）Tables に Azimuth 欄が用意されている。ここで、北極星高度緯度法の計算例（表 5.6）の条件を踏襲して、2019 年 11 月 18 日、UT 時刻 06h14m47s のときの北極星の方位角を確認してみる。

天測暦では、Polaris の E_*（U ＝ 0h）は 00h48m33s である。UT 時刻 06h 14m47s での E_*の P.P. が 01m01s とすると、この時刻での E_*は 00h49m34s となる。結果、グリニッジ時角は 07h04m21s で、140° 51.6′ E（+09h23m26s）での地方時角は 16h27m47s となる。また、このときの緯度は 35° 58.6′ N であった。これらの条件に基づいて「北極星方位角表」をたどると、方位角は緯度 35° の地方時角 16h で 0.7°、17h で 0.8°である。緯度 40°でも同じ値なので、約 16h30m の地方時角については 0.75°と判断する。

一方、同日同時刻の Nautical Almanac の「Aries」の地方時角は 291° 33.7′ であり、「Polaris Tabels」の「Azimuth」欄をたどると、緯度 20°で 0.7°、緯度 40 度で 0.8°とあるので、緯度 35°では 0.75°とするのが妥当である。当然ながら双方同じ値となっている。

6.3 時辰方位角法

出没方位角法は、対象は太陽に限られ、かつ、太陽の中心が真水平にかかった瞬間にしか適用することができない。天候などの制約が往々にしてあるので、実施できる機会が少ない。しかし、北極星方位角法は本船が北半球にいる場合に限られるが、「時辰方位角法」は、太陽、月、あるいは惑星・恒星のあらゆる天体につき、いつでも実施できるのが特徴である。「時辰」とは古来中国の「時間」を意味する言葉であるので、「時辰方位角法」に用いられている「時辰」には Anytime というニュアンスが含まれている。

6.3.1 時辰方位角法の原理

時辰方位角法では、ナピアの公式を適用し、

$$\tan\{(\text{方位角}' + \text{位置角})/2\} = \cos\{(\text{緯度} + \text{赤緯})/2\}\ \tan(\text{地方時角}/2)/\sin\{(\text{緯度} - \text{赤緯})/2\}$$

$$\tan\{(\text{方位角}' - \text{位置角}) / 2\} = \sin\{(\text{緯度} + \text{赤緯}) / 2\} \tan(\text{地方時角} / 2) / \cos\{(\text{緯度} - \text{赤緯}) / 2\}$$

との二つの関係式を与え、それぞれの左辺の角度を求める。両左辺の（角度の）二つの値を合算すれば、結果として方位角′を得ることができる。ここで、方位角′は緯度と異名の極から 180°式でとるものとしている（図 6.4）。

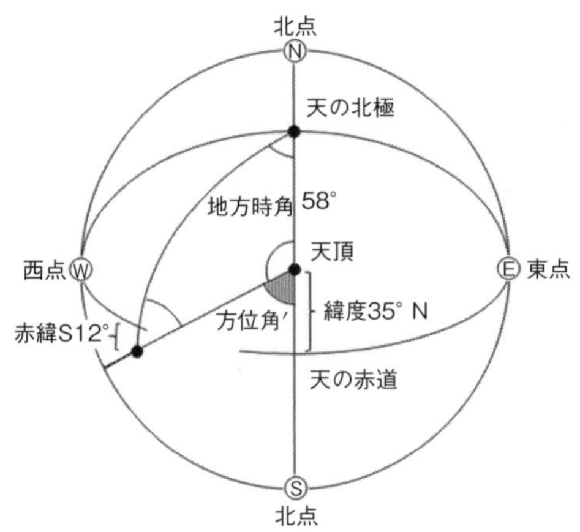

図 6.4　時辰方位角法における方位角′のとりかたと球面三角形の一例

6.3.2 時辰方位角法の計算例

この方法によれば、天体の地方時角、測者の緯度、および天体の赤緯の 3 変数だけで方位角を求めることができる。つまり、高度の要素を計算過程に組み入れる必要がなく、緯度と赤緯の和（Summation：S）と差（Difference：D）の正弦と余弦を求めるだけで簡単に方位角を求めることができる。天測計算表には S と D に時角の h を合わせて「SDh 表」として対数計算の表が用意されている。本項では、表の利用方法は割愛し、計算過程の簡便さを紹介するのにとどめる。

図 6.4 に示した例に基づいて、時辰方位角法による計算過程を確認する。

ある天体の方位を測った際、その天体の地方時角として 58°（03h52m00s）を得た。この UT 時刻での天体の赤緯は S12°、測者の緯度が 35° N であったとすると計算過程は表 6.2 のように整理することができる。

表 6.2　時辰方位角法による計算例（SDh 表を踏襲）

<table>
<tr><th>変数</th><th>S・D・h</th><th>cos</th><th>sin</th><th>tan</th></tr>
<tr><td rowspan="2">l = + 35°d = −12°</td><td>S：(l + d) / 2 = 11.5°</td><td>0.979 924</td><td>0.199 368</td><td>−</td></tr>
<tr><td>D：(l−d) / 2 = 23.5°</td><td>0.917 060</td><td>0.398 749</td><td>−</td></tr>
<tr><td>h = 58°</td><td>h：h / 2 = 29°</td><td>−</td><td>−</td><td>0.554 309</td></tr>
<tr><td colspan="4">tan {(方位角′+ 位置角) / 2} = $\frac{\cos\{(l+d)/2\}}{\sin\{(l-d)/2\}}$ tan(h/2) = 1.362 21</td><td>$\tan^{-1}$ = 53.72°</td></tr>
<tr><td colspan="4">tan {(方位角′ − 位置角) / 2} = $\frac{\sin\{(l+d)/2\}}{\cos\{(l-d)/2\}}$ tan(h/2) = 0.120 51</td><td>$\tan^{-1}$ = 6.87°</td></tr>
<tr><td colspan="4">方位角′=
方位角（360° 式）=</td><td>60.6°
240.6°</td></tr>
</table>

なお、「位置の三角形」による計算式によっても同等の値（方位角）を求めることができる。すなわち、

sin(計算高度) = sin(緯度) sin(赤緯) + cos(緯度) cos(赤緯) cos(地方時角)

に同じ値を代入すると、sin(計算高度) = 0.305 345 および cos(計算高度) = 0.906 764 を得る。方位角を求める式にこれらの結果を用いると、

cos(方位角) = {sin(赤緯) − sin(計算高度) sin(緯度)} / {cos(計算高度) cos(緯度)}
= − 0.491 071

となる。結果、方位角は、$\cos^{-1}$(− 0.491 071) = 119.4° となる。地方時角は、58° なので、方位角は子午線の西側に形式される。360° 式で表すと 240.6° となる。

第7章 具体的な計算例

7.1 正午位置の計算

7.1.1 子午線高度緯度法

【計算の条件】

2019年5月1日の視正午の推測位置22° 33′ N、144° 55′ Eにおいて太陽の下辺の観測により（視）極大高度を82° 12.3′に測った場合の緯度を求める。なお、使用した六分儀の器差は（－）0.8′であり、このときの眼高差は20mである。気温と水温の差はないものとする。

【計算の実際】

（1）太陽の赤緯

子午線高度緯度法では「緯度 ＝ 子午線頂距 ＋ 太陽の赤緯」の関係式が中核となっている。したがって、太陽の赤緯（以下、単に赤緯とする）を天測暦あるいはNautical Almanacから検索する必要がある。天測暦では太陽に限らず天体の赤緯に関する情報は世界時（UT時刻）を根拠に記載されている。したがって、本船の視正午が世界時（UT時刻）で何時なのかを把握しなければならない。

なお、UT時刻は平時（M.T.）の時間体系であり、グリニッジ平時（G.M.T.）を採用しているという関係にあるので、UT時刻とG.M.T.は同じであると扱ってよい。

本船の視正午は視時（A.T.）で12時なので、12h L.A.T.と表す（LはLocalで、地方、すなわちグリニッジではない、ということを意味している）。

「経度のぶんの時間」を足し引きすればグリニッジ視時（G.A.T.）となる。「経度のぶんの時間」とは経度時（L. in T.）にほかならない。本船の経度は144° 55′ Eなので、経度時は09h39m40s、東経なのでグリニッジの時計より進んでいる。したがってグリニッジの時刻を求めるためには、12h L.A.T.から経度時を「引く」ことになる。結果、本船が視正午となるとき、グリニッジ視時は02h20m20s G.A.T.であることがわかる。

グリニッジ視時（G.A.T.）からグリニッジ平時（G.M.T.）を求めるために、均時差(Eq. of T.)を求める。すなわち(Eq. of T. ＝ A.T. － M.T.)なので、G.A.T.からEq. of T.を引けば、G.M.T.を得ることができる。

均時差は、天測暦では($E_{\circledcirc}$ − 12h)として求められる。Nautical Almanacでは、Daily Pagesの見開き右側頁の最下段に12時間ごとの数値が記載されている(Eqn. of Time欄)。ちなみに、この欄に網掛けが施されている場合は「負」の値となっている。

1時間程度までであればEq. of T.の変化は少ないとみなせるので、天測暦において求めたG.A.T.をUT時刻として$E_{\circledcirc}$の値を参照してかまわない。UT時刻を02h20m20sとみなし、$E_{\circledcirc}$ 12h02m48sを得る。($E_{\circledcirc}$ − 12h)からEq. of T.は02m48sとなる。

Nautical Almanacにおいても、G.A.T.を挟む前後の値を参照し、12時間の変化量を0時から、あるいは12時からのG.A.T.の経過時間で按分して求める(この例では、00hが02m48s、12hが02m51sであるので、この差を2時間/12時間と按分し、02m48.5sを得る)。

求めたEq. of T.をG.A.T.から引いてG.M.T.すなわちUT時刻を得る。ここでは(02h20m20s − 02m48s)なので02h17m32sとなる。

これを根拠に天測暦あるいはNautical Almanacを検索し太陽の赤緯を求める。天測暦ではN 14° 57.1′、Nautical AlmanacではN 14° 57.0′となる(図7.1)。この差は丸めの誤差として許容する。

❶ 2019年5月1日 02h17m32s G.M.T.での太陽の赤緯:N 14° 57.1′

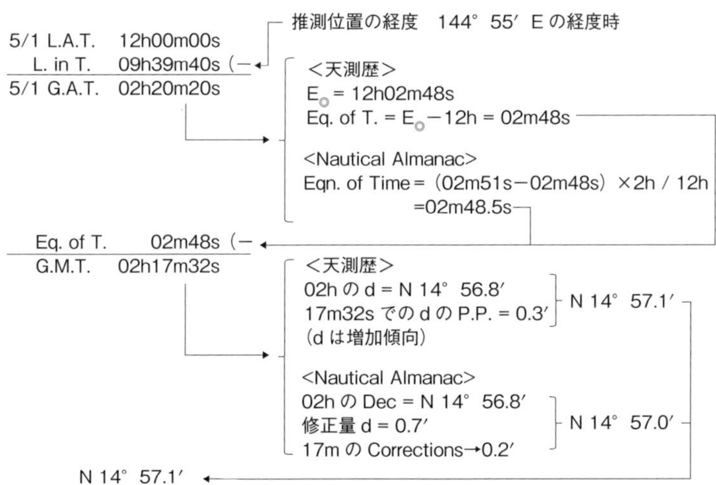

図7.1 視正午における太陽の赤緯の求め方の例

(2) 視正午の船内使用時（標準時刻）

本船の視正午の UT 時刻がわかったので、平時として運用している船内使用時（標準時刻）では何時何分であったのかもわかる。

なぜなら、毎日の時刻改正を Correction for UT として集約しており、Correction for UT はその日のグリニッジとの時差を示しているからである。Correction for UT に対応する経度が当日の本船にとっての標準経度といえる。

今回の計算における Correction for UT は 09h40m（時刻改正の運用上、秒は略されている）、すなわち 145° 00′ E であるとする。本船での太陽の子午線正中時は東経なので 02h17m32s に 09h40m00s を加えて、11h57m32s となる。

❷ Correction for UT 09h40m

❸ 標準経度 145° E の標準時では 11h57m32s

(3)「器差の修正 ＋ 高度改正」の量

正算法、逆算法のいずれの計算方法によるとしても、『子午線高度についての「六分儀高度」』の値を扱うので、理論上の高度である『子午線高度についての「真高度」』との差の量を把握しておく必要がある。

六分儀高度に、符号はそのままにして器差を加算すると観測高度になる。観測高度に高度改正の値を、符号をそのままにして加算をすれば真高度となる。

今回の観測高度は約 82° なので、天測計算表の第 2 表 B を参照する。第一改正は「－眼高差 －天文気差 ±視半径 ＋視差」をまとめて、標準大気（気圧 1013.25 hPa、気温 10℃）下として改正値を与えている。六分儀高度が 82° 12.3′ なので、同表の眼高 20m で測高度 80° と 85° の値を確認する。結果、第一改正の値は 7.7′ となる。

続いて、視半径の年変動に対応させるための第二改正を求める。今回は、5 月の太陽の下辺を測っているので第二改正の表から 0.1′ を得る。

また、今回の計算では気温と水温の差はないものとしているため、第三改正は行わない。したがって、「器差の修正 ＋ 高度改正」の総量は、器差（－ 0.8′）＋ 第一改正（7.7′）＋ 第二改正（0.1′）から、7.0′ となる。

❹ 「器差の修正 ＋ 高度改正」の総量：7.0′

(4) 正算法による計算

視正午に観測した六分儀高度に「器差の修正 ＋ 高度改正」の値を、符号をそのままにして加算する。この値が『子午線高度についての「真高度」』である。この値を90°から減じると「子午線頂距」となる。すなわち、

子午線高度についての「真高度」
＝子午線高度についての「六分儀高度」＋「器差＋高度改正」
＝82° 12.3′＋7.0′＝82° 19.3′
子午線頂距＝90°－82° 19.3′＝07° 40.7′

となる。ここで緯度 ＝ 赤緯 ± 子午線頂距（＋：太陽を南にみる場合、－：太陽を北にみる場合）の関係式を用いて緯度の値を求める。今回は、測者の緯度と太陽の赤緯が同名であり、測者の緯度の方が太陽の赤緯よりも大きいので、測者は太陽を南にみている。したがって、子午線頂距の符号を「正」として計算する。結果、

子午線正中時の緯度＝N 14° 57.1′＋07° 40.7′＝22° 37.8′ N

解　正算法によって求めた緯度：22° 37.8′ N

(5) 逆算法による計算

視正午の推測位置の緯度が22° 33′ Nなので、「子午線頂距 ＝ 緯度 － 赤緯」の関係式を用いて、予測される子午線頂距の値を求める。すなわち、

予測される子午線頂距＝22° 33′－14° 57.1′＝07° 35.9′

となり、符号が「正」なので、太陽を「南」にみる相対関係であることがわかる。

この絶対値を90°から減じて、『子午線高度についての「真高度」』を得る。すなわち、

子午線高度についての「真高度」＝90°－07° 35.9′＝82° 24.1′

となる。この値に前述で求めた「器差の修正 ＋ 高度改正」の値を、符号を逆にして加えて『子午線高度についての「六分儀高度」』を得る。すなわち、

子午線高度についての「六分儀高度」＝82° 24.1′－7.0′＝82° 17.1′

となる。この値は推測位置におけるものなので「六分儀高度（予測）」とする。実際に測った子午線高度が「六分儀高度（実際）」であり、この差を特定する。

差＝「六分儀高度（実際）」－「六分儀高度（予測）」
＝82° 12.3′ － 82° 17.1′＝－4.8′

となる。差が「負」であるので、推測位置の緯度よりも太陽から「離れて」いることになる。

今回は、太陽を南にみている相対関係なので、太陽から離れる方向とは「北」を意味する。したがって、実際に子午線高度を測った緯度は、推測位置から北に「差」の量だけずれている、ということになる。子午線正中時の緯度は、推測位置の緯度に「＋」の差となるので、

子午線正中時の緯度＝22° 33′ N＋4.8′＝22° 37.8′ N

解　逆算法によって求めた緯度：22° 37.8′ N

【補足】

別途、同年月日および同経度において本船の緯度を南緯にした場合の計算過程を確認する。すなわち、2019 年 5 月 1 日、緯度 22° 33′ S、経度 144° 55′ E の推測位置において太陽の下辺高度を 52° 25.5′ に観測したとする。器差(－)0.8、眼高 20m である。

同年月で同経度なので、前項と同様に視正午の UT 時刻は 02h20m20s であり、太陽の赤緯は N 14° 57.1′ である。また、「器差の修正 ＋ 高度改正」の値も 7.0′ であることにかわりはない。（表 7.1）

表 7.1 補足での子午線高度緯度法の計算例

<正算法>	<逆算法>
子午線高度についての六分儀高度 52° 25.5′ 「器差＋高度改正」 ＋) 7.0′ 子午線高度についての真高度 52° 32.5′ 余角としての子午線頂距を求めると、 90° 00.0′ −) 52° 32.5′ 子午線頂距 37° 27.5′ 南緯にいる測者が北緯の太陽をみているので、子午線頂距の符号は「負」とする。すると、 緯度 ＝ 赤緯 − 子午線頂距 となるので、 太陽の赤緯 14° 57.1′ 子午線頂距 −) 37° 27.5′ 子午線正中時の緯度 −22° 30.4′ 22° 30.4′S	子午線頂距 ＝ 緯度 − 赤緯なので、 推測位置の緯度 − 22°33.0′ 太陽の赤緯 −) 14°57.1′ 子午線頂距 − 37°30.1′ 得られた子午線頂距の符号は「負」なので、南緯にいる測者が北緯にある太陽をみている状況に矛盾しない。 子午線頂距（の絶対値）についての余角である子午線高度を求めると、 90°00.0′ 子午線頂距の絶対値 −) 37° 30.1′ 子午線高度における真高度 52° 29.9′ 「器差＋高度改正」 −) 7.0′ 子午線高度における六分儀高度 52° 22.9′ これを六分儀高度(予測)とする。これを実際に観測した六分儀高度(実際)から減じて差を得る。 六分儀高度（実際） 52° 25.5′ 六分儀高度（予測） −) 52° 22.9′ 差 2.6′ 差が「正」なので太陽へ近づく方向に修正することになる。太陽を北にみている状況なので、推測位置の緯度に差の値を加える。 推測位置の緯度 − 22° 33.0′ 差 ＋) 2.6′ 子午線正中時の緯度 − 22° 30.4′ 22° 30.4′S

7.1.2 正午位置

【計算の条件】

太陽の隔時観測により正午位置を求める。ここでは、2019 年 10 月 22 日を例として、午前 10 時頃に太陽の高度を測るものとする。このときの推測位置は緯度 27° 32′ N、経度 130° 43′ W であり、観測した下辺の高度は 43° 31.3′ とする。また、そのときのクロノメータが示す時刻は 06h42m20s とする。

針路 250° で 38 海里の航程を経て視正午を迎えたときに得た子午線高度は 51° 27.8′ であり、クロノメータ・エラーは（−）3s、器差は（＋）0.7、眼高は 17m とする。

【計算の実際】

(1) 午前の太陽観測における UT 時刻

午前の「位置の線」を得るために、まず、午前中に太陽を観測したときの

UT時刻を確認する。

推測位置の経度が 130° 43′ W なので、経度時は 08h42m52s となる。西経の地より東にあるグリニッジの時刻は本船の船内使用時の示す時刻より経度時のぶんだけ進んでいる。つまり、本船の船内使用時が 10h00m00s であるときの、おおよその UT 時刻は 18h42m52s（10h00m00s ＋ 08h42m52s）となる。

クロノメータの示す時刻は 06h42m20s であるが、クロノメータの時刻表示は 12 時までなので、午前・午後の判別を行わなければならない。おおよその UT 時刻が 18 時台であるので、午前の観測時である 06h42m20s は 18h42m20s であると解釈しなければならない。さらに、クロノメータ・エラーが（－）3s なので、18h42m17s と修正する。これが、午前中に太陽を観測したときの UT 時刻である。

❶ 午前中の観測時（UT 時刻）：2019 年 10 月 22 日　18h42m17s

(2) 視正午の推測位置

視正午までの航程が 38′、針路 250°なので、変緯（D.lat.）は－ 13.0′（13.0′ Southerly, S'ly）、東西距（Dep.）が－ 35.7′（35.7′ W'ly）である。

視正午の推測位置の緯度は、午前 10 時の推測位置の緯度（27° 32.0′）に D.lat.（－ 13.0′）を加えて、27° 19.0′ N を得る。

平均中分緯度は（午前 10 時の推測位置の緯度（27° 32.0′ N）－ 13.0′ / 2）から、27° 25.5′ となるので、D.Long. は（－ 35.7′ / cos(27° 25.5′)）から－ 40.2′（40.2′ W'ly）となる。結果、視正午の推測位置の経度は、130° 43.0′ W よりも 40.2′ 西の 131° 23.2′ W となる。

❷ 視正午の推測位置：27° 19.0′ N、131° 23.2′ W

(3) 午前中の「位置の線」等

a) 太陽の赤緯と地方時角

続いて、この UT 時刻（10 月 22 日の 18h42m17s）における太陽の赤緯と地方時角を確認する。

【天測暦の場合】

天測暦によるとこの日、この時刻の $E_{\odot}$ は 12h15m33s である。また、d は 18h の値が S 11° 07.7′、42m17s の比例部分 P.P. が 0.6′ であり、この日の赤緯は減少傾向なので、S 11° 08.3′ を得る（S なので「負」の扱いとしていることに注意する)。

グリニッジ時角(G.H.A.)は E◎に G.M.T. を加算すればよい。すなわち、

G.H.A. = E◎(12h15m33s)+ G.M.T.(18h42m17s)
= 30h57m50s(− 24h)= 06h57m50s

となる。地方時角(L.H.A.)は西経なので G.H.A. から経度時を減じることになる。

L.H.A. = G.H.A.(06h57m50s)− L. in T.(08h42m52s)= − 01h45m02s

L.H.A. の符号は「負」なので「東方時角」となっている。午前中の観測なので、当然ながら子午線よりも東にみていることを示している。最終的に L.H.A. を角度に換算する。

L.H.A. = − 01h45m02s(− 26° 15.5′)= 22h14m58s(333° 44.5′)

❸ 太陽の赤緯:S 11° 08.3′、L.H.A.:333° 44.5′

【Nautical Almanac の場合】

Nautical Almanac によると、同日 18h の SUN の GHA は 93° 53.3′ であり、42 分用の Increments and Corrections において 17s の Sun Planets の増加量が 10° 34.3′ であることを確認する。G.H.A. の値はこれらを合算する。

G.H.A. = 18h の G.H.A.(93° 53.3′)+ 42m17s の増加量(10° 34.3′)
= 104° 27.6′

西経にいる本船の L.H.A. は G.H.A. から経度(角度)を減じて得る。すなわち、

L.H.A. = G.H.A.(104° 27.6′)− 推測位置の経度(130° 43.0′)
= − 26° 15.4′ = 333° 44.6′

また、18h の赤緯 Dec は S 11° 07.7′ で、1 時間の修正量 d は 0.9 である。42 分用の Increments and Corrections の Corrections 欄において 0.9 に相当する値として 0.6 を確認する。これを 18h の値に加算して、18h42m17m の赤緯 Dec とする(南緯なので厳密には、負の値に修正量を減じている)。

Dec = S 11° 07.7′ + 0.6′ = S 11° 08.3′

❸ 太陽の赤緯:S 11° 08.3′、L.H.A.:333° 44.6′

b）計算高度と方位角

これで、太陽の赤緯、地方時角を求めることができた。推測位置の緯度とあわせて計算高度を得る。この例において、推測位置の緯度（27° 32′ N)、太陽の赤緯（S 11° 08.3′）、地方時角（333° 44.5′）で計算をすると、

$$\begin{aligned}\sin(\text{計算高度}) &= \sin(\text{緯度})\ \sin(\text{赤緯}) + \cos(\text{緯度})\ \cos(\text{赤緯})\ \cos(\text{地方時角})\\ &= \sin(27°\ 32.0')\ \sin(-11°\ 08.3')\\ &\quad + \cos(27°\ 32.0')\ \cos(-11°\ 08.3')\ \cos(333°\ 44.5')\\ &= 0.690\ 958\ 782\end{aligned}$$

$$\text{計算高度} = \sin^{-1}(0.690\ 958\ 782) = 43°\ 42.4'$$

続いて、方位角を求める。なお、ここであらかじめ cos(計算高度）を求めておくと便利である。

$$\cos(\text{計算高度}) = \sqrt{\{1 - \sin^2(\text{計算高度})\}} = 0.722\ 894\ 16$$

余弦定理に基づくと、

$$\begin{aligned}\cos(\text{方位角}) &= \{\sin(\text{赤緯}) - \sin(\text{計算高度})\ \sin(\text{緯度})\}\\ &\quad / \{\cos(\text{計算高度})\ \cos(\text{緯度})\}\\ &= \{\sin(-11°\ 08.3') - 0.690\ 958\ 782\ \sin(27°\ 32.0')\}\\ &\quad / \{0.722\ 894\ 16\ \cos(27°\ 32.0')\}\\ &= -0.799\ 637\ 6\end{aligned}$$

$$\begin{aligned}\text{方位角} &= \cos^{-1}(-0.799\ 637\ 6)\\ &= 143.1°\ (\text{東方時角・午前中であるので、このまま}) = \mathrm{S}\ 36.9°\ \mathrm{E}\end{aligned}$$

別解として、正弦定理による方位角の計算をすると、

$$\begin{aligned}\sin(\text{方位角}) &= \sin(\text{地方時角})\ \cos(\text{赤緯}) / \cos(\text{計算高度})\\ &= \sin(333°\ 44.5')\ \cos(-11°\ 08.3') / 0.722\ 894\ 157\\ &= -0.600\ 482\ 878\end{aligned}$$

$$\text{方位角} = \sin^{-1}(-0.600\ 482\ 878) = -36.9°$$

正弦定理による式で求める場合は、計算結果を絶対値として扱い、象限の判定を行う。

ここで、測者の緯度と太陽の赤緯は異名なので、南北の基準は緯度と異名となる「S」を採用し、東方時角・午前であるので東西の判定は「E」となる。したがって、

方位角 ＝ S 36.9° E（＝ 143.1°）

❹ 計算高度：43° 42.4′，方位角：143.1°（S 36.9° E）

c）修正差

修正差は（真高度 − 計算高度）であるが、六分儀高度から器差を修正して観測高度を得て、さらに高度改正を施して真高度を確定する。

六分儀高度は 43° 31.3′ であり、器差が（＋）0.7′ なので、観測高度は 43° 32.0′ となる。天測計算表の第 2 表 B を参照し、第一改正として眼高 17m のときの測高度 40°が 7.4′、45°が 7.6′ とあるので、約 43.5°の観測高度については 7.5′ とする。また、視半径についての第二改正は、10 月の下辺であるので 0.3′ を確認する。結果、観測高度（43° 32.0′）に第一改正（7.5′）と第二改正（0.3′）を施して、真高度 43° 39.8′ を得る。（ちなみに、「器差の修正 ＋ 高度改正」の総量は、0.7′ ＋ 7.5′ ＋ 0.3′ なので 8.5′ となる）

修正差は真高度(43° 39.8′）− 計算高度(43° 42.4′）から − 2.6′ となる。

❺「器差の修正 ＋ 高度改正」：8.5′、修正差 I：− 2.6′

d）経度改正その 1 および緯度差係数

ここで、正午位置での経度改正の第 1 段階である高度差（修正差）による改正量を求める（本書では、「経度改正その 1」としている）。また、正午位置を決定する際に行う、緯度差による経度改正のための「緯度差係数」もあわせて求める（「経度改正その 2」としている）。

経度改正その 1 は、1 / sin(方位角)・1 / cos(視正午の推測位置の緯度)・Δa である。Δa には修正差 I を適用するので、経度改正その 1 の値は（1 / sin(143.1°)・1 / cos(27° 19.0′)・(− 2.6)）から − 4.9′（4.9 W'ly）となる。

また、経度改正その 2 は（− 1 / tan(方位角)・1 / cos(視正午の推測位置の緯度)・Δl）である（Δl は、視正午の推測位置の緯度と子午線高度緯度法等で得た実際の緯度との差）。Δl の確定は正午を待つ必要があるが（− 1 / tan(方位角)・1 / cos(視正午の推測位置の緯度)）はここであらかじめ確定することができる。すなわち（− 1 / tan(143.1°)・1 / cos(27° 19.0′)）から 1.5 を得て、これを「緯度差係数」とする。

❻ 経度改正その 1：− 4.9（4.9 W'ly）

❼ 経度改正その 2 用の「緯度差係数」：1.5

(4) 子午線高度緯度法

視正午における緯度を子午線高度緯度法によって求める。まず、(視) 極大高度のときの太陽の赤緯を確認する必要があるので、天測暦・Nautical Almanac を検索するにあたり、根拠となる UT 時刻を特定しなければならない。

視正午は視時 12 時であり、視正午の推測位置の経度 (131° 23.2′ W) から G.A.T. を求める。すなわち (12h00m00s ＋ 08h45m33s (131° 23.2′ W の経度時)) から、20h45m33s G.A.T. を得る。G.A.T. から G.M.T. を求めるためには均時差 (Eq. of T.) で仲介するので、均時差を求める必要がある。

天測暦にて、G.A.T. をほぼ UT 時刻とみなして $E_{\odot}$ を確認すると、12h15m34s とある。Eq. of T. は ($E_{\odot}$ − 12h) なので、15m34s を得る。

Nautical Almanac では「Eqn. of Time」欄を参照する。22 日の 12 時の値が 15m31s、23 日の 00 時の値は 15m35s である。22 日の約 20.5 時の値は (15m31s ＋ 4s × 0.71 (＝ 15m31s ＋ (15m35s − 15m31s) × 8.5 時間 / 12 時間 (20 時は 12 時から 8.5 時間の経過)) となるので 15m34s を得る。

結果、(視) 極大高度を得たときの UT 時刻 (M.T.) は、(G.A.T. − Eq. of T.) から、20h29m59s となる。

❽ (視) 極大高度を得たときの UT 時刻：2019 年 10 月 22 日　20h29m59s

前述の UT 時刻を根拠に太陽の赤緯を求める。天測暦では、20h の値が S 11° 09.5′、d の比例部分 P.P. の値はほぼ 30m なので、0.4′ となる。赤緯は減少 (南緯の増加) 傾向にあるので、(視) 極大高度を得たときの太陽の赤緯は (S 11° 09.5′ (− 11° 09.5′) ＋ S 0.4′ (− 0.4′)) として、S 11° 09.9′ (− 11° 09.9′) となる。

Nautical Almanac では、22 日 20h の Sun の Dec の値は S 11° 09.5′ とあり、1 時間の変化量 d は 0.9 である。29 分用の Increments and Corrections の Corrections を参照すると、0.9 に相当する値として 0.4′ を確認できる。結果、(S 11° 09.5′ ＋ S 0.4′) として S 11° 09.9′ を得る。

❾ (視) 極大高度を得たときの太陽の赤緯：S 11° 09.9′

子午線高度緯度法では、「緯度 ＝ 子午線頂距 ＋ 赤緯」の関係式を利用する。

正算法では、観測した高度から子午線頂距を求めるアプローチをとるので、まず、子午線高度についての真高度を特定する必要がある。真高度は観測した (視) 極大高度 (すなわち六分儀高度) に「器差の修正 ＋ 高度改正」を施して求める。すなわち、六分儀高度が 51° 27.8′ であり、「器差の修正 ＋ 高度改正」

の総量は 8.5′ であったので、子午線高度についての真高度は 51° 36.3′ となる。

子午線頂距は真高度の余角なので（90° − 51° 36.3′）から 38° 23.7′ となる。ここで、測者は北緯にいて、太陽の赤緯は南緯なので、測者は太陽を南にみることになる。したがって、子午線頂距の符号は「正」となる。

（緯度 ＝ 子午線頂距 ＋ 赤緯）にそれぞれの値を代入すると、右辺は（38° 23.7′ ＋（− 11° 09.9′））なので、27° 13.8′ となる。計算結果は「正」なので、27° 13.8′ N と解釈する。

視正午の推測位置の緯度は 27° 19.0′ N であるので、前述で得た 27° 13.8′ N は南にずれていたことがわかる。その差である Δl は − 5.2′（5.2′ S'ly）となる。

逆算法では、視正午の推測位置の緯度から子午線高度についての六分儀高度を求める。視正午の緯度は 27° 19.0′ と推測されているので、そのときの子午線頂距は（緯度 − 赤緯）であるとの関係から、（27° 19.0′ −（− 11° 09.9′））となり、38° 28.9′ を得る。子午線高度についての真高度は、この子午線頂距の余角なので 51° 31.1′（90° − 38° 28.9′）となる。

これに「器差の修正 ＋ 高度改正」を逆に施せば、（視）極大高度として観測するはずの六分儀高度を求めることができる。これを「六分儀高度（予測）」とする。「器差の修正 ＋ 高度改正」の総量は 8.5′ であるので、六分儀高度（予測）は（51° 31.1′ − 8.5′）から 51° 22.6′ となる。

実際に測った（視）極大高度、すなわち「六分儀高度（実際）」は 51° 27.8′ であるので、両者の差は 5.2′ となる。実際の方が予測よりも大きいので、推測位置よりも太陽側に近づいていることがわかる。

北緯の測者が南緯の太陽をみているので、太陽に近づく方向は南である。したがって差、すなわち Δl は − 5.2′（5.2′ S'ly）として扱うことになる。結果、（視）極大高度を観測した緯度は（27° 19.0′ − 5.2′）なので、27° 13.8′ N となる。

解　子午線高度緯度法による子午線正中時の緯度：27° 13.8′ N

⑩　Δl：− 5.2′（5.2 S'ly）

（5）正午位置の経度

子午線高度緯度法により視正午の緯度は確定する。また、経度は経度改正その 1 とその 2 により確定する。あるいは作図により求める 2 つのアプローチがある。

この例では、先に「経度改正その 1」として − 4.9′（4.9 W'ly）が得られている。また、同時に「緯度差係数」として 1.5 が得られているので、これに Δl

の − 5.2′を乗じて（1.5 × − 5.2 = − 7.8′（7.8 W'ly））を得る。視正午の経度は、推測位置の経度に − 4.9′と − 7.8′を加味すると、131° 23.2′ W に対して 12.7 W'ly となるので、結果、131° 35.9′ W となる。

解 子午線正中時の経度：131° 35.9′ W

(6) 作図による確認

「位置決定用図」による作図についても確認しよう。午前の観測と視正午の観測は隔時観測なので、午前に得た「位置の線」は視正午の推測位置を原点として作図することができる。

方位角 143.1°の方位の線において修正差は − 2.6′なので、太陽と反対側に「位置の線」の基点をとる。このときの原点・基点間の図上の長さは「漸長緯度差の尺度」の横軸に推測位置の緯度を確認し、この縦線上の長さとする。基点に直交する直線（143.1° ± 90°なので 053°・233°）を「位置の線」として描く。

また、子午線高度緯度法（正算法）では実際の緯度の値を得るので、推測位置の緯度との差（緯度差）を求める必要がある。逆算法では緯度差そのものが得られるので、その値に該当する長さ（この例では 5.2′）を修正差と同じように得る。これを、N'ly なのか S'ly なのかの確認を行って、推測位置の上下の緯線（「位置の線」）として描く。

二つの「位置の線」の交点が視正午の観測位置である。緯度については、子午線高度緯度法を根拠に確定し、経度については交点に対応する位置決定用図の横軸の値（変経）を確認し、推測位置の経度に加減算する。

経度改正その 1、その 2 により、計算によって視正午の観測位置を決定するにしても、位置決定用図の作図に準じた二つの「位置の線」の関係性を確認することを推奨する。計算の過程だけでは勘違いなどの間違いの排除が難しいので、略図であっても午前の「位置の線」の方向と修正差の正負、正午の緯度差と交点の位置（の象限）を描くことで、計算結果との矛盾の有無を確認することができ、ダブルチェックとなる。

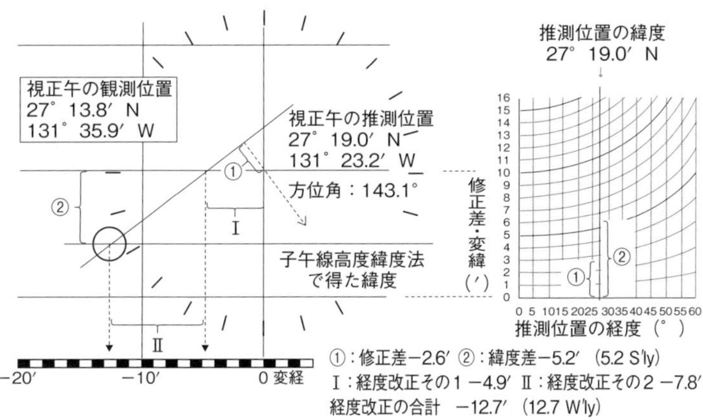

図 7.2　作図による正午位置の決定（位置決定用図による）

表 7.2　正午位置計算の例

時期	計算の過程	アウトプット
午前中の計算	(1) 午前観測の UT 時刻	
	おおよその Ship's Time　10h00m00s	
	推測位置の経度（130° 43′ W）→　L. in T. 08h42m52s	
	おおよそのグリニッジの時刻（西経なので＋）　18h42m52s	
	したがって、クロノメータの 06h42m20s は　18h42m20s	
	クロノメータ・エラー　(–) 3s	2019/10/22
	UT 時刻　2019 年 10 月 22 日の 18h42m17s	18h42m17s
	(2) 視正午の推測位置	
	午前の推測位置（27° 32′ N、130° 43′ W）から視正午まで	
	航程：38′、針路：250° → D.lat. = −13.0′、Dep. = −35.7′	
	→ Mid.lat. = 27°25.5′ → D.Long. = 35.7′ / cos(27°25.5′)	27° 19.0′N
	= −40.2′	131° 23.2′W
	(3) 午前中の「位置の線」	
	a) 太陽の赤緯と地方時角	
	天測暦あるいは Nautical Almanac を検索・補間　赤緯：S11° 08.3′	
	E⊙ あるいは G.H.A. から L.H.A.：333° 44.5′	
	推測位置の緯度：27° 32′ N	
	b) 計算高度：43°42.4′、方位角：143.1°（S36.9° E）	
	c) 修正差	修正差：−2.6′
	六分儀高度：43°31.3′ ＋ 器差：(＋) 0.7′	方位角：143.1°
	→ 観測高度：43°32.0′ ＋ 高度改正（第一：7.5′ ＋ 第二：0.3′）：7.8′	「器差＋高度改正」：8.5′
	→ 真高度：43°39.8′ → 修正差：43°39.8′– 43°42.4′ = – 2.6′	

	経度改正その 1、緯度差係数 Δa：修正差、方位角：143.1°、視正午推測位置の緯度：27°19.0′ N → 経度改正その 1：– 2.6′/ sin(143.1°) / cos(27°19.0′) = –4.9′ → 緯度差係数の計算：– 1 / tan(143.1°) / cos(27°19.0′) = 1.5	経度改正その 1： – 4.9′ (4.9′ W'ly) 緯度差係数：1.5
正午の計算	(4) 子午線高度緯度法 視正午（L.A.T.） 12h00m00s 推測位置の経度（131°23.2′W） → L. in T. 08h45m33s G.A.T.（西経なので ＋） 20h45m33s これを UT 時刻とみなして ・天測暦 $E_{\odot}$を検索 → 12h15m34s → 12h を減じて 15m34s ・Nautical Almanac の「Eqn. of Time」を検索 15m34s G.M.T.（= G.A.T.– Eq. of T. なので） 20h29m59s 天測暦あるいは Nautical Almanac を検索・補間 赤緯：S11°09.9′ ＜正算法＞ 子午線高度（六分儀高度）＋「器差＋高度改正」：51°27.8′ + 8.5′ → 子午線高度（真高度）：51°36.3′ → 子午線頂距：38°23.7′ → 緯度 ＝ 子午線頂距 ＋ 赤緯：38°23.7′ +（ – 11°09.9′） = 27° 13.8′ → 推測位置の緯度（27° 19.0′）との差 緯度差Δl：– 5.2′	視正午の緯度： 27° 13.8′ N 緯度差Δl：– 5.2′ (5.2′ S'ly)
	(5) 正午位置の経度 経度改正その 2 緯度差係数 × 緯度差：1.5 ×（ – 5.2） ＝ – 7.8′ 経度改正の総量：(経度改正その 1) – 4.9′– 7.8′ ＝ – 12.7′ (12.7′ W'ly) 推測位置の経度 131° 23.2′ W に経度改正 12.7′ W'ly → 131° 35.9′ W	視正午の経度： 131° 35.9′ W

7.2 Star Sight

【計算の条件】

2019 年 12 月 23 日 5 時 40 分ごろ、推測位置 18° 27′ N、175° 00′ E において、天測暦 No.30：スピカ（Nautical Almanac No.33：Spica）と天測暦 No. 23：レグルス（Nautical Almanac No.21：Regulus）の高度を観測したとする。それぞれの UT 時刻と六分儀高度の値を表 7.3 に示す。このときのクロノメータ・エラーは（＋）2s で、器差は（＋）0.7′ であったとする。また、海水温度 27℃、気温 24℃、眼高は 22m とする。

このとき本船が針路 300°、18 ノットで航行していた場合の、後測（レグルスの観測）時の船位を求める。

表 7.3　同時観測の例

恒星	クロノメータの時刻	六分儀高度
スピカ・Spica	05h58m08s	50°58.9′
レグルス・Regulus	06h03m41s	65°41.1′

【計算の実際】

(1) UT 時刻

12 月 23 日の 5 時 40 分とは船内使用時の時刻である。天体の時角と赤緯は UT 時刻を根拠として天測暦あるいは Nautical Almanac を検索して得るので、船内使用時の 5 時 40 分は UT 時刻で何時なのかを確認する。

推測位置の経度は 175° 00′ E なので、経度時は 11h40m00s である。東経にいるので、グリニッジでは（05h40m00s － 11h40m00s）から、18h00m00s G.M.T. となっている。したがって、表 7.3 に示したクロノメータの時刻は、05 時・06 時台ではなく、前日 22 日の 17 時・18 時台と解釈をする。クロノメータ・エラーは（＋）2s なので、高度を得たときの UT 時刻は、以下になる。

❶ UT 時刻　スピカ：12 月 22 日 17h58m10s、レグルス：12 月 22 日 18h03m43m

(2) 赤緯

天測暦で 2019 年 12 月 22 日のページにて、それぞれの赤緯を確認する。

Nautical Almanac では、12 月 21 日・22 日・23 日のページにて、それぞれの赤緯を確認する。

どちらも同一の値を示している。

❷ 赤緯　スピカ：S 11° 15.7′、レグルス：N 11° 52.2′

(3) グリニッジ時角・地方時角

天測暦で UT 時刻 00h00m00s のときの E_* は、スピカが 16h34m49s、レグルスでは 19h51m37s となっている。E_* の比例部分 P.P. はそれぞれ 02m57s、02m58s なので、スピカの E_* は（16h34m49s ＋ 02m57s）から 16h37m46s、レグルスでは（19h51m37s ＋ 02m58s）から 19h54m35s となる。

❸ 観測時の E_*　スピカ：16h37m46s　レグルス：19h54m35s

それぞれの E_* に、観測時のそれぞれの UT 時刻（G.M.T.）を加算すれば、グリニッジ時角になる。スピカの G.H.A. は（16h37m46s ＋ 17h58m10s）から 34h35m56s（10h35m56s）となるので、角度に換算して、158° 59.0′ を得る。レグルスについては（19h54m35s ＋ 18h03m43m）から 37h58m18s（13h58m18s）となるので、角度に換算すると 209° 34.5′ となる。

❹ G.H.A. スピカ：158° 59.0′、レグルス：209° 34.5′〈天測暦による〉

Nautical Almanac では、まずグリニッジの恒星時である「Aries（春分点への G.H.A.）」を求める。続いて、春分点からみた天体への時角（S.H.A.）が別途、それぞれについて求められているので、「Aries」と天体の「S.H.A.」を合算し、各天体への G.H.A. を得る。

Daily Pages の 12 月 22 日 17 時の「Aries」を参照すると、345° 57.5′ とある。また 18 時の「Aries」は 001° 00.0′ である。

スピカの UT 時刻は 17h58m10s なので、Increments and Corrections の 58 分用の表を参照し、Increments（増加量）についての 10s の「Aries」の欄から 14° 34.9′ を得る。これを 17h の値である 345° 57.5′ に加算すると、（345° 57.5′ ＋ 14° 34.9′）なのでスピカの「Aries」は 000° 32.4′ となる。

レグルスの UT 時刻は 18h03m43s なので、3 分用の表を参照し、Increments（増加量）についての 43s の「Aries」の欄から 0° 55.9′ を得る。これを 18h の 001° 00.0′ に加えて、レグルスの「Aries」は（001° 00.0′ ＋ 0° 55.9′）から 001° 59.9′ となる。

Aries スピカ：000° 32.4′、レグルス：001° 55.9′

12 月 22 日の Daily Pages に戻る。スピカの S.H.A. が 158° 26.7′、レグルスの S.H.A. が 207° 38.6′ とある。G.H.A. は Aries ＋ S.H.A. なので、スピカについては（000° 32.4′ ＋ 158° 26.7′）から 158° 59.1′、レグルスについては（001° 55.9′ ＋ 207° 38.6′）から 209° 34.5′ となる。

❹ G.H.A. スピカ：158° 59.1′、レグルス：209° 34.5′〈Nautical Almanac による〉

それぞれのグリニッジ時角に推測位置の経度を加味して、地方時角（L.H.A.）を得る。推測位置の経度は 175° 00′ E なので、スピカについては（158° 59.1′（Nautical Almanac の結果）＋ 175° 00.0′）から 333° 59.1′、レグルスについては（209° 34.5′ ＋ 175° 00.0′）から 384° 34.5′（24° 34.5′）となる。

❺ L.H.A. スピカ：333° 59.1′、レグルス：24° 34.5′

(4) 計算高度と方位角

二つの恒星について、それぞれの計算高度と方位角を求めるための変数を揃えることができた。緯度については両者とも共通して 18° 27′ N であり、スピカの赤緯と L.H.A. は S 11° 15.7′ と 333° 59.1′、レグルスの赤緯と L.H.A. は N 11° 52.2′ と 24° 34.5′ である。

それぞれについて計算高度と方位角を計算する。

sin(計算高度) ＝ sin(推測位置の緯度) sin(赤緯)
＋ cos(推測位置の緯度) cos(赤緯) cos(L.H.A.)

および、

cos(方位角) ＝ {sin(赤緯) － sin(計算高度) sin(緯度)}
/ {cos(計算高度) cos(緯度)}

より、

【スピカ】

sin(スピカの計算高度)
＝ sin(18° 27′) sin(－ 11° 15.7′)
＋ cos(18° 27′) cos(－ 11° 15.7′) cos(333° 59.1′)
＝ 0.774 268 329
スピカの計算高度 ＝ $\sin^{-1}$ (0.774 268 329) ＝ 50° 44.3′

方位角の計算の便宜上、cos(計算高度) の値も求めておく。

cos(スピカの計算高度) ＝ $\sqrt{(1 - 0.774\,268\,329^2)}$ ＝ 0.632 857 45
cos(スピカの方位角) ＝ { sin(－ 11° 15.7′) － 0.774 268 329 sin(18° 27′)}
/ {0.632 857 45 cos(18° 27′)}
＝ － 0.733 478 4
スピカの方位角 ＝ $\cos^{-1}$ (－ 0.733 478 4) ＝ 137.2°

なお L.H.A. は約 334°で東方時角である。つまり、スピカを子午線より東にみるので、360°式であればこのままでよい。90°式では、値を 180°から引いて S 42.8° E となる。

❻ スピカの計算高度：50° 44.3′、方位角：137.2° (S 42.8° E)

【レグルス】

sin(レグルスの計算高度)
$= \sin(18°\ 27') \sin(11°\ 52.2')$
$\quad + \cos(18°\ 27') \cos(11°\ 52.2') \cos(24°\ 34.5')$
$= 0.909\ 323\ 780$
レグルスの計算高度 $= \sin^{-1}(0.909\ 323\ 780) = 65°\ 24.7'$

方位角の計算の便宜上、cos(計算高度) の値も求めておく。

cos(レグルスの計算高度) $= \sqrt{(1 - 0.909\ 323\ 780^2)} = 0.416\ 089\ 25$
cos(レグルスの方位角) $= \{\sin(11°\ 52.2') - 0.909\ 323\ 780 \sin(18°\ 27')\}$
$/ \{0.416\ 089\ 25 \cos(18°\ 27')\}$
$= -0.207\ 975\ 0$
レグルスの方位角 $= \cos^{-1}(-0.207\ 975\ 0) = 102.0°$

ここで、L.H.A. が約 24.5°つまり 180°以下であるので、レグルスを子午線よりも西側にみている。逆余弦から求めたこの方位角は、北から西回りで計算されていると判断する。360°式で表す場合は、この方位角を「負」として扱えばよい。すなわち（360° − 102.0°）なので 258.0°となる。この値は真西 270°から 12.0°南にふれていることを示しているので、90°式では南北の基準は南になり、90°から 12.0°を引いた値 78.0°を採用することになる。すなわち、S 78.0° W となる。

❼ レグルスの計算高度：65° 24.7′、方位角：258.0°（S 078.0° W）

(5) 器差の修正・高度改正

スピカとレグルスの六分儀高度はそれぞれ 50° 58.9′、65° 41.1′ である。これに器差の修正を施し、観測高度を得る。さらに高度改正を行って真高度とする。

器差は（+）0.7′ である。

また、恒星についての高度改正なので、天測計算表の第 3 表を参照する。第一改正は眼高と測高度の組合せによる「− 眼高差 − 気差」の値を示している。（恒星なので「光点」として扱い視半径は考慮してない。また視差については、地球に近い惑星には適用するものとして、別途、第二改正としている。）第三改正は、気温と海水温度の差による改正となる。

この例では、スピカの測高度が約 51°、レグルスが約 65.7°、眼高はともに 22m なので、該当する欄を参照するとスピカについての第一改正は－ 9.1′、レグルスは－ 8.8′ となる。

第三改正は両者同様に加味する。すなわち、海水温度が気温よりも 3℃高いので 0.6′を減じることになる。結果、スピカの「器差の修正 ＋ 高度改正」は＋0.7′、－9.1′、－0.6′なので－9.0′となる。レグルスについては＋0.7、－8.8、－ 0.6 なので－ 8.7′ となる。

❽「器差の修正 ＋ 高度改正」 スピカ：－ 9.0′、レグルス：－ 8.7′

(6) 真高度と修正差

二つの恒星について真高度を求め修正差を確定する。真高度は、（六分儀高度 ＋「器差の修正 ＋ 高度改正」）なので、スピカについては（50° 58.9′ － 9.0′）から 50° 49.9′を得る。計算高度は 50° 44.3′なので、修正差 I は（50° 49.9′ － 50° 44.3′）から＋ 5.6′となる。

一方、レグルスの真高度は（65° 41.1′ － 8.7）から 65° 32.4′となる。計算高度は 65° 24.7′なので、修正差は（65° 32.4′ － 65° 24.7′）から＋ 7.7′となる。

❾ 修正差 I スピカ：＋ 5.6′、レグルス：＋ 7.7′

【作図による位置の決定】

(1) 微小転位への対応

スピカを測ったときの UT 時刻は 17h58m10s G.M.T. であった。レグルスを測った 18h03m43s G.M.T. までの間に本船は針路 300°、速力 18 ノットで航行しているので、スピカの「位置の線」はこの間の移動に合わせて転位させる必要がある。

転位の量はこの間の航走距離なので、航走時間（スピカの時刻 17h58m10s からレグルスの時刻 18h03m43s までの時間差 5m33s）に速力を乗じればよい。すなわち（18 ノット× 5m33s / 60m00s）から、1.7′を得る。

❿ スピカ（前測）の「位置の線」についての転位量：300° 方向へ 1.7′

(2) 作図の実際

転位に対応する作図法には、推測位置（原点）を基準にして描いた「位置の線」を転位させる方法と作図の原点を微小転位させて仮の推測位置として「位置の線」を描く方法があり、どちらを採用してもかまわない。なぜなら、先に描いた「位置の線」上のどこかにいるはずの本船が、後測時までの間を航走しているので、転位させた後の「位置の線」上にいるはず、ということが現わせればよいからである。

この例における作図の方法を図 7.3 に示す。図上での長さは「漸長緯度の尺度」の横軸上で推測位置の緯度（18° 27′）に相当する縦線上からとる。

まずスピカについての原点を< 300° > 1.7′の位置にとる（図中①)。その仮の推測位置から 137.2°の補助線を引く。スピカの修正差が＋ 5.6′なので、その長さを「漸長緯度の尺度」からとり、補助線上に与える（図中②)。

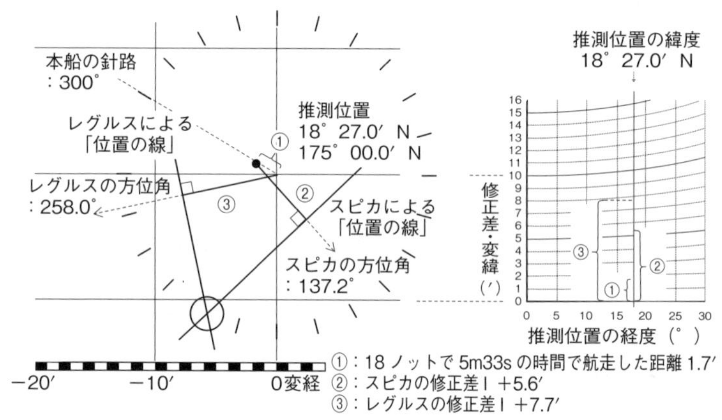

a. 2 つの「位置の線」の交点

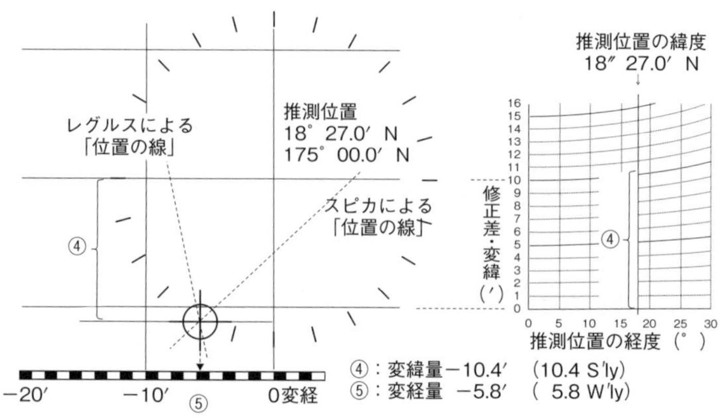

b. 変緯量・変経量の確定

図 7.3　恒星の観測による位置決定の例

これをスピカの「位置の線」の基点とする。方位角に直交する「位置の線」を描く（137.2°± 90°なので、047.2°・227.2°）。

レグルスについては後測なので転位は必要ない。推測位置（原点）からの方位角 258.0°の補助線上に修正差 ＋ 7.7′に相当する長さのところに基点をおく（図中③）。レグルスの「位置の線」は（258.0°± 90°）から 168.0°・348°の方位となる。

二つの「位置の線」の交点が後測時の位置である。図上にて推測位置（原点）からの緯度方向のずれの長さをとり、これを「漸長緯度差の尺度」に当てはめて変緯量の値を読み取る。今回は南に 10.4′となっている(図中④)。また、経度方向のずれは変経量であるが、これは図の横軸の目盛りをそのまま読み取ればよい（位置決定用図は漸長図であるため）。この作図の結果、西へ 5.8′となっている。

得た変緯量（－ 10.4′、10.4 S'ly）と変経量（－ 5.8′、5.8 W'ly）を推測位置の緯度・経度に与えて、後測時の値を確定する。推測位置の緯度 18° 27.0′ N から 10.4′を減じて 18° 16.6′ N、経度 175° 00.0′ E から 5.8′を減じて 174° 54.2′ E を得る。

解　後測時（18h03m43s G.M.T.）の観測位置：緯度 18° 16.6′ N　経度 174° 54.2′ E

表 7.4 にこの例における計算過程を示す。

表 7.4　2 恒星の修正差と方位角を得るまでの計算例

	スピカ	レグルス
(1) UT時刻	Ship's Time　2019 年 12 月 23 日　05h40m00s 推測位置の経度（175° 00.0′ E なので－）→　－）11h40m00s おおよそのグリニッジ時刻　–06h00m00s 2019 年 12 月 22 日　18h00m00s	
	クロノメータ時刻　17h58m08s クロノメータ・エラー　（+）2s UT 時刻　17h58m10s	クロノメータ時刻　18h03m41s クロノメータ・エラー　（+）2s UT 時刻　18h03m43s
(2) 赤緯	S 11°15.7′ (–11°15.7′)	N 11°52.2′ (+ 11°52.2′)

	スピカ		レグルス	
(3) G.H.A.↓L.H.A.	<天測暦：12月22日>		<天測暦：12月22日>	
	E＊（U = 0h）	16h34m49s	E＊（U = 0h）	19h51m37s
	E＊の P.P.（@17h58m10s）	+）02m57s	E＊の P.P.（@18h03m43s）	+）02m58s
	E＊	16h37m46s	E＊	19h54m35s
	G.M.T.	+）17h58m10s	G.M.T.	+）18h03m43s
	G.H.A.	34h35m56s	G.H.A.	37h58m18s
		（−24h =）10h35m56s		（−24h =）13h58m18s
		→ 158° 59.0′		→ 209° 34.5′
	< Nautical Almanac：December 22 >		< Nautical Almanac：December 22 >	
	Areis 17h	345° 57.5′	Aries 18h	001° 00.0′
	Increments@58m10s	+）14° 34.9′	Increments@03m43s	+）0° 55.9′
	Aries @17h58m10s	000° 32.4′	Aries @18h03m43s	001° 55.9′
	S.H.A. of Spica	+）158° 26.7′	S.H.A. of Regulus	+）207° 38.6′
	G.H.A.	158° 59.1′	G.H.A.	209° 34.5′
	推測位置の経度（東経なので+）	175° 00.0′	推測位置の経度（東経なので+）	175° 00.0′
	L.H.A.	333° 59.1′	L.H.A.（384° 34.5′−360° =）	024° 34.5′
(4) 計算高度と方位角	緯度：18° 27′N			
	赤緯：S11° 15.7′、L.H.A.：333° 59.1′		赤緯：N11° 52.2、L.H.A.：024° 34.5′	
	→ 原式に則った計算		→ 原式に則った計算	
	・計算高度	50° 44.3′	・計算高度	65° 24.7′
	・方位角	137.2°（S 42.8° E）	・方位角	258.0°（S 078.0° W）
(5) 器差の修正と高度改正	器差：（+）0.7′			
	眼高：22m、海水温度：27℃、気温：24℃			
	→ 3℃（気温＜水温）→ 第三改正：−0.6′			
	測高度 約 50.7° のときの第一改正	−9.1′	測高度 約 65.4° のときの第一改正	−8.8′
	第三改正（−0.6′）と合わせて	−9.7′	第三改正（−0.6′）と合わせて	−9.4′
	器差の修正（+ 0.7′）+ 高度改正	−9.0′	器差の修正（+ 0.7′）+ 高度改正	−8.7′
(6) 真高度と修正差	六分儀高度	50° 58.9′	六分儀高度	65° 41.1′
	器差の修正 + 高度改正	+）−9.0′	器差の修正 + 高度改正	+）−8.7′
	真高度	50° 49.9′	真高度	65° 32.4′
	計算高度	−）50° 44.3′	計算高度	−）65° 24.7′
	修正差	5.6′	修正差	7.7′

附　録

附録１　（視）極大高度から子午線高度への高度改正値を導く過程

（視）極大高度を得るときの太陽の地方時角はほぼ「0」となっている。この限られた特殊な条件下で成立する「位置の三角形」に着目し、（視）極大高度から子午線高度への高度改正値の関係式を求める。この関係式は緯度と赤緯によって係数を規定し、地方時角を変数として扱っている。この関係式は傍子午線高度緯度法の原式となっている。

（視）極大高度と子午線高度のずれは主として本船の航行に起因している。そこで、傍子午線高度緯度法の原式の変数である地方時角を、単位時間当たりの変緯量（Δl）と変経量（ΔL）、ならびに赤緯の変化量（Δd）で代替し、本船の動きと太陽の動きに基づいて高度改正量を導くことにしている。

（1）子午線通過時における「位置の三角形」と傍子午線高度緯度法の原式

太陽が子午線を通過する瞬間とその前後の状況では、「位置の三角形」の原式において、地方時角が「0」か「ほぼ0」となっている。このまま、原式の左辺第二項にある cos(地方時角）を計算してしまうと「1」となり、変数としての地方時角が省略されてしまう。子午線通過の時刻と（視）極大高度を得た時刻の差、すなわち、時角は変数として残しておく工夫が必要となる。そこで、cos(地方時角）について「二倍角の公式」を適用して正弦の関係式を代入する。すなわち、

$$\sin(\text{高度}) = \sin(\text{緯度})\ \sin(\text{赤緯}) + \cos(\text{緯度})\ \cos(\text{赤緯})\ \cos(\text{地方時角})$$

において、cos(地方時角）＝ 1 − 2 $\sin^2$（地方時角 / 2）を代入し、

$$\sin(\text{高度}) = \sin(\text{緯度})\ \sin(\text{赤緯}) + \cos(\text{緯度})\ \cos(\text{赤緯}) - 2\cos(\text{緯度})\ \cos(\text{赤緯})\ \sin^2(\text{地方時角} / 2)$$

とする。地方時角は「0」あるいは「ほぼ0」であるので、sin(地方時角 / 2）は、「地方時角 / 2」で近似することができ、上式は、

$$\sin(\text{高度}) = \sin(\text{緯度})\ \sin(\text{赤緯}) + \cos(\text{緯度})\ \cos(\text{赤緯}) - \{\cos(\text{緯度})\ \cos(\text{赤緯})\ (\text{地方時角})^2\} / 2$$

となる。ここで、右辺第一項と第二項は余弦についての加法定理の形なので、

$$\sin(\text{高度}) = \cos(\text{緯度} - \text{赤緯}) - \{\cos(\text{緯度})\ \cos(\text{赤緯})\ (\text{地方時角})^2\} / 2$$

と整理することができる。ここで、子午線上における緯度と赤緯の差（緯度 − 赤緯）は子午線頂距であるので、右辺第一項は cos(子午線頂距）と書き換えることができ、さらに、余角の関係を用いると、

$$\sin(\text{高度}) = \sin(\text{子午線高度}) - \{\cos(\text{緯度})\ \cos(\text{赤緯})\ (\text{地方時角})^2\} / 2$$

となる。ここで、右辺第二項を変数「x」で表すとすると、

sin(高度) = sin(子午線高度) − x

となり、高度を求めるための x の関数として扱うことができる。すなわち、

高度 = $\sin^{-1}$ {sin(子午線高度) − x} = f (x)

地方時角が「0」あるいは「ほぼ 0」となっている子午線通過の状況を表す上記の式については、x の原点回りのマクローリン展開を適用し、近似的な表現に置き換えることができるので、

高度 = f (0) + f' (0) x + f'' (0) x^2 / 2! + f''' (0) x^3 / 3! +…

となる。2 次の項以降は微小であるとして、1 次の微分までを考慮すると[1]、

f (0) : f (0) = $\sin^{-1}$ {sin(子午線高度) − 0} なので、f (0) = 子午線高度
f' (0) : f' (0) = [$\sin^{-1}$ {sin(子午線高度) − x}] '

ここで、u = sin(子午線高度) − x とおくと、

f' (0) = df (u) /du du/dx = {$\sin^{-1}$ (u)} ' {sin(子午線高度) − x} ' = 1/ √ (1 − u^2) (− 1)

ここで、u を戻して、x = 0 を代入すると、

f' (0) = − 1/ $\sqrt{\{1 - \sin^2}$ (子午線高度)} = − 1 / cos(子午線高度) = − 1 / sin(子午線頂距)
= − 1 / sin(緯度 − 赤緯)

となり、結果、

高度 = f (0) + f' (0) x
= 子午線高度 − {1 / sin(緯度 − 赤緯)} {cos(緯度) cos(赤緯) (地方時角)^2 / 2}
= 子午線高度 − 1 / 2 {cos(緯度) cos(赤緯) / sin(緯度 − 赤緯)} (地方時角)^2

を得る。ここで、右辺第二項の { } に着目すると、

sin(緯度 − 赤緯) = sin(緯度) cos(赤緯) − cos(緯度) sin(赤緯)

の関係を用いながら逆数をとることで、

{cos(緯度) cos(赤緯) / sin(緯度 − 赤緯)}
= [{sin(緯度) cos(赤緯) − cos(緯度) sin(赤緯)} / {cos(緯度) cos(赤緯)}]$^{-1}$
= {tan(緯度) − tan(赤緯)}$^{-1}$

と整理することができる。よって、式の全体としては、高度は (視) 極大高度として、

---

1 天測計算表 (海上保安庁) では、マクローリン展開の近似式において 2 回微分の項まで考慮している。

（視）極大高度 ＝ 子午線高度 － 1 / 2（地方時角）^{2} / ｛tan(緯度) － tan(赤緯)｝

を得る。ここで、子午線高度を得るための改正値は「子午線高度 －（視）極大高度」とすることができるので、

高度改正値 ＝ 1 / 2（地方時角）^{2} / ｛tan(緯度) － tan(赤緯)｝

と書き換えることができる。この高度改正値と地方時角の単位はラジアン（radian）であるので、式の運用のしやすさを考慮し、左辺の高度改正値は角度の分（′）として得て、右辺の地方時角は時間の分（minute）単位で入力できるようにする。すなわち、

地方時角＜ radian ＞ ＝ 地方時角 ＜ minute ＞ ×（15° / 60minute）×（π / 180°）
＝ 0.004 363 323 × 地方時角 ＜ minute ＞

および、

高度改正値＜ ′ ＞ ＝ 高度改正値 ＜ radian ＞ ×（180° / π）× 60′
＝ 3437.746 770 785 × 高度改正値 ＜ radian ＞

との関係がそれぞれ成立するので、係数を統合すると、

高度改正値＜ ′ ＞ ＝ ｛1/2 ×（0.004 363 323）^{2} × 3437.746 770 785｝
×（地方時角 ＜ minute ＞）^{2} / ｛tan(緯度) － tan(赤緯)｝
＝ 0.032 724 92 ×（地方時角 ＜ miunte ＞）^{2} / ｛tan(緯度) － tan(赤緯)｝

との式を得る。これは、航海表（積成会編）における「近子午線高度改正（通称、CH^2 表）」の原式となっている。C は係数として 0.032 724 92 / ｛tan(緯度) － tan(赤緯)｝を意味し、H^2 は変数である（地方時角＜ miunte ＞）^{2} を意味している。

(2)「位置の三角形」の各要素の微小変化と高度改正値

天体（太陽）が子午線を通過する前後において、本船の動き（変緯と変経）と太陽の赤緯と赤経の変化が相互して（視）極大高度とそのときの地方時角を与える。高度が最大となる、すなわち高度の変化が「0」となる条件が成立するときの「位置の三角形」の各要素についての微小な変化についての関係を確認するため、

sin(高度) ＝ sin(緯度) sin(赤緯) ＋ cos(緯度) cos(赤緯) cos(地方時角)

の両辺を全微分する。ここでは各変数の極限を求めて、変化についての方程式を得ることが目的ではなく、微小な変化量のままを扱いたい。したがって、微小量を表す「d」ではなく「Δ」を用いることとする。すなわち、各要素の微小な変化量を、

高度：Δa、緯度：Δl、赤緯：Δd、地方時角：Δh

とするとき、上記の式を全微分した結果は、

$$\cos(\text{高度})\ \Delta a = \{\cos(\text{緯度})\ \sin(\text{赤緯}) - \sin(\text{緯度})\ \cos(\text{赤緯})\ \cos(\text{地方時角})\}\ \Delta l$$
$$+ \{\sin(\text{緯度})\ \cos(\text{赤緯}) - \cos(\text{緯度})\ \sin(\text{赤緯})\ \cos(\text{地方時角})\}\ \Delta d$$
$$- \cos(\text{緯度})\ \cos(\text{赤緯})\ \sin(\text{地方時角})\ \Delta h$$

となる。ここで、地方時角は「0」あるいは「ほぼ0」なので、cos(地方時角) を「1」、sin(地方時角) を「地方時角」として扱う。高度の変化が無くなるときを$\Delta a = 0$とするので、左辺が「0」となり、

$$\cos(\text{緯度})\ \cos(\text{赤緯})\ (\text{地方時角})\ \Delta h$$
$$= (\Delta l - \Delta d)\ \{\cos(\text{緯度})\ \sin(\text{赤緯}) - \sin(\text{緯度})\ \cos(\text{赤緯})\}$$

との関係を得る。ここで、地方時角を導く形式に変形すると、単位はラジアン（radian）として、

$$\text{地方時角} < \text{radian} > = [\{\cos(\text{緯度})\ \sin(\text{赤緯}) - \sin(\text{緯度})\ \cos(\text{赤緯})\}$$
$$/ \{\cos(\text{緯度})\ \cos(\text{赤緯})\}] \times \{(\Delta l - \Delta d)\ / \Delta h\}$$
$$= \{\tan(\text{赤緯}) - \tan(\text{緯度})\}\ (\Delta l - \Delta d)\ / \Delta h$$
$$= -\ \{\tan(\text{緯度}) - \tan(\text{赤緯})\}\ (\Delta l - \Delta d)\ / \Delta h$$

を得る。

この式では、Δl、Δd、Δhが変数となって、（視）極大高度を観測する瞬間の地方時角を説明している。Δlは本船の単位時間当たりの変緯量であり、Δdは単位時間当たりの赤緯の変化量である。Δhは、時角の単位時間当たり変化量であるが、これは太陽の赤経の変化と本船の変経が総合された結果である。ここで、単位を経度時としての「時(hour)」とすると、

$$\text{地方時角} < \text{経度時の hour} > = \text{グリニッジ時角} + \text{経度時} = \text{UT 時刻} + E + \text{経度時}$$

である。この関係についても微小な変化の関係を確認するため、両辺を全微分する。ここで、

a）UT 時刻の微増分：ΔU（ただし、これは単位時間そのものであるのでΔtとする）

b）E の微増分：これは均時差（Eq. of T.）の変化である。なぜなら、$E_{\odot} = R - R.A.A.S.$であり、R は平均太陽の運行と同じ一定の角速度なので、ΔRは「0」となるからである。最大でも 2(s/1 時間)程度である。角度に換算しラジアン単位とすると($2s / 3600s \times 15° \times \pi / 180° = 0.000\,145$）となる。極めて小さな値であるので、ここでは省略する。

c）経度時の微増分：ΔL（変経量）

とすると、

$$\Delta h < \text{hour} > = \Delta t + \Delta E + \Delta L = \Delta t\ (1 + \Delta L / \Delta t)$$

との表現に置き換えることができる。これを上記の地方時角を表す式に代入すると、

地方時角 < radian >

$$= -\{\tan(緯度) - \tan(赤緯)\}(\Delta l - \Delta d)/\Delta h <hour>$$
$$= -\{\tan(緯度) - \tan(赤緯)\}(\Delta l - \Delta d)/\{\Delta t(1 + \Delta L/\Delta t)\}$$
$$= -\{\tan(緯度) - \tan(赤緯)\}(\Delta l/\Delta t - \Delta d/\Delta t)/(1 + \Delta L/\Delta t)$$

となる。ここで、ΔLは小さな値[2]とおくことができ、二項級数展開を適用することができるので、割算の形式となっている上式は、

$$地方時角 <radian> = -\{\tan(緯度) - \tan(赤緯)\}(\Delta l/\Delta t - \Delta d/\Delta t)(1 - \Delta L/\Delta t)$$

と近似的に表現することができる。ここで、Δt＝1として省略する。入力するΔl、Δd、ΔLの値は（′）単位とした方が計算の運用上便利であるので、

$$経度時 <hour> = (1° / 60') \times (hour / 15°) \times 経度時 <'> = (1/900)\ 経度時 <'>$$

との関係を用いて表現しなおすと、

$$地方時角 <radian> = -\{\tan(緯度) - \tan(赤緯)\}(\Delta l/900 - \Delta d/900)(1 - \Delta L/900)$$
$$= -(1/900)\{\tan(緯度) - \tan(赤緯)\}(\Delta l - \Delta d)(1 - \Delta L/900)$$

となる。ここで、地方時角の単位を時間の分（minute）とすると、

$$地方時角 <minute>$$
$$= -(1/900)\{\tan(緯度) - \tan(赤緯)\}(\Delta l - \Delta d)(1 - \Delta L/900) \times (180°/\pi)$$
$$\times (1\ hour/15°) \times 60\ minute$$
$$= -0.254\,647\,909\ \{\tan(緯度) - \tan(赤緯)\}(\Delta l - \Delta d)(1 - \Delta L/900)$$

と整理することができる。ちなみに、地方時角 <second> は、地方時角 <minuite> の60倍とすればよいので、

$$地方時角 <second> = 60 \times 地方時角 <minute>$$
$$= -15.279\ \{\tan(緯度) - \tan(赤緯)\}(\Delta l - \Delta d)(1 - \Delta L/900)$$

となる。ここで、高度改正値を求める式に、この結果を代入し、

$$高度改正値 <'> = 0.032\,724\,92 \times (地方時角 <miunte>)^2/\{\tan(緯度) - \tan(赤緯)\}$$
$$= 0.002\,122\ \{\tan(緯度) - \tan(赤緯)\}(\Delta l - \Delta d)^2(1 - \Delta L/900)^2$$

を得るが、$(\Delta L/900)^2$は極めて小さな数値となるので、

$$(1 \mp \Delta L/900)^2 = 1 - 2\ \Delta L/900$$

とする。結果、

2　緯度60°において24ノットで東西に航行する船舶の変経量は28′ / cos(60°) で48′となるが、これほどの変経量であってもラジアン単位になおすと、48′ / 60′ × π / 180° = 0.017程度となり、「小さな値」ということができる。

$$\text{高度改正値} < {}' > = 0.002\,122\ \{\tan(\text{緯度}) - \tan(\text{赤緯})\}\ (\Delta l - \Delta d)^{2}\ (1 - 2\Delta L / 900)$$

を得る。
ここで、地方時角の単位を実時間で表現しようとするとき、

$$\Delta h < \text{hour} > = \Delta t\ (1 + \Delta L / \Delta t)$$
$$\Delta h < \text{hour} > / \Delta t = 1 + \Delta L / \Delta t$$

の関係であることがわかる。この両辺の逆数をとり、右辺を二項級数展開して1次の項で近似する。ΔLを（′）で入力しようとする場合、

$$\Delta t / \Delta h < \text{hour} > = 1 - \Delta L / 900$$

となるので、この関係を地方時角 < minute > に乗じる。結果、

$$t < \text{minute} > = -0.254\,647\,909\ \{\tan(\text{緯度}) - \tan(\text{赤緯})\}\ (\Delta l - \Delta d)\ (1 - \Delta L / 900)^{2}$$
$$= -0.254\,647\,909\ \{\tan(\text{緯度}) - \tan(\text{赤緯})\}\ (\Delta l - \Delta d)\ (1 - 2\,\Delta L / 900)$$

を得る。

附録２　北極星高度緯度法の原式

北極星の極距（Polar Distance）は小さく、もしこれを「0」とおけるのであれば、赤緯は90°となる。この値を「位置の三角形」の式に代入すると、

$$\sin(\text{高度}) = \sin(\text{緯度})\ \sin(90^\circ) + \cos(\text{緯度})\ \cos(90^\circ)\ \cos(\text{地方時角})$$
$$\sin(\text{高度}) = \sin(\text{緯度})$$
$$\text{高度} = \text{緯度}$$

となる。しかしながら､厳密には「0」ではない。ここで､赤緯の代わりに極距でもって「位置の三角形」を改めて表現する。極距を変数「p」と表記すると、

$$\sin(\text{高度}) = \sin(\text{緯度})\ \cos(p) + \cos(\text{緯度})\ \cos(\text{地方時角})\ \sin(p)$$

となり、高度は極距pの関数として記述することができる。この関数をf（p）とすると、

$$\text{高度} = \sin^{-1}\ \{\sin(\text{緯度})\ \cos(p) + \cos(\text{緯度})\ \cos(\text{地方時角})\ \sin(p)\} = f\ (p)$$

となる。ここで、f（p）についてp＝0の原点まわりのマクローリン展開をして、高度についての近似式（2次の微分の項まで）を得る。結果として、

$$f\ (0) = \text{緯度、}\ f'\ (0) = \cos(\text{地方時角})\text{、}\ f''\ (0) = -\sin^{2}(\text{地方時角})\ \tan(\text{緯度})$$

となるので、

$$\text{高度} = \text{緯度} + p\cos(\text{地方時角}) - 1/2\ p^{2}\sin^{2}(\text{地方時角})\ \tan(\text{緯度})\ \cdots\ (\text{ラジアン})$$

緯度 ＝ 高度 − p cos(地方時角) ＋ 1 / 2 p^2 sin^2 (地方時角) tan(緯度) … (ラジアン)

との関係式を得る。天測暦では、右辺の第三項に求めるべき「緯度」が入るのを嫌い、ほぼ同じ値として「高度」を代入することとしている。

また、この式はラジアン単位で成立しているので、緯度、高度、極距 p を分（′）で代入しようとするとき、

π / (180° × 60′) ＝ 0.000 290 888 ＝ 1 / 3437.746 8

の係数を加味しなければならない。右辺の第三項の極距 p が二乗であることから、この項にのみに係数がかかることになる。結果、以下の原式を得る。

緯度 ＝ 高度 − p cos(地方時角) ＋ 1 / (2 × 3437.7) p^2 sin^2 (地方時角) tan(緯度[注]) … (′)

注 天測暦では、高度で置き換えることとしている。

参 考 文 献

1）積成会：「新訂 航海表」，海文堂出版，1973 年
2）海上保安庁：「書誌第 601 号　天測計算表」，（一財）日本水路協会，1994 年
3）海上保安庁：「書誌第 681 号　平成 31 年 天測暦」、（一財）日本水路協会，2018 年
4）United States Naval Observatory / The United Kingdom Hydrographic Office：「The Nautical Almanac for the year 2019」，United States Government Printing Office, 2018
5）United States Naval Observatory / The United Kingdom Hydrographic Office：「2018 Nautical Almanac Commercial Edition」，Snowball Publishing, Inc., 2017
6）United States Naval Observatory・The United Kingdom Hydrographic Office：「2019 Nautical Almanac Commercial Edition」，Paradise Cay Publications, Inc.，2018
7）自然科学研究機構 国立天文台：「理科年表 2019（第 92 冊）」，丸善出版，2018 年
8）天文年鑑編集委員会：「天文年鑑 2018 年版」，誠文堂新光社，2017 年
9）天文年鑑編集委員会：「天文年鑑 2019 年版」，誠文堂新光社，2018 年
10）藤井 旭：「藤井旭の天文年鑑 2019 年版」，誠文堂新光社，2018 年
11）青木 信仰：「時と暦」，財団法人 東京大学出版会，1982 年
12）片山 真人：「暦の科学」，ベレ出版，2012 年
13）米山 忠興：「空と月と暦　天文学の身近な話題」，丸善出版、2011 年
14）長沢 工：「日の出・日の入りの計算　天体の出没時刻の求め方」，地人書館，2010 年
15）土田 嘉直：「天文の基礎教室」，地人書館，2004 年
16）斉田 博：「天文の計算教室」，地人書館，2017 年
17）政春 尋志：「地図投影法　地理空間情報の技法」，朝倉書店，2011 年
18）B. ホフマン - ウェレンホフ・H. リヒテネガー・J. コリンズ，訳）西 修二郎：「GPS 理論と応用」，シュプリンガー・フェアラーク東京，2005 年
19）飯村 友三郎・中根 勝見・箱岩 英一：「公共測量教程　TS・GPS による基準点測量〔三訂版〕」，東洋書店，2010 年
20）西 修二郎：「衛星測位入門 － GNSS 測位のしくみ－」，技報堂出版，2016 年
21）航海便覧編集委員会：「航海便覧　三訂版」，海文堂出版，1991 年
22）長谷川 健二：「地文航法」，海文堂出版，1982 年
23）長谷川 健二・平野 研一：「地文航法　二訂版」，海文堂出版，2012 年
24）酒井 進：「海文堂文庫　航法Ⅲ －天文航法－」，海文堂出版，1962 年
25）長谷川 健二：「天文航法」，海文堂出版，2001 年
26）岩永 道臣・樽美 幸雄：「精説・天文航法（上巻）新訂版」，成山堂書店，1995 年
27）岩永 道臣・樽美 幸雄：「精説・天文航法（下巻）新訂版」，成山堂書店，1995 年

おわりに

本書では、紙面の都合および計算機の低廉化・一般化を鑑みて、天測計算表の「高度方位角計算表（別称、米村表）」についての解説を割愛した。

ここで、天測計算表に記載されている「米村表」についての解説を引用すると、『この表は海軍中佐米村末喜の考案に基づいて、大正 9 年、当時の海軍大学校第 19 期航海学生によって編集された表を改訂増補したものである。云々』とある。大正 9 年は西暦 1920 年なので、本書執筆の 2019 年からみて丁度 100 年前の事業であったことがわかる。

この当時、中佐であった米村氏は、この階級にいたるまでの間、1904 年開戦の日露戦争に携わっていたはずであり、そこでは、明治期における英国からの艦船の購入とともに技術輸入された航海術を習得し、実際の運用を通じて、計算高度と方位角を得る方法に工夫の余地を見出していた。そして、実践してきた経験を踏まえながら、この表の考案にいたったものと思われる。表の構成をみると、人による計算間違いを極力排除したいという基本的な理念とともに、紙面の節約についても考慮がされていることがわかる。また、数学的な根拠を伴って、極めて合理的な配慮がされている。

当然のことながら当時は電子計算機は存在していない。米村中佐の指導と指揮の下、第 19 期の海軍大学校の学生諸氏は算盤と計算尺を駆使しながら計算を進めたはずである。複数人の複数回におよぶ検算は必須であったであろう。当時の印刷技術をあわせて勘案すると刊行にいたるまでの労力については想像を超えるものがある。時に、ヴェルサイユ条約締結後の国際社会において、日本は海運・造船大国へと成長してゆく。天測の精度と効率の向上に寄与したという事実を鑑みるとき、米村表は近代日本の成長に大きく貢献してきたと称えるべきである。

翻って、現在、GNSS 機能はスマートフォン等の標準装備であり、個人が、モバイルで、グローバルな測位サービスを利用できることが当たり前になっている。特にこの 20 年の技術の進展には目覚ましいものがある。しかしながら、GPS は軍事的な需要に基づいて開発されたのであり（LORAN も然り）、複数の GNSS が存在している意味を今一度冷静に俯瞰するべきである。何よりも、位置の決定という船舶の運航にとって根幹をなす機能が「他力本願」になっている状況について楽観してはいけないと思う。

おわりに

筆者は昭和 62 年 1 月に練習船「青雲丸」で初めて遠洋航海を経験した。目的港はニュージーランドのオークランドであり、途中、太陽の高度が 90°になる状況があった。メリパスでは実習生皆がてんでばらばらの方向を向いて六分儀を構えている光景が印象的であった。デドレコと天測を繰り返しながら航海を進め、いよいよレーダ画面上に陸上をランドフォールしたときに抱いた感想は「本当に着いた！」である。クロノメータと六分儀そして暦と天測計算表があれば大洋を渡ることができるのだ、と実感した。極めて Primitive であるが、確実な測位手段である。GNSS の利便性を活用しながらであっても、天測は残していかなければならない技術である。

本書執筆の基盤は、東京商船大学（現、東京海洋大学）での座学・実験・演習と航海訓練所（現、海技教育機構）練習船における実習での経験である。現在、神戸大学海事科学部において、航海系の学生に対して、天文航法の教鞭をとれているのも、東京、神戸両商船大学の諸先生のみならず、我が国における商船教育と訓練に携われてこられた方々の知見をいただけているからこそである。

今回、わたくしなりにではあるが、天文航法を再整理するにいたることができた背景には、身につけた自らの技能でもって大洋を渡られてきた諸先輩方の責任感と自負心の存在がある。

また、杉崎昭生先生（東京商船大学名誉教授）から学生の当時に「教えることは教えられること」です、との教えをいただいた。まさに、現在、教室で学生の反応を見ながら、内容の伝え方に四苦八苦している。この教訓も本書に少しでも反映できていれば幸いである。

志を同じくする、先人ならびに後続される方々、すべての方々に感謝を申し上げる。

最後に、成山堂書店の小川典子社長には、企画立案の当初から多々ご配慮をいただいたことに、厚くお礼を申し上げる。

2020 年 3 月

廣野　康平

索　引

【欧文】（和欧混合も含む）

【和文】

【ア行】

【カ行】

【サ行】

【タ行】

【ナ行】

【ハ行】

【ヤ行】

【ラ行】

著者略歴

廣野　康平（ひろの　こうへい）

1987年　東京商船大学航海学科卒業・同乗船実習科修了
　　　　陸運会社、海事コンサルタント会社を経て、
2001年　神戸商船大学　講師
現在　　神戸大学海事科学研究科　准教授

博士（商船学）、三級海技士（航海）

天文航法（てんもんこうほう）のABC
—天測の基本から観測・計算・測位の実際まで—

定価はカバーに表示してあります。

2020年 4月18日　初版発行
2024年 1月28日　3版発行

著　者　廣野（ひろの）　康平（こうへい）
発行者　小川　啓人
印　刷　大盛印刷株式会社
製　本　東京美術紙工協業組合

発行所 株式会社 成山堂書店

〒160-0012　東京都新宿区南元町4番51　成山堂ビル
TEL：03(3357)5861　　FAX：03(3357)5867
URL：https://www.seizando.co.jp

落丁・乱丁本はお取り換えいたしますので，小社営業チーム宛にお送りください。

ISBN 978-4-425-42401-6

❖航　海❖

ブリッジチームマネジメント－実践航海術－	萩原・山本監修 BTM研究会訳	2,800円
ブリッジ・リソース・マネジメント	廣澤訳	3,000円
航海学(上)（6訂版）(下)（5訂版）	辻著	4,000円 4,000円
航海学概論(改訂版)	鳥羽商船高専ナビゲーション技術研究会編	3,200円
航海応用力学の基礎(3訂版)	和田著	3,800円
実践航海術	関根監修	3,800円
海事一般がわかる本(改訂版)	山崎著	3,000円
天文航法のABC	廣野著	3,000円
平成19年練習用天測暦	航技研編	1,500円
平成27年練習用天測暦	航技研編	1,500円
初心者のための海図教室(3訂増補版)	吉野著	2,200円
四・五・六級航海読本	及川著	3,600円
四・五・六級運用読本	藤井・野間共著	3,600円
船舶運用学のABC	和田著	3,400円
魚探とソナーとGPSとレーダーと舶用電子機器の極意(改訂版)	須磨著	2,500円
新版電波航法	今津・榧野共著	2,600円
航海計器シリーズ①基礎航海計器(改訂版)	米沢著	2,400円
航海計器シリーズ②新訂増補 ジャイロコンパスとオートパイロット	前畑著	3,800円
航海計器シリーズ③電波計器(5訂増補版)	西谷著	4,000円
舶用電気・情報基礎論	若林著	3,600円
詳説 航海計器(改訂版)	若林著	4,500円
航海当直用レーダープロッティング用紙	航海技術研究会編著	2,000円
操船通論(8訂版)	本田著	4,400円
操船の理論と実際	井上著	4,400円
操船実学	石畑著	5,000円
曳船とその使用法(2訂版)	山縣著	2,400円
船舶通信の基礎知識(2訂版)	鈴木著	2,800円
旗と船舶通信(6訂版)	三谷・古藤共著	2,400円
大きな図で見るやさしい実用ロープ・ワーク	山崎著	2,400円
ロープの扱い方・結び方	堀越・橋本共著	800円
How to ロープ・ワーク	及川・石井・亀田 共著	1,000円

❖機　関❖

機関科一・二・三級執務一般	細井・佐藤・須藤 共著	3,600円
機関科四・五級執務一般(2訂版)	海教研編	1,800円
機関学概論(改訂版)	大島商船高専マリンエンジニア育成会編	2,600円
機関計算問題の解き方	大西著	5,000円
機関算法のABC	折目・升田共著	2,800円
舶用機関システム管理	中井著	3,500円
初等ディーゼル機関(改訂増補版)	黒沢著	3,400円
舶用ディーゼル機関教範	長谷川著	3,800円
舶用エンジンの保守と整備(5訂版)	藤田著	2,400円
小形船エンジン読本(3訂版)	藤田著	2,400円
初心者のためのエンジン教室	山田著	1,800円
蒸気タービン要論	角田著	3,600円
詳説舶用蒸気タービン(上)(下)	古川・杉田共著	9,000円 9,000円
なるほど納得!パワーエンジニアリング(基礎編)(応用編)	杉田著	3,200円 4,500円
ガスタービンの基礎と実際(3訂版)	三輪著	3,000円
制御装置の基礎(3訂版)	平野著	3,800円
ここからはじめる制御工学	伊藤 監修 章 著	2,600円
舶用補機の基礎(8訂版)	重川・島田共著	5,200円
舶用ボイラの基礎(6訂版)	西野・角田共著	5,600円
船舶の軸系とプロペラ	石原著	3,000円
新訂金属材料の基礎	長崎著	3,800円
金属材料の腐食と防食の基礎	世利著	2,800円
わかりやすい材料学の基礎	菱田著	2,800円
最新燃料油と潤滑油の実務(3訂版)	冨田・磯山・佐藤 共著	4,400円
エンジニアのための熱力学	刑部監修 角田・川原共著	3,400円
Case Studies: Ship Engine Trouble	NYK LINE Safety & Environmental Management Group	3,000円

■航海訓練所シリーズ（海技教育機構編著）

帆船　日本丸・海王丸を知る	1,800円
読んでわかる　三級航海　航海編(改訂版)	4,000円
読んでわかる　三級航海　運用編(改訂版)	3,500円
読んでわかる　機関基礎(改訂版)	1,800円